Flugzeuge der Welt
2002

Abbildung Umschlag:
Seit 1954 ununterbrochen ist die Lockheed Hercules in Produktion. Mit der neuesten Ausführung C-130J erlebt dieser «Dauerbrenner» eine Revitalisierung.

Verfasser: Claudio Müller
Dreiseitenrisse: Aeromedia Anton E. Wettstein

Lizenzausgabe für Deutschland und Österreich.
Motorbuch Verlag, Stuttgart 2002

ISBN 3-613-02196-X

Claudio Müller

Flugzeuge der Welt 2002

heute – morgen

Motor
buch
Verlag

VORWORT ZUR AUSGABE 2002

Am 11. September 2001 haben wir erlebt, wie Verkehrsflugzeuge zu Waffen werden können. Die terroristischen Anschlage auf das World Trade Center in New York und auf das Pentagon in Washington zeigten uns überdeutlich, wie leicht verletzlich unsere wohl organisierte und raffinierte Gesellschaft sein kann. Für die Zivilluftfahrt hat diese Tragödie voraussichtlich einschneidende Konsequenzen. Die 42. Ausgabe von Flugzeuge der Welt steht ganz im Zeichen dieses Ereignisses. Wenn auch schon vorher gewisse Anzeichen der Rezession erkennbar waren, so scheint es, dass sich die Verkehrsfliegerei im Moment im freien Fall befindet. Annullationen von Bestellungen, Stilllegung von mehr als 2000 Maschinen, Massenentlassungen, Konkurse und Redimensionierung selbst von traditionellen, alteingesessen Fluggesellschaften – dies sind die Meldungen, an welche wir uns am Schluss des schwierigen Jahres 2001 gewöhnen mussten. Es scheint, dass die Zivilluftfahrt vor einer grossen Strukturbereinigung steht, allen voran in Europa. Wie schnell sich diese Branche wieder erholt, das Vertrauen der Fluggäste erneut gewonnen werden kann und zu neuem Optimismus zurückkehrt, lässt sich im Moment nicht voraussagen. Auch die neuen, teilweise sicherlich übertriebenen Sicherheitsmassnahmen verhindern eine schnelle Rückkehr zum fliegerischen Alltag.

Schwer getroffen wurden auch die Hersteller von Verkehrsflugzeugen. Im letzten Quartal 2001 sind die Bestellungen eingebrochen. Durch zahlreiche Stornierungen von Aufträgen, Streichung von Optionen und Verschieben der Liefertermine schmilzt der mehrjährige Arbeitsvorrat in beängstigender Schnelle. Die bei den meisten Verkehrsflugzeugen im Text angegebenen Zahlen betreffend Bestellungen und Optionen sind dieses Jahr daher mit Vorsicht zu geniessen. Opfer dieser Entwicklung sind auch neue und vielversprechende Modelle. Im Moment scheint es, dass beispielsweise der Airbus A340-600 fast ohne Aufträge da steht, nachdem die Hauptkunden Swissair und Virgin ihre Bestellungen stornierten. Was die übrigen grossen Besteller, die Leasinggesellschaften tun werden, ist noch offen. Sie mussten mittlerweile Hunderte von Maschinen zurücknehmen.

Recht optimistisch sieht es für die Geschäftsfliegerei aus. Die grossen Verbundnetze FlexJet, NetJet usw. befinden sich in einer kräftigen Wachstumsphase. Noch treffen Bestellungen bei den Herstellern ein und die Produktionszahlen sind auf hohem Niveau. Mehrere Neukonstruktionen befinden sich in Planung oder haben dieses Jahr die Flugerprobung aufgenommen. Besonders zu erwähnen ist dabei die neue Generation von Businessjets der mittleren Grösse, allen voran die Bombardier Continental und die Raytheon Horizon.

Erlebt die Zivilluftfahrt einen einschneidenden Rückgang, so scheint die jahrelange Baisse in der Militärluftfahrt ein Ende gefunden zu haben. Fast alle Länder, allen voran die USA, haben ihre Verteidigungsbudgets erhöht und werden dies aller Voraussicht nach auch in den nächsten Jahren tun. Die veränderte Weltlage und neue Formen von Konflikten erfordern teilweise andere Typen von Militärflugzeugen. Eine neue Dimension ist die vermehrt erlebte paradoxe Kombination von Kampfeinsätzen verbunden mit humanitärer Hilfe. Besonders davon profitieren Transportmaschinen und Hubschrauber, welche in grösserer Zahl beschafft werden. Der Konflikt in Afghanistan zeigt zudem deutlich, wie "komfortabel" die Weltmacht USA heute einen Krieg aus der Luft führen kann. Dank massiver Überlegenheit und neuester Technologie lässt sich ein Konflikt fast ohne Eigenverluste und unter weitgehendem Verzicht von Bodentruppen führen. Eine wahrlich nicht nur optimistisch stimmende Perspektive. In diesem Kontex passt es, Stellvertreterkriege u.a. mit Hilfe von unbemannten Flugzeugen, sog. UAV's, zu führen. Wie schon in Bosnien, wurden Dronen auch in Afghanistan in grösserer Zahl eingesetzt. Beschränkt sich ihr Einsatz noch weitgehend auf Aufklärungsflüge und elektronische Gegenmassnahmen, so ist erkennbar, dass in einigen Jahren Weiterentwicklungen auch für Kampfeinsätze in Dienst gestellt werden. Der Anteil von solchen Dronen, welche in diesem Buch beschrieben werden, dürfte in den nächsten Jahren deutlich zunehmen.

Was Neuentwicklungen angeht, war das Jahr 2001 nicht besonders ergiebig. Eigentliche Neuerscheinungen lassen sich fast an einer Hand abzählen. Hingegen erlangen nun einige seit Jahren in Erprobung stehende Muster langsam die Produktionsreife. Besonders zu erwähnen wären die Rafale, der Eurofighter, die Hubschraubermodelle Tiger/Uhu und die NH90. Der Mangel an Neuheiten gibt Gelegenheit, einmal bestimmte Teilmärkte näher vorzustellen. Dieses Jahr ist es Indien. Das Land hat in den letzten Jahrzehnten eine recht erfolgreiche Flugzeugindustrie aufgebaut. Nebst dem Bau von Lizenzmustern ist die staatliche Hindustan immer wieder durch interessante Eigenentwicklungen aufgefallen. Auch die Volksrepublik China steigt mittlerweile in die oberste Liga der flugzeugproduzierenden Länder auf. Über ein Land kann ich leider wenig berichten, obwohl hier in den letzten Jahren einige interessante Modelle entwickelt wurden. Iran hat die lange Isolation u.a. dazu genutzt, eine kleine eigene Luftfahrtindustrie aufzubauen. Ausgehend vom Nachbau bestehender Muster, wagt man sich immer mehr in Richtung Eigenentwicklungen. Zu erwähnen wären beispielsweise der Hubschrauber IAC Shaded 274 (eine Weiterentwicklung der UH-1), ein neuer Jettrainer sowie diverse Leichtflugzeuge. Unbestätigten Gerüchten zufolge soll auch ein neues Kampfflugzeug bereits fliegen. Leider findet das alles unter dem Mantel der Geheimhaltung statt. Hoffentlich kann ich in einer der nächsten Ausgaben von Flugzeuge der Welt mehr darüber berichten.

Ein schwieriges 2001 ist zu Ende. Bekanntlich gehen viele aus Krisen gestärkt hervor. Wünschen wir uns, dass dies auch der Luftfahrt und insbesondere der Zivilluftfahrt schnell gelingt.

Claudio Müller

ADA (HAL) LCA

Ursprungsland: Indien.
Kategorie: Ein- und zweisitziger leichter Mehrzweckjäger.
Triebwerke (Prototypen 1 + 2): Ein Mantelstromtriebwerk General Electric F404-F2J3 mit 8210 kp (80,50 kN) Standschub mit Nachbrenner; (Serienmaschinen) ein Mantelstromtriebwerk Kaveri GTX-35VS von 5080 kp (52,44 kN) Standschub und 8170 kp (80,68 kN) mit Nachbrenner.
Leistungen (geschätzt): Höchstgeschwindigkeit in grossen Höhen Mach 1,8+; Dienstgipfelhöhe über 15000 m.
Gewichte: Leergewicht ca. 5500 kg; Startgewicht ohne Aussenlasten 8500 kg, mit Aussenlasten bis zu 13000 kg.
Bewaffnung: Eine doppelläufige 23 mm-Kanone GSh-23 mit 200 Schuss sowie an sieben Aufhängepunkten Waffenlasten bis zu 4000 kg.
Entwicklungsstand: Fünf Jahre nach dem Rollout nahm der erste von zwei Erprobungsträgern TD-1 die Flugerprobung am 6. Januar 2001 auf, gefolgt vom zweiten Ende des gleichen Jahres. Danach sollen fünf Vorserienmaschinen gebaut werden, drei Einsitzer, ein Doppelsitzer sowie einer in der Marineausführung (Erstflug 2004). Die indischen Streitkräfte wollen als Ersatz der MiG-21 rund 200 Einheiten beschaffen, wobei die Auslieferungen erst ab ca. 2007 erwartet werden.
Bemerkungen: Mit der LCA soll ein kleines, wendiges und kostengünstiges Mehrzweckkampfflugzeug gebaut werden. Dank Verwendung von modernsten Verbundwerkstoffen und Aluminium/Lithium-Verbindungen ist dieses Muster auch sehr leicht. Die Elektronik wird in Zusammenarbeit mit der israelischen IAI entwickelt und basiert zum Teil auf jener des Lavi-Kampfflugzeuges (siehe Ausgabe 1987/88). Die LCA verfügt über ein Multifunktions-Dopplerradar indischer Herkunft. Die Avionik stammt von Sextant Avionique. Nachdem sich die amerikanische Lockheed-Martin vom Projekt zurückzog, musste ein neues digitales Fly-by-Wire-System entwickelt werden, was zu grossen Verzögerungen führte. Die Ausführung für die indische Marine soll für Trägereinsätze ausgelegt werden.
Hersteller: ADA Aeronautical Development Agency der Hindustan Aeronautics Ltd., Bangalore, Indien.

Abmessungen: Spannweite 8,20 m, Länge 13,20 m, Höhe 4,40 m, Flügelfläche ca. 38,40 m^2.

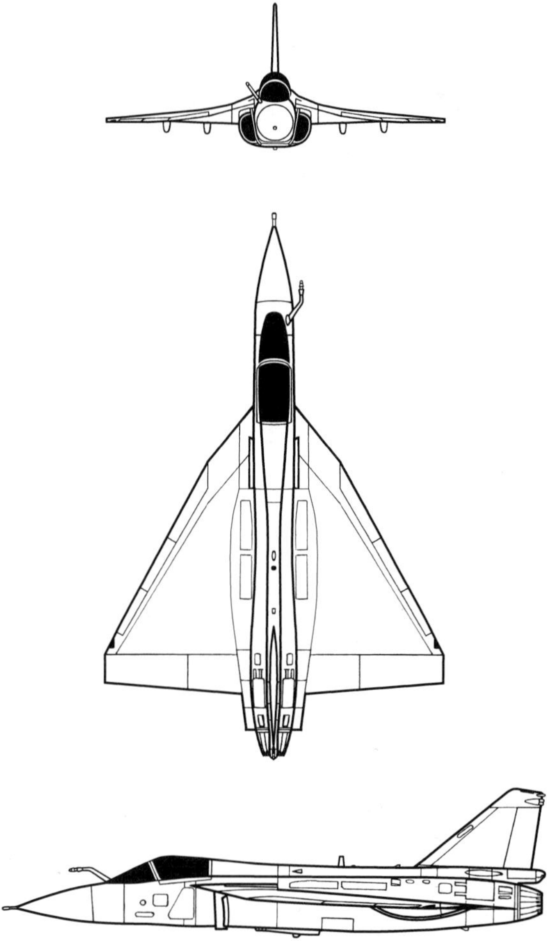

ADAM AIRCRAFT INDUSTRIES
M-309 CARBONAERO

Ursprungsland: USA.
Kategorie: Leichtes Firmenflugzeug.
Triebwerke: Zwei luftgekühlte Sechszylinder-Boxermotoren Teledyne Continental TSIO-550 von je 350 PS (260 kW) Leistung.
Leistungen (nach Angaben des Herstellers): Höchstgeschwindigkeit 460 km/h; Reisegeschwindigkeit 410 km/h; Anfangssteiggeschwindigkeit 18,6 m/Sek; Dienstgipfelhöhe 9144 m; max. Reichweite mit IFR-Reserven 2780 km.
Gewichte: Noch keine Angaben erhältlich.
Zuladung: Ein Pilot und in der Normalausführung fünf Passagiere; max. Nutzlast 1050 kg.
Entwicklungsstand: Der Erstflug fand am 21. März 2000 statt. Drei überarbeitete Prototypen beginnen die Flugerprobung 2002. Bisher sind Verkäufe für 38 Einheiten bekannt geworden. Mit der Auslieferung ist ab 2003 zu rechnen.
Bemerkungen: Die M-309 ist eine weitere Entwicklung des berühmten Konstrukteurs Burt Rutan. Das Muster erhielt die Bezeichnung «309», da es sich um die 309. Konstruktion des innovativen Rutan handelt. Hergestellt in neuester Karbon-Technologie, verfügt der Rumpf über eine Druckkabine. In der Serienversion soll dieser etwas länger werden, um Platz für eine Einstiegstreppe zu schaffen. Dank der Triebwerksanordnung vorne und hinten am Rumpf weist dieser Zweimotorer die Flugeigenschaften eines einmotorigen Flugzeuges auf. Aussergewöhnlich ist auch die Auslegung des ebenfalls vollständig aus Karbon bestehenden Flügels. Der als Tiefdecker ausgelegte Hauptflügel ist durch Doppelrümpfe mit dem Höhen-/Seitenleitwerk verbunden. Das Cockpit weist die heute üblichen Flachbildschirme auf. Die Kabine ist im Vergleich zu anderen Flugzeugen dieser Klasse recht voluminös (Innenlänge 3,00 m, Breite 1,40 m, Höhe 1,30 m).
Hersteller: Adam Aircraft Industries, Denver, Werk Centennial Airport Englewood, Colorado, USA.

Abmessungen: Spannweite 12,80 m, Länge 9,70 m, Höhe 2,70 m, Flügelfläche 49,40 m^2.

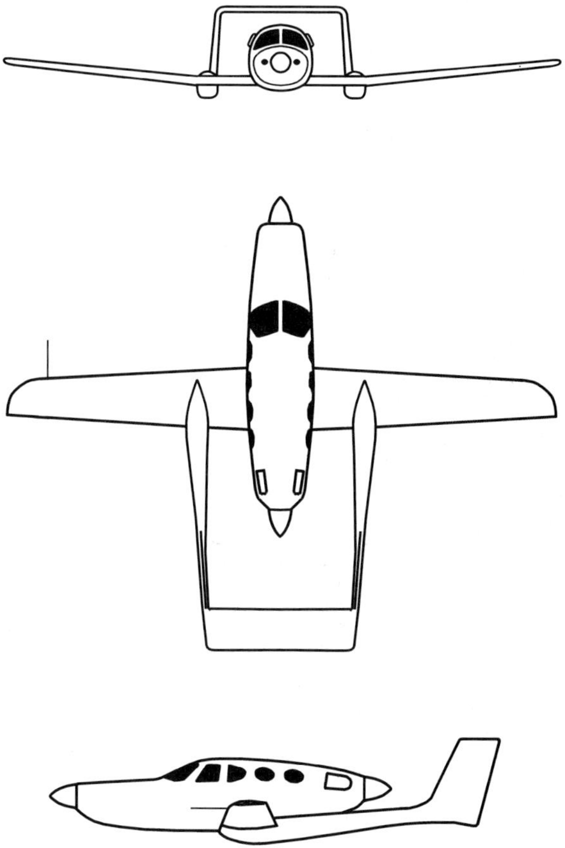

AERO L 159 ALBATROS

Ursprungsland: Tschechien.
Kategorie: Leichtes einsitziges (L 159A) und doppelsitziges (L 159B) Erdkampfflugzeug.
Triebwerke: Ein Mantelstromtriebwerk AlliedSignal/ITEC F124-GA-100 von 2850 kp (28 kN) Standschub.
Leistungen: Höchstgeschwindigkeit 936 km/h oder Mach 0,82 auf Meereshöhe, 912 km/h in 500 m; Anfangssteiggeschwindigkeit 47 m/ Sek; Dienstgipfelhöhe 13200 m; Reichweite mit max. internem Kraftstoff und 10 % Reserven 1570 km, mit Zusatztanks 2530 km.
Gewichte: Rüstgewicht 4160 kg; max. Startgewicht 8000 kg.
Bewaffnung: Kombination von Waffen an einer Station unter dem Rumpf und sechs unter den Flügeln für Luft-Luft-Lenkwaffen, Luft-Boden-Lenkwaffen, Bomben und Elektronikbehälter im Gesamtgewicht von 2340 kg.
Entwicklungsstand: Der erste Prototyp dieser Ausführung, ein Doppelsitzer, hat die Flugerprobung am 2. August 1997 aufgenommen, gefolgt von der einsitzigen Ausführung am 18. August 1998. Die tschechische Luftwaffe hat 72 Einheiten (47 L-159A/ 12 L-159B; Rest noch offen) bestellt, rund 40 davon sind bis Ende 2001 abgeliefert worden. Von den Vorgängerausführungen L 39, L 59 und L 139 (siehe Ausgabe 1995) sind bisher 2921 Maschinen für 20 Luftwaffen hergestellt worden.
Bemerkungen: Obwohl aus der bekannten L 39/L 59 abgeleitet, ist die L 159 in weiten Teilen eine Neuentwicklung. Der verlängerte Rumpf wurde im Frontbereich völlig überarbeitet, um dem modernen Avionik-System von Rockwell-Collins, u.a. bestehend aus Mehrzweck-Dopplerradar FIAR Grifo-L, MIL-STD-1553B-Databus, H-764G-Navigationssystem mit GPS, Head-Up Display usw. Platz zu machen. Dank des westlichen Triebwerks mit einem um 30 % erhöhten Schub konnten alle Flugleistungen markant gesteigert werden. Das Cockpit mit Flüssigkristallanzeigen ist weitgehend gepanzert. Zwei Ausführungen werden hergestellt: Der Doppelsitzer L 159B sowie der Einsitzer L 159A mit anstelle des zweiten Sitzes dort eingebautem Zusatztank.
Hersteller: Aero Vodochody a.s., Odolena Voda, Prag, CFR.

Abmessungen: Spannweite inkl. Flügelendtanks 9,54 m, Länge 12,73 m, Höhe 4,78 m, Flügelfläche 18,80 m².

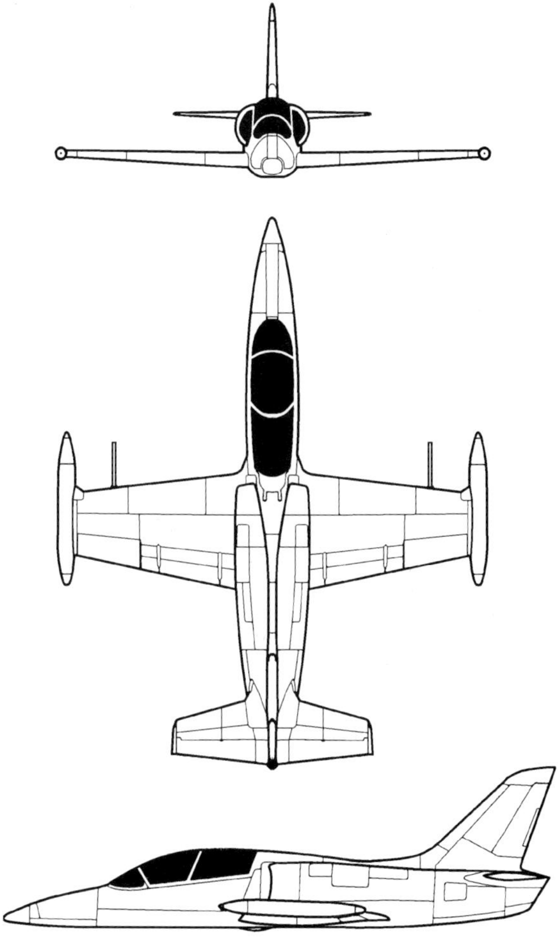

AERO AE 270

Ursprungsland: Tschechien.
Kategorie: Leichtes Mehrzweckflugzeug.
Triebwerke (Ae270P): Eine Propellerturbine Pratt & Whitney Canada PT6A-42A von 850 WPS (634 kW) Leistung bzw. (Ae270W) Walter M 601F von 777 WPS (580 kW) Leistung.
Leistungen (Ae270P): Maximale Reisegeschwindigkeit auf 4000 m 407 km/h; normale Reisegeschwindigkeit 390 km/h; Anfangssteiggeschwindigkeit 8,2 m/Sek; Dienstgipfelhöhe 7620 m; Reichweite mit max. Zuladung 470 km; max. Reichweite 2370 km.
Gewichte (Ae270P): Rüstgewicht 2280 kg; max. Startgewicht 3700 kg.
Zuladung: Ein bis zwei Mann im Cockpit und bis zu acht Passagiere bzw. bis zu 1200 kg Fracht.
Entwicklungsstand: Nach mehrjährigem Entwicklungsstopp nahm der erste Prototyp Ae270P am 25. Juli 2000 die Flugerprobung auf. Drei Prototypen werden gebaut. Mit den Ablieferungen soll Ende 2002 begonnen werden. Bisher sind rund 60 Einheiten bestellt.
Bemerkungen: Die Ae270 ist ein 50 : 50-Joint-Venture zwischen Aero und der AIDS in Taiwan. Zwei Ausführungen sind vorgesehen: Die Ae270W mit dem tschechischen Walter-Triebwerk, einheimischer Elektronik und Festfahrwerk sowie die wesentlich leistungsfähigere Ae270P Ibis mit einem Triebwerk von Pratt & Whitney Canada, Avionik von AlliedSignal Bendix/King, Einziehfahrwerk und Druckkabine. AIDS stellt Flügel und Fahrwerk her, Aero den Rest der Struktur und ist für die Endmontage zuständig. Als Mehrzweckflugzeug ist die Ae270 für Passagier- wie auch für Frachteinsätze vorgesehen, ebenso auch als Executive-Transporter. Für letztere Aufgabe wird eine als Ae270HP bezeichnete Weiterentwicklung mit leistungsfähigeren Pratt & Whitney-Triebwerk angeboten. Später soll auch eine Ausführung mit Schwimmern hinzu kommen. Preis der Basisausführung Ae270P etwa US$ 1,9 Mio.
Hersteller: Aero Vodochody a.s., Odolena Voda, Prag, CFR.

Abmessungen: Spannweite 13,82 m, Länge 12,23 m, Höhe 4,78 m, Flügelfläche 21 m^2.

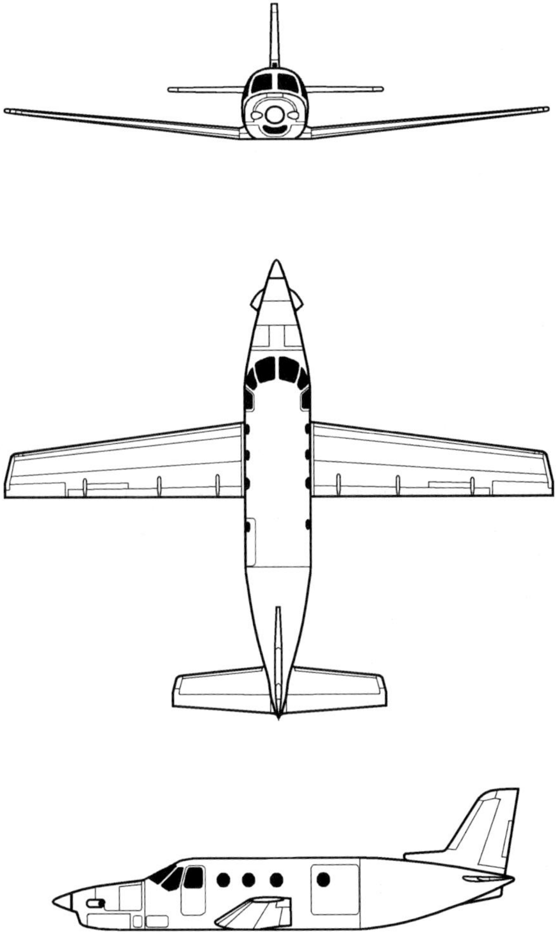

AGUSTA WESTLAND A109 POWER

Ursprungsland: Italien.
Kategorie: Leichter Mehrzweckhubschrauber.
Triebwerke: Zwei Gasturbinen Pratt & Whitney Canada PW206C von je 640 WPS (477 kW) Leistung.
Leistungen: Höchstgeschwindigkeit 311 km/h; max. Reisegeschwindigkeit 300 km/h auf 1520 m; max. Schrägsteiggeschwindigkeit 10,5 m/Sek; Schwebehöhe mit Bodeneffekt 5790 m, ohne Bodeneffekt 4054 m; Reichweite 830 km; max. Flugdauer 4 Std. 20 Min.
Gewichte: Leer 1555 kg; max. Startgewicht 2850 kg mit interner Nutzlast bzw. 3000 kg mit externer Nutzlast.
Zuladung: Ein Pilot und sieben Passagiere. Als Ambulanzhubschrauber zwei liegende Patienten und zwei Helfer. Max. Nutzlast 1130 kg.
Bewaffnung (A109KM): Bis zu acht drahtgelenkte TOW-Lenkwaffen, ein unter dem Rumpf montiertes 7,62-mm-Maschinengewehr oder eine 12,7-mm-Kanone an der Türe befestigt.
Entwicklungsstand: Diese Version fliegt seit 8. Februar 1995. Bisher über 200 Festbestellungen (davon über 100 abgeliefert), darunter 30 A109 LUH (+ 10 Optionen) für die Südafrikanische Luftwaffe, 20 HPK15 für die schwedische Luftwaffe und 8 MH-68A für die US Coast Guard. Von allen Ausführungen sind bisher rund 600 Einheiten hergestellt worden. Die Jahresproduktion beläuft sich auf etwa 30 Einheiten.
Bemerkungen: Die aktuellste Version Power verfügt über einen neuen, weniger Teile umfassenden Hauptrotorkopf mit Titannabe und Elastomerlagern, welcher wesentlich wartungsfreundlicher ist. Die leistungsstärkeren Triebwerke sind mit einem elektronischen Triebwerkmanagement FADEC versehen. Das einziehbare Fahrwerk wurde überarbeitet. Schliesslich ist die Kabine etwas voluminöser ausgefallen. Dank eines 1553 Mil Std-Databusses kann eine Vielzahl von (Zusatz)Systemen kompatibel gemacht werden. Die von der USCG bestellten Einheiten (siehe Foto) werden zur Bekämpfung der Drogenkriminalität mit FLIR-Geräten ausgestattet.
Hersteller: AgustaWestland Ltd., Werk Vergiate, Italien.

Abmessungen: Rotordurchmesser 11,00 m, Rumpflänge 11,44 m, Höhe 3,50 m.

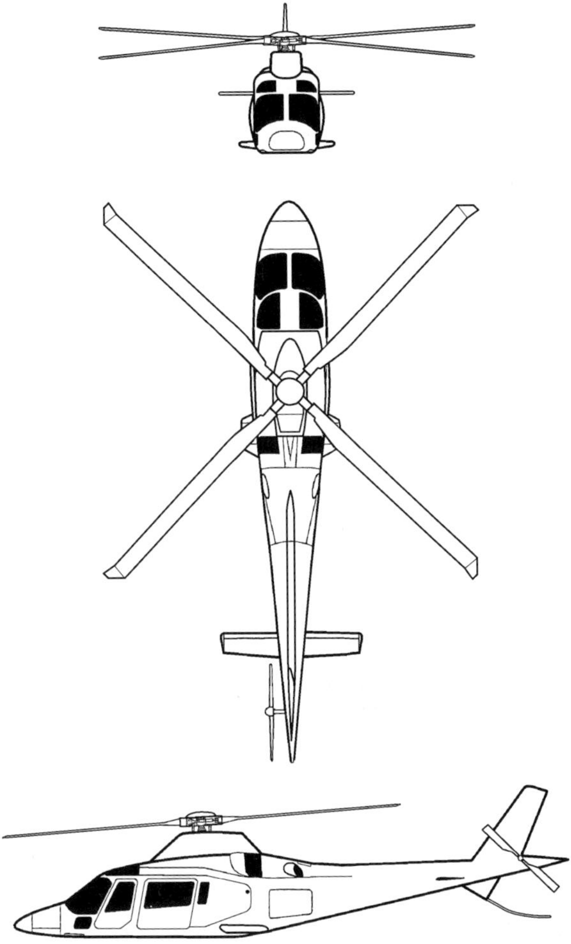

AGUSTA WESTLAND A119 KOALA

Ursprungsland: Italien.
Kategorie: Leichter Mehrzweckhubschrauber.
Triebwerke: Eine Gasturbine (Prototyp) Turboméca Arriel 1K1 von 800 WPS (596 kW) Dauerleistung bzw. (Serie) Pratt & Whitney Canada PT6B-37A von je 1000 WPS (747 kW) Dauerleistung.
Leistungen (mit PT6B-37-Triebwerk): Höchstgeschwindigkeit 278 km/h; max. Reisegeschwindigkeit 260 km/h; Schwebehöhe mit Bodeneffekt 3320 m, ohne Bodeneffekt 2450 m; Dienstgipfelhöhe 5460 m; max. Flugzeit 3 Std. 48 Min. bzw. max. Reichweite 620 km.
Gewichte: Rüstgewicht 1550 kg; max. Startgewicht 2720 kg, später bis zu 3000 kg.
Zuladung: Pilot und bis zu sieben Passagiere. Max. Nutzlast 1155 kg.
Entwicklungsstand: Der erste von zwei Prototypen fliegt seit April 1995. Nach der verspäteten Zulassung Mitte 1999 folgten die ersten Auslieferungen an Kunden Ende 1999. Bisher sind über 30 Einheiten bestellt worden, für rund 30 weitere bestehen Optionen. Die italienischen Carabinieri-Verbände sollen insgesamt bis zu 50 Einheiten erhalten. Der Beschaffungsentscheid steht aber noch aus. Bei Denel in Südafrika soll eine zweite Montagestrasse errichtet werden.
Bemerkungen: Die A119 Koala stellt das günstigere Einstiegsmodell der A109 dar. Sie ist zu einem Kaufpreis von bereits US$ 1,78 Mio. erhältlich. Von der A109 sind die Zelle sowie der Rotor weitgehend übernommen. Was das Kabinenvolumen angeht, ist die A119 der derzeit grösste einmotorige Hubschrauber. In ihr finden acht Personen bzw. als Ambulanzhubschrauber bis zu zwei Bahren für liegende Patienten Platz. Zudem verfügt sie über einen voluminösen Gepäckraum von 0,95 m^3. In der ganzen Auslegung wurde auf Wirtschaftlichkeit und Robustheit Wert gelegt.
Hersteller: AgustaWestland Ltd., Werk Vergiate, Italien.

Abmessungen: Rotordurchmesser 11,00 m, Rumpflänge 11,07 m, Höhe 3,30 m.

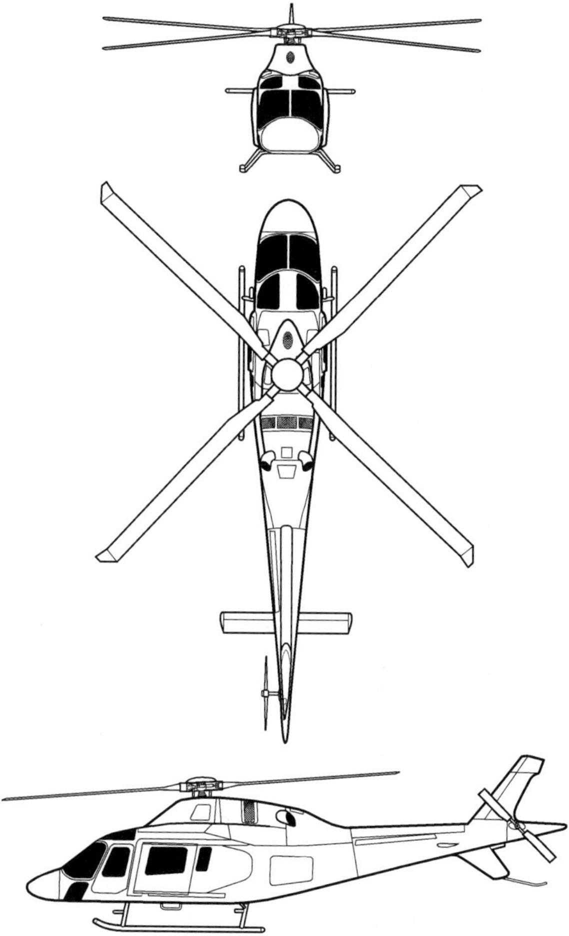

AGUSTA WESTLAND SUPER LYNX 300

Ursprungsland: Grossbritannien.
Kategorie: Militärischer Mehrzweckhubschrauber für Armee- (Battlefield Lynx) und Marineeinsätze (Super Lynx).
Triebwerke: Zwei Gasturbinen Honeywell LHTEC CTS800-4N von je 1620 WPS (1207 kW) oder Rolls-Royce Gem 42-1 von je 1120 WPS (835 kW) Leistung.
Leistungen (Gem 42-1): Max. Reisegeschwindigkeit 256 km/h auf Meereshöhe; normale Reisegeschwindigkeit 230 km/h; Schrägsteiggeschwindigkeit 10 m/Sek; Reichweite 685 km.
Gewichte: Rüstgewicht 3943 kg; max. Startgewicht 5125 kg.
Zuladung: Ein bis zwei Piloten und je nach Einsatzzweck bis zu 12 Personen in der Kabine. Als Rettungshubschrauber drei bis acht Patienten samt Pfleger; Rettungswinde von 272 kg Tragkraft.
Bewaffnung: Als Panzerabwehrhubschrauber besteht die Möglichkeit, an bis zu acht Aufhängepunkten TOW-, HOT- oder Hellfire-Lenkwaffen mitzuführen; als Schiffsabwehr-Hubschrauber und U-Boot-Jäger bis zu vier Lenkwaffen Sea Skua, AS12TT oder zwei Penguin.
Entwicklungsstand: Die Super Lynx 300 fliegt seit 2001. Neueste Bestellungen für die Mehrzweckversion: Oman 20, Marine von Thailand 2. Von allen Ausführungen wurden bisher über 420 Einheiten an drei Luftwaffen und 14 Marinen geliefert.
Bemerkungen: Derzeit prüft die britische Armee, ihre Battlefield Lynx-Hubschrauber der Versionen AH7/9 mit den Honeywell T800-Triebwerken auszustatten. Vorerst erhalten alle verbesserte Navigations- und Kommunikationssysteme sowie u.a. ein Laser-Zieldarstellungsgerät. Diese neu als AH10 bezeichnete Ausführung wird besser geeignet sein, die Unterstützungsfunktion für die WAH-64D (siehe Seiten 100/101) zu erfüllen. Die Marineversion Super Lynx wird derzeit in drei Ausführungen angeboten: Srs.100 mit Rolls-Royce Gem 42-1-Triebwerken und Hauptrotor aus Verbundwerkstoff, 360°-Seaspray-Radar im Rumpfbug und konventionellem Cockpit; Srs.200 in ähnlicher Konfiguration, aber mit LHTEC CTS800-Triebwerken und FADEC-System; Srs.300-Topausführung zusätzlich mit Night-Vision-Goggles (NVG), Glascockpit, digitaler Avionik und doppelt redundantem Databus MIL-STD-1553D.
Hersteller: AgustaWestland Ltd., Werk Yeovil, Somerset, GB.

Abmessungen: Rotordurchmesser 12,80 m, Rumpflänge mit gefalteten Rotorblättern 13,24 m, Höhe inkl. Rotorkopf 3,67 m.

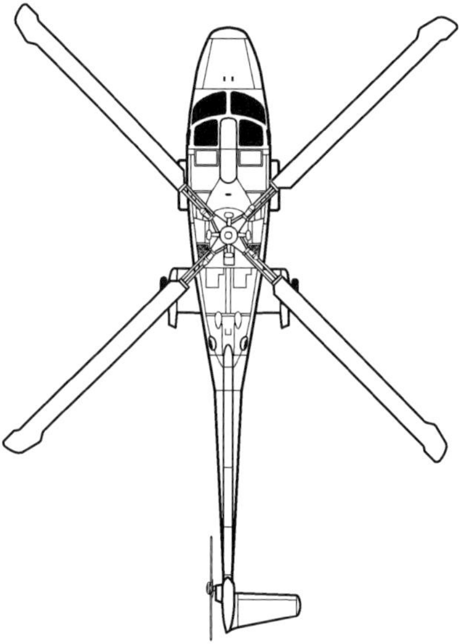

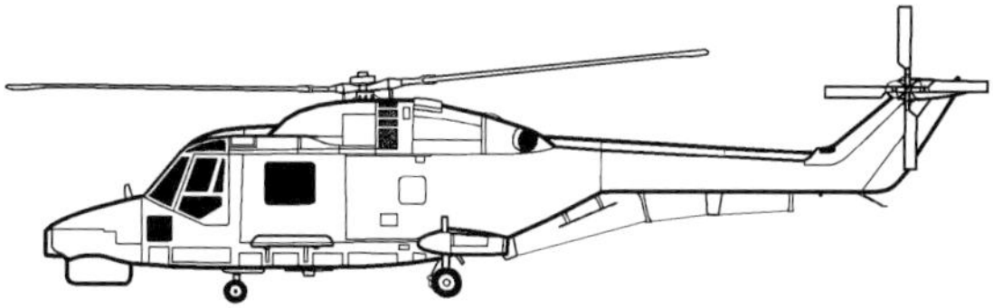

AGUSTA WESTLAND EH 101

Ursprungsland: Grossbritannien und Italien.
Kategorie: U-Boot-Jäger sowie Transporthubschrauber.
Triebwerke: Drei Gasturbinen (RN) Rolls-Royce-Turboméca RTM 322 von je 2312 WPS (1724 kW) oder (italienische Marine) General Electric CT7-6A1 von je 2040 WPS (1521 kW) Leistung.
Leistungen (CT7-6): Max. Fluggeschwindigkeit 308 km/h; ökonom. Reisegeschwindigkeit 267 km/h; Schwebehöhe mit Bodeneffekt 2745 m, ohne Bodeneffekt 1675 m; max. Flughöhe 4600 m; Reichweite mit 30 Passagieren 926 km; Überführungsreichweite mit Zusatztanks 1760 km.
Gewichte: Rüstgewichte ASW-Ausführung 9275 kg, Mehrzweckversion 9000 kg, Zivilausführung 8993 kg; max. Startgewicht ASW-Ausführung 13530 kg, übrige 14288 kg.
Zuladung: Zwei Piloten und 30 Passagiere; max. Nutzlast 6700 kg.
Bewaffnung (HM Mk.1): Vier Leichtgewichttorpedos Stingray oder Antischiffslenkwaffen der Exocet-Harpoon-Klasse.
Entwicklungsstand: Die EH 101 fliegt seit 9. Oktober 1987. Bisher sind insgesamt 126 Bestellungen eingegangen: Dänemark 14 Mehrzweck-/SAR-Version, Grossbritannien 66 (44 ASW-Version für RN, 22 Mehrzweckversion für RAF), Italien 16 für Marine (8 ASW, 4 AEW und 4 Mehrzweckversion), Kanada 15 SAR-Version AW520 Cormorant, Portugal 14 SAR (+ 2 Optionen), Polizei von Tokyo 1 der Zivilausführung.
Bemerkungen: Westland prüft die Entwicklung einer für amphibische Einsätze optimierten Version, die von Hubschrauberträgern aus operieren soll. Diese Ausführung würde dank leistungsfähigerer Triebwerke RTM322-04 über ein höheres Abfluggewicht von rund 16000 kg verfügen. Sie hätte auch neue, leicht vergrösserte Rotoren. Zusammen mit Lockheed Martin soll zudem eine US-Version mit der Bezeichnung US101 neu angeboten werden.
Hersteller: AgustaWestland (ex. EH Industries Ltd.), London, GB.

Abmessungen: Rotordurchmesser 18,59 m, Rumpflänge 19,51 m, Höhe inkl. Rotorkopf 5,21 m.

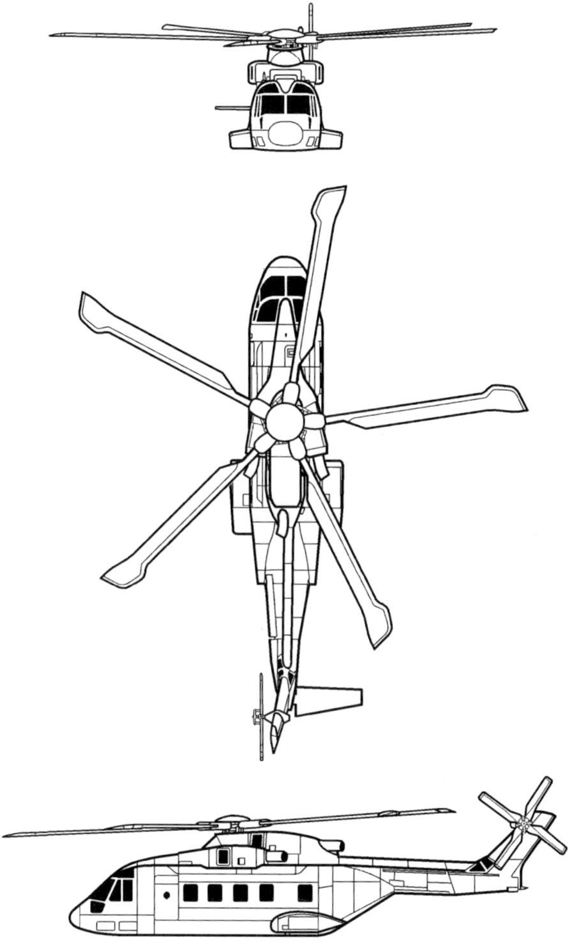

AGUSTA WESTLAND BELL AB139

Ursprungsland: Mittelschwerer Mehrzweckhubschrauber.
Kategorie: Italien und USA.
Triebwerke: Zwei Gasturbinen Pratt & Whitney Canada PT6C-67C von je 1679 WPS (1250 kW) Leistung.
Leistungen: Max. Reisegeschwindigkeit 290 km/h; Schrägsteiggeschwindigkeit 10 m/Sek; Schwebehöhe mit Bodeneffekt 3600 m, ohne Bodeneffekt 2920 m; max. Flugdauer 3,9 Std; Reichweite mit 10 Passagieren 650, max. 750 km.
Gewichte: Max. Startgewicht 6000 kg.
Zuladung: Zwei Piloten und zwischen 12 und 15 Passagiere oder für Rettungseinsätze sechs liegende Verletzte und vier Pfleger; max. Nutzlast intern 2500 kg, extern 2700 kg.
Entwicklungsstand: Das erste von drei Vorserienmodellen nahm am 3. Februar 2001 die Flugerprobung auf, gefolgt vom zweiten am 4. Juni 2001. Bisher sind rund 40 Einheiten bestellt worden. Die Auslieferung der ersten Serienmuster ist für 2002 geplant.
Bemerkungen: Die AB139 ist ein Gemeinschaftsprojekt von Agusta (75%) und Bell (25%), wobei die erstgenannte Firma den Lead beim Vorhaben innehat. An der Herstellung sind u.a. auch GKN Westland (Heck), PZL Swidnik (Rumpfkomponenten), Honeywell (Primus Epic Avionik) beteiligt. Als eigentlicher Nachfolger der erfolgreichen Bell 205 - 412-Familie soll das neue Muster auf beiden Seiten des Atlantiks parallel hergestellt werden. Als Haupteinsatzgebiete der AB139 sind vorgesehen: Transport von Geschäfts-/VIP-Personen, Überwachungsaufgaben, EMS-Transporte und Versorgung von Ölbohrplattformen. Auch bewaffnete Ausführungen für Militäreinsätze sind geplant. Die AB139 zeichnet sich durch eine für ihre Klasse sehr voluminöse Kabine aus. Die elektronische Ausrüstung entspricht dem heutigen Standard.
Hersteller: AgustaWestland Ltd., Werk Vergiate, Italien und Bell Helicopter Textron, USA.

Abmessungen: Rotordurchmesser 13,80 m, Rumpflänge bei drehendem Rotor 16,65 m, Höhe über Heckleitwerk 4,95 m.

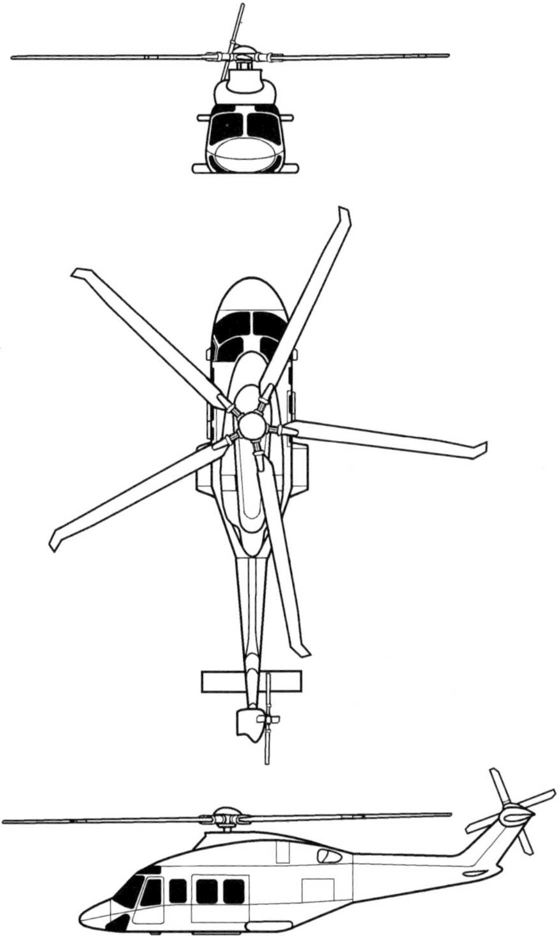

AIRBUS A300-600F

Ursprungsland: Europäisches Konsortium.
Kategorie: Frachtflugzeug für Mittelstrecken.
Triebwerke: Zwei Mantelstromtriebwerke General Electric CF6-80C2 von je 27896 kp (273,5 kN) Standschub.
Leistungen: Max. Reisegeschwindigkeit 890 km/h auf 7620 m; Langstrecken-Reisegeschwindigkeit 875 km/h; Dienstgipfelhöhe 12200 m; Reichweite mit max. Nutzlast 3520 km, max. Reichweite 4975 km.
Gewichte: Leergewicht 77947 kg; max. Startgewicht 170500 kg.
Zuladung: Zwei Mann Cockpitbesatzung und als Frachter bis zu 54780 kg Nutzlast, in der Passagierausführung A300-600R mit Zweiklassenbestuhlung 26 Passagiere in der ersten Klasse und 240 in der Touristenklasse in Sechser- bzw. Achterreihen mit zwei Mittelgängen. Max. 285 Passagiere in Neunerreihen.
Entwicklungsstand: Der Erstflug der Frachtausführung erfolgte am 27. April 1994. Bisher wurden etwa 140 A300-600F bestellt, Hauptauftraggeber sind die UPS (90 + 50 Optionen) und die FedEx (36). Aber auch die Passagierausführung wird weiterhin gebaut. Insgesamt sind bisher 583 A300 bestellt worden, zusammen mit der kleineren Ausführung A310 (siehe Ausgabe 1994) sogar 843 Einheiten.
Bemerkungen: Im Unterschied zur Passagierausführung A300-600R (siehe Ausgabe 1992/93) besitzt das Frachtmodell einen verstärkten Kabinenboden, ein 9-g-Crashnetz, eine Frachtraum-Rauchmeldeanlage sowie ein zusätzliches, 2,57 x 358 m messendes Frachttor im vorderen Rumpfteil links. Dafür entfallen alle Kabinenfenster und die Kabinentüren bis auf zwei, sowie alle übrigen Systeme und Installationen der Passagierversion.
Hersteller: Airbus Industrie, Blagnac, Frankreich, Teil der EADS (European Aeronautic Defence and Space Company).

Abmessungen: Spannweite 44,84 m, Länge 54,08 m, Höhe 16,53 m, Flügelfläche 260,00 m².

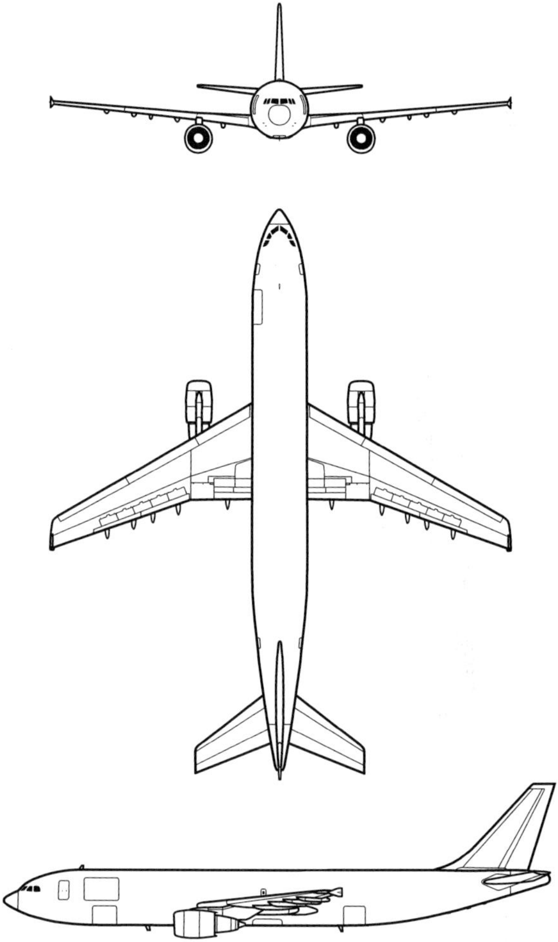

AIRBUS A320/A321

Ursprungsland: Europäisches Konsortium.
Kategorie: Kurz- und Mittelstrecken-Verkehrsflugzeug.
Triebwerke: Zwei Mantelstromtriebwerke CFM International (A320) CFM56-5B4 von je 12020 kp (117,9 kN) bzw. (A321) CFM56-5B1 von je 13607 kp (133,4 kN) bzw. -5B2 von je 14060 kp (138 kN) oder zwei IAE V2530-A5 von je 14060 kp (138 kN) Standschub.
Leistungen: Max. Reisegeschwindigkeit 903 km/h auf 8535 m; ökonom. Reisegeschwindigkeit 828 km/h; Dienstgipfelhöhe 11890 m; Reichweite mit max. Passagierzahl inkl. Reserven (A320) 5030 km, (A321) 4350 km.
Gewichte: Rüstgewicht (A320) 42765 kg, (A321) 47500 kg; max. Startgewicht (A320) 77020 kg, (A321) 83000 kg.
Zuladung: Zwei Mann Cockpitbesatzung und Mehrklassenbestuhlung für normalerweise (A320) 150 bzw. (A321) 170 Passagiere. Einheitsklassen-Innenausstattung für max. (A320) 179 bzw. (A321) 220 Passagiere; max. Nutzlast 21600 kg.
Entwicklungsstand: Der Prototyp der A320 nahm am 22. Februar 1987, jener der A321 am 11. März 1993 die Flugerprobung auf; erste Auslieferungen (A320) im März 1988 bzw. (A321) im Januar 1994. Von den Modellen A318/319/320/321 waren bis Ende 2001 zusammen rund 2790 bestellt, darunter etwa 1540 A320 und 410 A321.
Bemerkungen: Der Rumpf der A321 wurde um je ein Einsatzelement von 4,27 m vor und hinter dem Flügel verlängert. Ausser einem wegen des höheren Abfluggewichts verstärkten Fahrwerk und leistungsfähigeren Triebwerken sind die Änderungen gegenüber dem Grundmuster A320 bewusst auf ein Minimum beschränkt. Unter der Bezeichnung A321-200 fliegt seit 12. Dezember 1996 eine schwere Ausführung, welche dank leistungsfähigeren Triebwerken und auf 93000 kg erhöhtem Abfluggewicht und grösserer Treibstoffzuladung Reichweiten bis zu 5600 km zulässt. Geplant ist auch eine Frachtausführung der A320. Grumman und Airbus entwickeln gemeinsam eine Überwachungsvariante «Joint STARS» für die NATO.
Hersteller: Airbus Industrie, Blagnac, Frankreich, Werke (A320) Toulouse-Blagnac, (A321) Hamburg-Finkenwerder, BRD, Teil der EADS (European Aeronautic Defence and Space Company).

Abmessungen: Spannweite 34,09 m, Länge (A320) 36,45 m, (A321) 44,50 m, Höhe 11,80 m, Flügelfläche 122,40 m².

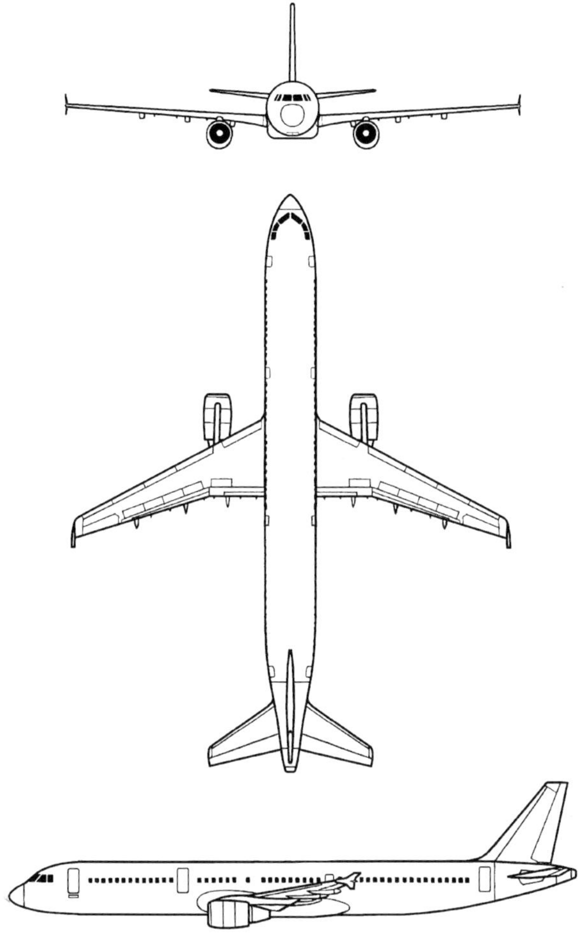

AIRBUS A319

Ursprungsland: Europäisches Konsortium.
Kategorie: Kurz- und Mittelstrecken-Verkehrsflugzeug, Firmenflugzeug (A319CJ).
Triebwerke: Zwei Mantelstromtriebwerke CFM International CFM56-5A4/-5B5 von je 10160 kp (99,7 kN) Standschub oder zwei IAE V2524 mit gleicher Leistung. Weitere Triebwerksvarianten mit grösserer Leistung als Option.
Leistungen: Max. Reisegeschwindigkeit 900 km/h auf 10050 m, normale Reisegeschwindigkeit 840 km/h auf 11280 m; Reichweite mit max. Nutzlast 3300 km, max. Reichweite 7700 km.
Gewichte: Rüstgewicht 39200 kg; max. Startgewicht 64000 kg, als Option 68000 kg.
Zuladung: Zwei Mann Cockpitbesatzung und je nach Innenausstattung bis zu 153 Passagiere in Sechserreihen, normalerweise aber 124 Passagiere in zwei Klassen. Max. Nutzlast 15000 kg.
Entwicklungsstand: Die erste A319 hat am 25. August 1995 die Flugerprobung aufgenommen und wurde im April 1996 in Dienst gestellt. Bis Ende Dezember 2001 sind rund 710 Einheiten bestellt und mehr als 400 abgeliefert worden; grösster Einzelbesteller ist bisher die Northwest mit 50 Maschinen.
Bemerkungen: Die A319 ist die zweitkleinste Version der mittlerweile recht umfangreichen A320-Familie und deckt vorwiegend die Bedürfnisse des Kurzstreckenverkehrs ab. Ausser einem kürzeren Rumpf, leistungsreduzierten Triebwerken und geringeren Gewichten fügt sie sich nahtlos in das modulare Konstruktionsprinzip von A320 und A321 ein. Zurzeit werden zwei Ausführungen mit unterschiedlichem Abfluggewicht und Reichweitenleistungen angeboten. Seit 1999 wird die Geschäftsreiseversion A319CJ (siehe Foto) angeboten. Dank je nach Ausführung zwei bis sieben Extratanks im Rumpf kann sie Reichweiten bis zu 11700 km erzielen. Je nach Einrichtung finden 25 bis 60 Personen Platz. Bisher sind 28 Einheiten (+ Optionen) bestellt worden, darunter je zwei von Italien und Frankreich als Regierungsmaschinen.
Hersteller: Airbus Industrie, Blagnac, Frankreich bzw. Werk Hamburg-Finkenwerder, BRD, Teil der EADS (European Aeronautic Defence and Space Company).

Abmessungen: Spannweite 34,10 m, Länge 33,84 m, Höhe 11,80 m, Flügelfläche 122,40 m^2.

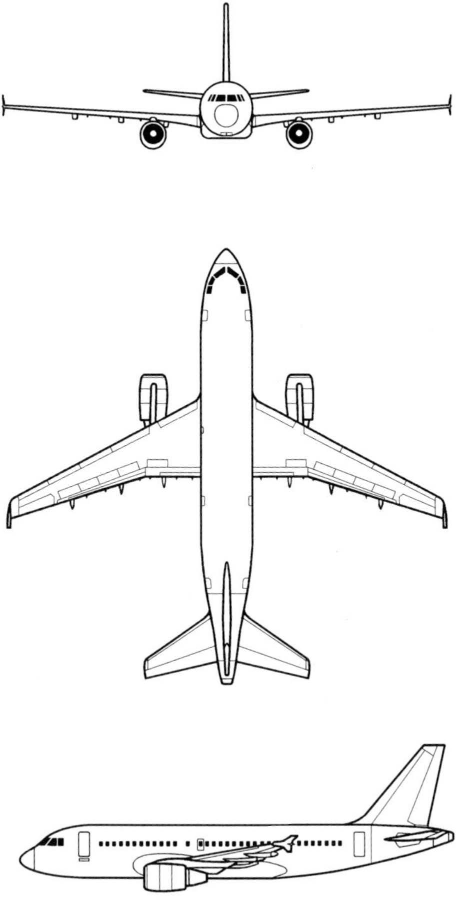

AIRBUS A318

Ursprungsland: Europäisches Konsortium.
Kategorie: Kurz- bis Mittelstrecken-Verkehrsflugzeug.
Triebwerke: Zwei Mantelstromtriebwerke CFM International CFM56-5 bzw. Pratt & Whitney PW6000 von je zwischen 9070 und 10430 kp (89,0 und 102,3 kN) Standschub.
Leistungen (nach Angaben des Herstellers): Max. Reisegeschwindigkeit Mach 0,82; Reichweite mit max. Nutzlast 2800 km, als Option max. Reichweite 5300 km.
Gewichte: Rüstgewicht 38400 kg; Startgewicht 59000 kg, max. Startgewicht als Option 66000 kg.
Zuladung: Zwei Mann Cockpitbesatzung und je nach Innenausstattung normalerweise 107 Passagiere in zwei Klassen oder 117 Passagiere in einer Klasse.
Entwicklungsstand: Die A318 absolvierte ihren Erstflug am 15. Januar 2002 und soll rund ein Jahr später an den Erstbesteller ausgeliefert werden. Bis Ende 2001 reduzierte sich der Auftragsbestand auf 136 Einheiten, darunter ILFC und GE Capital je 30, BA und GATX je 12 Einheiten.
Bemerkungen: Die A318 wurde hauptsächlich als Konkurrenzmuster zur Boeing 717 entwickelt (siehe Seiten 82/83). Als die neueste und kleinste Version der A320-Familie deckt sie vorwiegend die Bedürfnisse des Kurzstreckenverkehrs ab. Ausser einem nochmals um 2,40 m verkürzten Rumpf, leistungsreduzierten Triebwerken bzw. mit dem PW6000 ein Alternativmodell und geringeren Gewichten fügt sie sich nahtlos in das modulare Konstruktionsprinzip von A319, A320 und A321 ein. Aus Gründen der Richtungsstabilität wurde das Seitenleitwerk etwas grösser gestaltet. Zurzeit werden zwei Ausführungen mit unterschiedlichem Abfluggewicht und Reichweitenleistungen angeboten.
Hersteller: Airbus Industrie, Blagnac, Frankreich, Werk Hamburg-Finkenwerder, BRD, Teil der EADS (European Aeronautic Defence and Space Company).

Abmessungen: Spannweite 34,10 m, Länge 31,44 m, Höhe 12,56 m, Flügelfläche 122,40 m².

AIRBUS A330-200

Ursprungsland: Europäisches Konsortium.
Kategorie: Langstrecken-Verkehrsflugzeug.
Triebwerke: Zwei Mantelstromtriebwerke Rolls-Royce Trent 772, General Electric CF6-80E1 oder Pratt & Whitney PW4168 von zwischen 29600 und 31000 kp (302 und 316 kN) Standschub.
Leistungen: Max. Reisegeschwindigkeit 900 km/h; ökonom. Reisegeschwindigkeit 880 km/h; Dienstgipfelhöhe 12000 m; Reichweite mit 293 Passagieren 12000 km, mit 380 Passagieren 9900 km.
Gewichte: Rüstgewicht 120000 kg; max. Startgewicht 230000 kg.
Zuladung: Zwei Mann Cockpitbesatzung und bei üblicher Dreiklassenbestuhlung 16 Passagiere in der Ersten, 36 in der Zweiten und 205 in der Touristenklasse in Sechser- bzw. Achterreihen mit zwei Mittelgängen. Max. 380 Passagiere in Neunerreihen bzw. max. Nutzlast 36400 kg.
Entwicklungsstand: Der Erstflug des Prototyps der 330-200 fand am 13. August 1997 statt. Die Auslieferungen begannen im April 1998. Bis Ende 2001 sind Bestellungen für rund 210 Einheiten (+ Optionen) von 21 Flug- oder Leasinggesellschaften eingegangen. Der Auftragsbestand des Ausgangsmusters A330-300 beläuft sich auf etwa 200 Maschinen.
Bemerkungen: Die A330-200 ist die Langstrecken-Version der A330-Familie. Dafür wurde der Rumpf um 5,33 m verkürzt und das Fassungsvermögen an Treibstoff auf 139000 Liter erhöht. Zudem erfuhr das Seitenleitwerk eine kleine Überarbeitung. Im übrigen ist diese Ausführung mit der A330-300 (siehe Ausgabe 1998) weitgehend identisch. Mit der A340-300 gemeinsam sind die Flügel, das Seitenleitwerk, die Cockpitauslegung sowie alle übrigen Systeme. In Planung stehen eine Frachtausführung A330-200F sowie eine militärische Variante MRTT als Luftbetanker.
Hersteller: Airbus Industrie, Blagnac, Frankreich, Teil der EADS (European Aeronautic Defence and Space Company).

Abmessungen: Spannweite inkl. Winglets 60,30 m, Länge 58,98 m, Höhe 17,89 m, Flügelfläche 363,10 m^2.

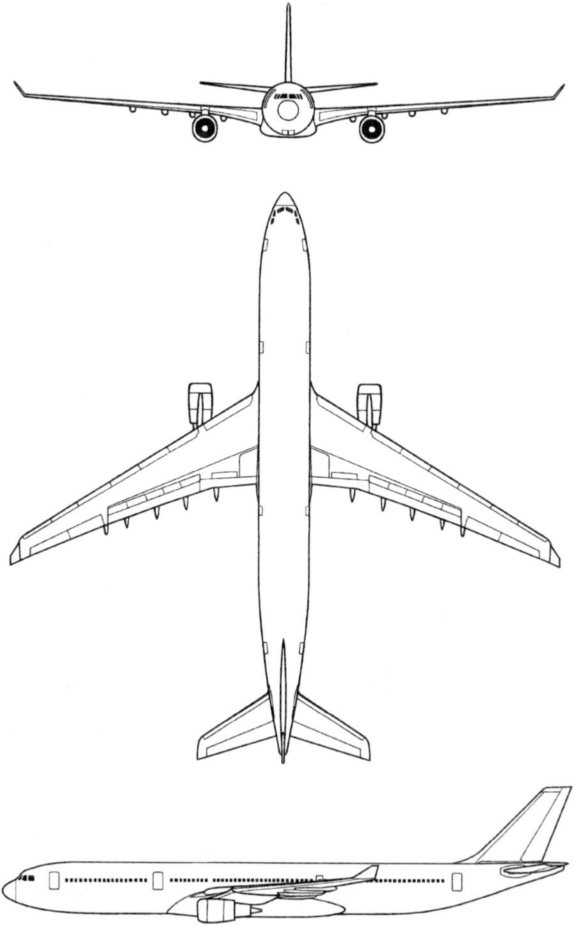

AIRBUS A340-600/-500

Ursprungsland: Europäisches Konsortium.
Kategorie: Langstrecken-Verkehrsflugzeug.
Triebwerke: Vier Mantelstromtriebwerke Rolls-Royce (-600) Trent 556 von je 25380 kp (249 kN) oder (-500) Trent 553 von je 24050 kp (236 kN) Standschub.
Leistungen (nach Angaben des Herstellers): Max. Reisegeschwindigkeit 930 km/h (Mach 0,86); ökonomische Reisegeschwindigkeit 890 km/h (Mach 0,83); Dienstgipfelhöhe 12500 m; Reichweite (-600/-500) mit normaler Passagierzahl 13900/15750 km.
Gewichte (-600/-500): Leergewicht 177000/170400 kg; max. Startgewicht 365000 kg, als Option 368000 kg.
Zuladung: Zwei Mann Cockpitbesatzung und in einer Dreiklassenbestuhlung (-600/-500) 12 Erstklasse-, 54/42 Businessklasse- und 314/259 Touristenklassepassagiere in Siebner-, Achter- und Neunerreihen, insgesamt also 380 bzw. 313 Passagiere; bei Einklassenbestuhlung in Neunerreihen 485/440, max. Nutzlast (-600) 62300 kg, (-500) 51200 kg.
Entwicklungsstand: Als aktuellste Ausführung hat die A340-600 ab 23. April 2001 die Flugerprobung aufgenommen, gefolgt von der ersten A340-500 im Februar 2002. Die Auslieferungen beginnen Mitte bzw. Ende 2002. Der Auftragsbestand ist nach einer Reihe von Annullationen unklar. Von allen Ausführungen der A340 waren bis Ende 2001 rund 310 Maschinen bestellt und deren 210 abgeliefert.
Bemerkungen: Mit den Ausführungen A340-600 bzw. -500 erfährt die A340-Familie eine wesentliche Weiterentwicklung. Die Variante -600 erhält eine Verlängerung des Rumpfes um 11,10 m und wird vorübergehend zum längsten Flugzeug der Welt. Die -500 setzt, bei nur gering grösserer Rumpflänge als die A340-300, auf grosse Reichweitenleistungen. Beide Modelle sind mit einem neuen Flügel sowie wesentlich leistungsfähigeren Triebwerken ausgestattet. Das Höhenleitwerk ist neu komplett aus Kohlefaser gefertigt. Im übrigen sind weite Teile von Struktur und Systemen sind mit der A330 identisch. Eine Ausführung der -600 mit auf 376000 kg erhöhtem Startgewicht befindet sich in Planung.
Hersteller: Airbus Industrie, Blagnac, Frankreich, Teil der EADS (European Aeronautic Defence and Space Company).

Abmessungen: Spannweite inkl. Winglets 63,50 m, Länge (-600) 74,80 m, (-500) 67,80 m, Höhe (-600) 17,29 m, (-500) 17,10 m, Flügelfläche 437,30 m^2.

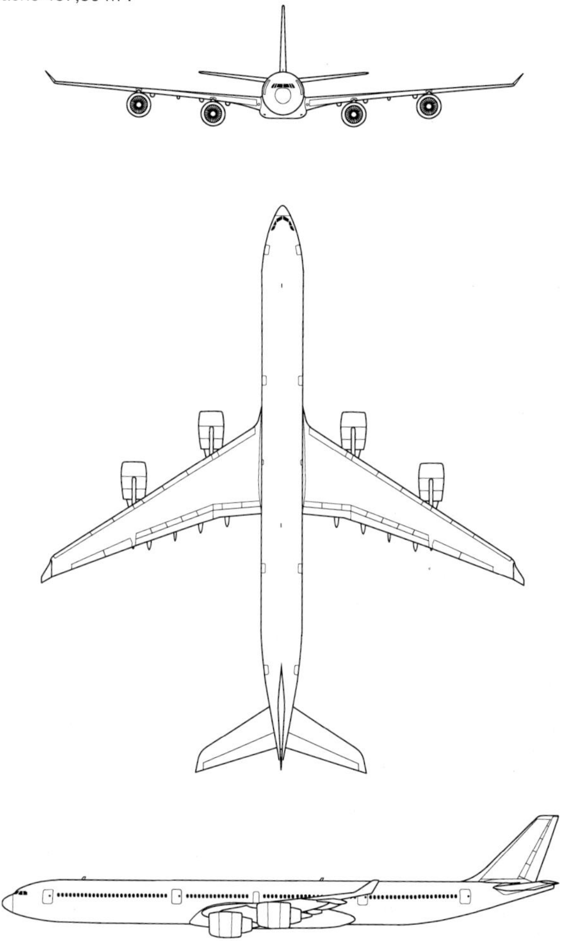

AIRTECH (CASA/IPTN) CN-235-200

Ursprungsland: Spanien und Indonesien.
Kategorie: Regionalverkehrsflugzeug und Mehrzwecktransporter, bzw. Militärfrachter (CN-235M) und Marine-Patrouillenflugzeug (CN-235MPA).
Triebwerke: Zwei Propellerturbinen General Electric CT7-9C von je 1750 WPS (1305 kW) Leistung.
Leistungen: Max. Reisegeschwindigkeit 460 km/h auf 4575 m; max. Anfangssteiggeschwindigkeit 7,75 m/Sek; Dienstgipfelhöhe 7620 m; Reichweite mit max. Nutzlast und 45 Min. Reserven 1773 km, mit 2400 kg und max. Treibstoffzuladung 3658 km.
Gewichte: Normales Rüstgewicht 9800 kg (CN-235M: 8600 kg); max. Startgewicht 15800 kg (CN-235M: 16500 kg).
Zuladung: Zwei Piloten und Standard-Innenausstattung für 40 oder 44 Passagiere in Viererreihen bzw. Nutzlast von 4300 kg, in der Kombiversion CN-235QC 18 Passagiere und zwei LD-3-Container. Als Militärtransporter (CN-235M) 53 Soldaten bzw. bis zu 6000 kg Fracht.
Entwicklungsstand: Der erste Prototyp flog erstmals am 11. November 1983. Beginn der Kundenablieferungen am 15. Dezember 1986. Bis Dezember 2001 waren von den zivilen und militärischen Varianten zusammen rund 270 Einheiten bestellt. Grösster Einzelkunde ist die Türkei mit 61 CN-235M (Lizenzbau). Neueste (Nach)Bestellungen: Indonesien 3 CN-235MPA, Nigeria 20 CN235-200, Pakistan 4 CN-235-200.
Bemerkungen: Die CN-235 wird in Gemeinschaftsarbeit zwischen der spanischen CASA und der indonesischen IPTN gebaut. Eine ASW/Marine-Patrouillenversion CN-235MPA mit einem 360°-Suchradar fliegt seit 1991 und wurde von Brunei, Indonesien, Irland, Spanien und der Türkei bestellt. Sie besitzt die Möglichkeit, bis zu zwei Antischiffs-Lenkwaffen AM-39 Exocet oder zwei Torpedos Mk. 46 mitzuführen. Die neueste Version ist die CN235-300 mit stärkeren CT7-9C3-Triebwerken von 1900 WPS (1400 kW) Leistung, Honeywell-Avionik und ARL-2002 EW-Selbstverteidigungssystem.
Hersteller: Airtech, Aircraft Technology Industries, Madrid, Spanien, Werke in Sevilla, Spanien und Bandung, Indonesien.

Abmessungen: Spannweite 25,81 m, Länge 21,35 m, Höhe 8,18 m, Flügelfläche 59,10 m².

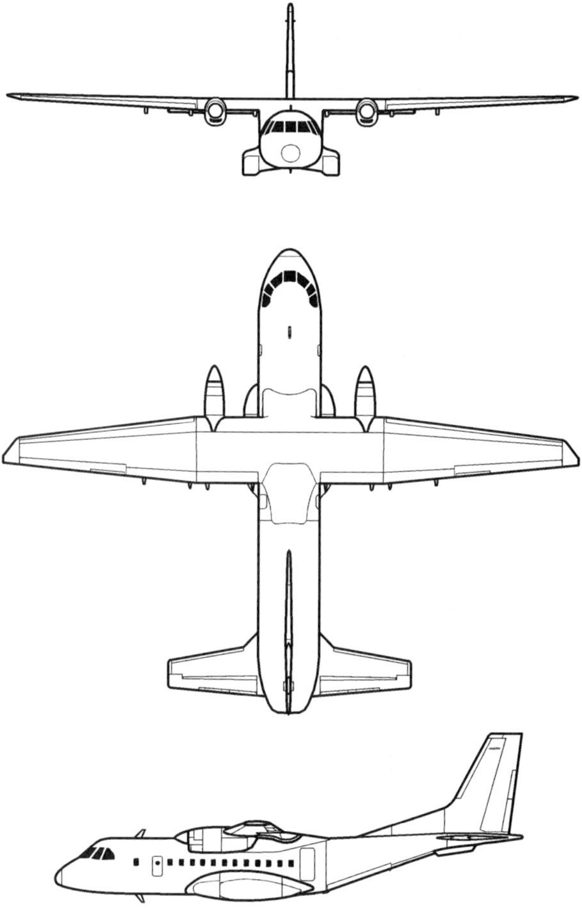

ALENIA C-27J SPARTAN

Ursprungsland: Italien und USA.
Kategorie: Militärischer Mehrzweck- und STOL-Transporter.
Triebwerke: Zwei Propellerturbinen Allison AE2100-D2 von je 4640 WPS (3460 kW) Leistung.
Leistungen: Max. Reisegeschwindigkeit 602 km/h, Langstrecken-Reisegeschwindigkeit 500 km/h auf 6000 m; Anfangssteiggeschwindigkeit 10+ m/Sek; Dienstgipfelhöhe 9150 m; Reichweite mit einer Nutzlast von 10000 kg 1770 km, mit 6000 kg 3850 km; Überführungsreichweite 5150 km.
Gewichte: Leergewicht 16500 kg; max. Startgewicht 31800 kg.
Zuladung: Zwei Mann Cockpitbesatzung und als Truppentransporter 53 voll ausgerüstete Soldaten, 46 Fallschirmjäger oder 36 Verwundete bzw. bis zu 11500 kg Fracht.
Entwicklungsstand: Der erste Prototyp der C-27J fliegt seit 25. September 1999, gefolgt vom ersten Serienmuster am 12. Mai 2000. Die italienische Luftwaffe hat bisher 5 (+ 7 Optionen) bestellt. Von der Ursprungsausführung C-27A/G.222 wurden an zehn Luftwaffen 111 Exemplare ausgeliefert.
Bemerkungen: Die C-27J ist eine wesentlich weiterentwickelte Ausführung des Ursprungmodells G.222 (siehe Ausgabe 1995). In einem Joint-Venture von 50 : 50 mit Lockheed Martin entwickelt, weist sie viele Gemeinsamkeiten mit dem mittelschweren Transporter C-130J Hercules II auf (siehe Seiten 224/225). So sind Triebwerk, Sechsblattpropeller und Avionik weitgehend identisch. Damit verspricht man sich bei einem gemeinsamen Beschaffen beider Muster einen wesentlich wirtschaftlicheren Betrieb. Die C-27J wurde nach zivilen Grundsätzen im Juni 2001 zugelassen. Erste Auslieferungen erfolgen ab 2002. Eine AEW-Version mit einem APS-145-Radar befindet sich ebenfalls in Entwicklung.
Hersteller: Alenia, Rom, Italien und Lockheed Martin Marietta Corp., Marietta, Georgia, USA.

Abmessungen: Spannweite 28,70 m, Länge 22,70 m, Höhe 9,70 m, Flügelfläche 82,00 m^2.

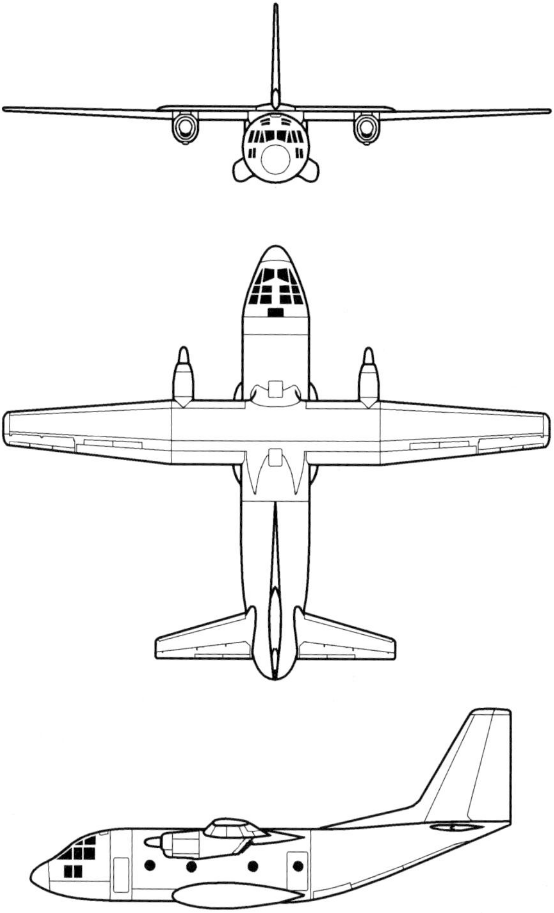

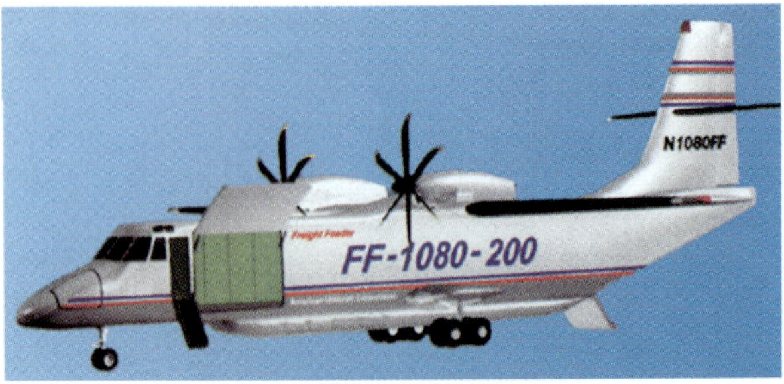

AMERICAN UTILICRAFT FF-1080 FREIGHT FEEDER

Ursprungsland: USA.
Kategorie: Frachtzubringerflugzeug.
Triebwerke (-200): Zwei Propellerturbinen Pratt & Whitney Canada PW127F von je 2100 WPS (1567 kW) Leistung.
Leistungen (-200; nach Angaben des Herstellers): Max. Reisegeschwindigkeit 500 km/h, normale Reisegeschwindigkeit 450 km/h; Dienstgipfelhöhe 7620 m; Reichweite mit 3632 kg Nutzlast 2780 km.
Gewichte (-200): Rüstgewicht 8117 kg; max. Startgewicht 17237 kg.
Zuladung (-200): Als Frachter ein bis zwei Piloten und bis zu 6 LD3-Container mit einer max. Nutzlast von 6640 kg.
Entwicklungsstand: Der Prototyp soll Ende 2002 die Flugerprobung aufnehmen. Mit den ersten Auslieferungen wird Ende 2003 gerechnet. Bisher gingen 25 Bestellungen (+ 25 Optionen) von einem Operator ein.
Bemerkungen: Die FF-1080 wurde weitgehend für die Bedürfnisse der Kleinpaket-Spediteure entwickelt. Sie soll eine möglichst rationelle und kostengünstige Verteilung der Ware ermöglichen. Der Frachtraum ist so optimiert, dass er genau sechs standardisierte LD3-Containers aufnehmen kann und zwar via eines Seitenfrachttors links am Rumpf sowie mittels Heckladerampe. Dazu ist der Rumpf des Hochdeckers quadratisch ausgelegt und die gesamte Konstruktion aus Aluminium möglichst einfach und robust gehalten. Auf eine Druckkabine wurde verzichtet, das Fahrwerk ist nicht einziehbar. Für den Flugbetrieb genügt ein Pilot. Dank des leistungsfähigen Triebwerks mit Sechsblattpropellern verfügt die FF-1080 über kurze Start- und Landeeigenschaften. Drei Ausführungen sind geplant: Die als -100, -200 und -500 bezeichnete Versionen unterscheiden sich nach heutigem Informationsstand hauptsächlich durch die Rumpflänge. Der Kaufpreis soll sich bei etwa US$ 10 Mio. bewegen.
Hersteller: American Utilicraft Corporation, Atlanta, Georgia, USA.

Abmessungen: Spannweite 27,12 m, Länge (-200) 23,82 m, Höhe 9,05 m.

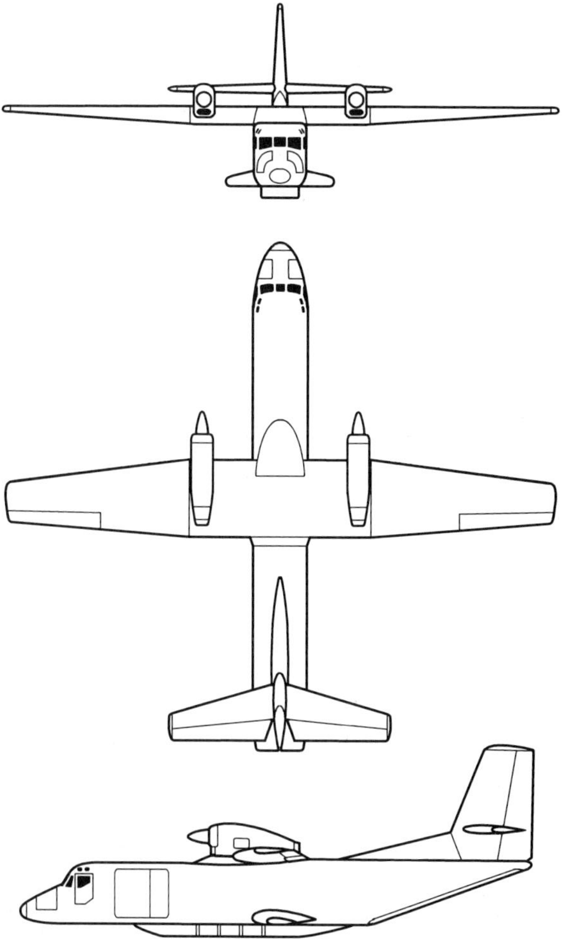

ANTONOW AN-74TK-300

Ursprungsland: Ukraine.
Kategorie: Ziviler und militärischer STOL-Transporter für Kurz- bis Mittelstrecken.
Triebwerke: Zwei Mantelstromtriebwerke ZMKB Progess/Ivchenko D-36A-4A von je 6500 kp (63,7 kN) Standschub.
Leistungen: Max. Reisegeschwindigkeit 725 km/h; Dienstgipfelhöhe 10100 m; Reichweite mit 52 Passagieren und üblichen Reserven 3700 km, max. Reichweite 5250 km.
Gewichte: Max. Startgewicht 37500 kg.
Zuladung: Zwei Mann Besatzung im Cockpit und je nach Einsatzzweck und Innenausstattung bis zu 68 Personen auf Klappsitzen entlang der Kabinenwände oder 57 Fallschirmspringer. Als Sanitätsflugzeug 24 Bahren, 12 sitzende Verletzte und ein Pfleger. Max. Nutzlast 10000 kg.
Entwicklungsstand: Der erste Prototyp der Version An-74TK-300 flog am 20. April 2001. Bisher sind noch keine Aufträge für diese Ausführung bekannt geworden, dagegen sollen Kaufsabsichten für 30 bis 40 Maschinen vorliegen. Von den Ausgangsmustern An-72/74 (siehe u.a. Ausgabe 2000), welche weiterhin angeboten werden, sind mehr als 170 Exemplare hergestellt worden.
Bemerkungen: Die als An-74TK-300 bezeichnete Weiterentwicklung verfügt als wesentliche Neuerung über zwei Triebwerke, die konventionell unter den Flügeln aufgehängt sind. Sie soll damit wesentlich ökonomischer im Betrieb sein. Nach Herstellerangaben ist der Treibstoffverbrauch um 29 % reduziert. Obwohl sie über die extremen Kurzstarteigenschaften der An-72/74 nicht verfügt, kann die -300 trotzdem ab kurzen Pisten starten und landen. Geprüft wird, zusätzlich eine verlängerte Ausführung An-74-400 anzubieten, deren Rumpf um bis zu 8,00 m länger wäre, ausgerüstet mit leistungsfähigeren Triebwerken Progress D-436T1.
Hersteller: Antonow Aeronautical Scientific Complex, Kiew, u.a. Werke Arsenyev, Omsk, Ukraine.

Abmessungen: Spannweite 31,89 m, Länge 28,07 m, Höhe 8,65 m, Flügelfläche 98,62 m².

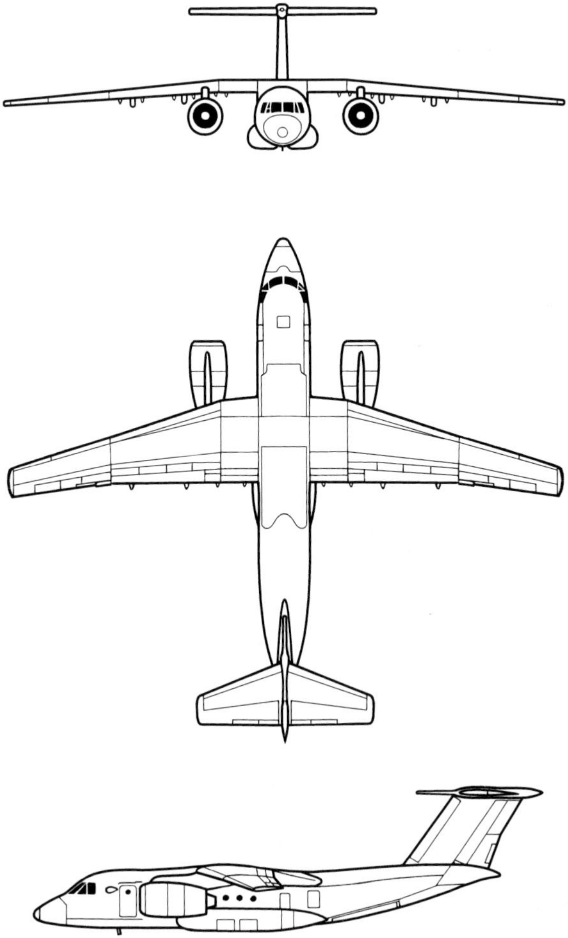

ANTONOW AN-70

Ursprungsland: Ukraine.
Kategorie: Militärischer und ziviler Mittel- und Langstreckenfrachter.
Triebwerke: Vier gegenläufige Propellerturbinen Progress/Motor Sich D-27 von je 14000 WPS (10440 kW) Leistung.
Leistungen: Normale Reisegeschwindigkeit 750 km/h auf 9600 m; Dienstgipfelhöhe 12000 m; Reichweite mit 35000 kg Nutzlast 3500 km, mit max. Nutzlast 1350 km; max. Reichweite 7800 km.
Gewichte: Leergewicht 73000 kg; normales Startgewicht 112000 kg; max. Startgewicht 135000 kg.
Zuladung: Drei Mann Cockpitbesatzung, 170 Soldaten oder 47000 kg Fracht in einem druckbelüfteten Frachtraum von 19,10 m Länge (ohne Rampe), 4,00 m Breite sowie 4,10 m Höhe.
Entwicklungsstand: Der erste Prototyp nahm die Flugerprobung am 16. Dezember 1994 auf, stürzte aber am 10. Februar 1995 ab. Der zweite Prototyp flog erstmals am 24. April 1997. Bis 2003 werden fünf Einheiten für die ukrainische Luftwaffe produziert, welche nach neuesten Angaben 65 Maschinen beschaffen will. Russland soll, die finanziellen Mittel vorausgesetzt, 164 An-70 erhalten, 10 davon sind fest bestellt.
Bemerkungen: Die An-70 wird sowohl als ziviler wie auch als militärischer Frachter angeboten. Bei der Konstruktion hat Antonow besonders auf niedrige Betriebskosten und hohe Zuverlässigkeit geachtet. Dank Verwendung von vielen Verbundwerkstoffen wird eine lange Lebensdauer angestrebt. Das interessanteste Konstruktionsteil sind die Triebwerke, welche in dieser Form erstmals in einem Serienflugzeug Verwendung finden würden. Die gegenläufigen Propeller haben vorn acht und hinten sechs Blätter. Die An-70 soll in der Lage sein, bei max. Abfluggewicht nach 1500 m abzuheben. Mehrere Weiterentwicklungen werden geprüft: An-70-100 mit neuester Avionik zur Reduktion der Cockpitbesatzung; Such- und Rettungsvariante (SAR) An-70PS; ziviler Frachter An-70T; kombinierte zivile Passagier-/Frachtausführung An-70TK.
Hersteller: Antonow Aeronautical Scientific Complex, Kiew, Ukraine; Werk Aviacor, Samara, Russland.

Abmessungen: Spannweite 44,06 m, Länge 40,73 m, Höhe 16,38 m.

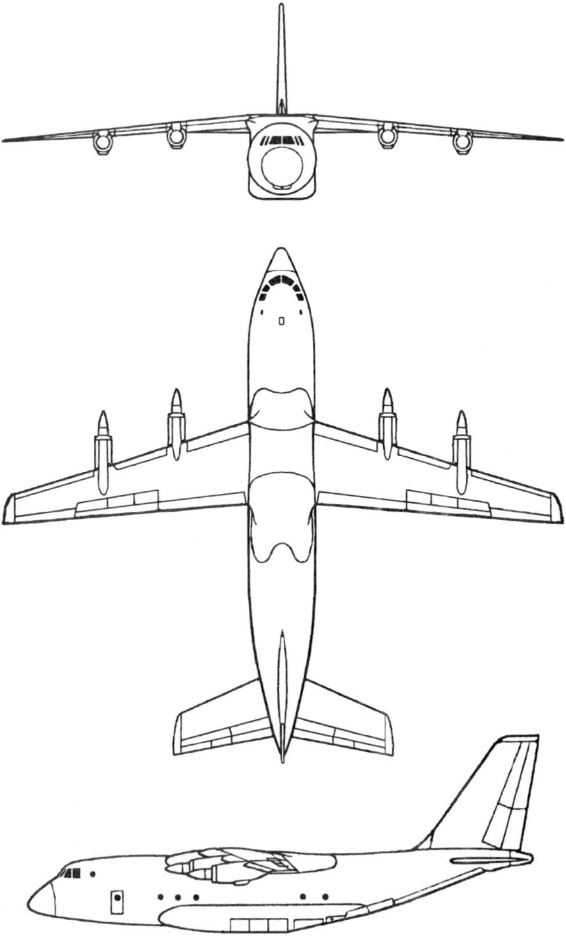

ANTONOW AN-140

Ursprungsland: Ukraine (Iran).
Kategorie: Ziviles und militärisches Kurzstrecken-Passagier- und Frachtflugzeug.
Triebwerke: Zwei Propellerturbinen Klimow NPP TV3-117VMA von je 2600 WPS (1838 kW) Leistung oder als Alternative zwei Pratt & Whitney PW127A von je 2415 WPS (1800 kW) Leistung.
Leistungen (nach Angaben des Herstellers): Max. Reisegeschwindigkeit 575 km/h; Dienstgipfelhöhe 7200 m; Reichweite mit 52 Passagieren und 45 Min. Reserven 2100 bis 2650 km; max. Reichweite 3800 km.
Gewichte: Max. Startgewicht 19150 kg.
Zuladung: Zwei Piloten und (An-140) je nach Inneneinrichtung bis zu 52 Passagiere in Viererreihen mit Mittelgang oder (An-140TK) 20 Passagiere und 3650 kg Fracht. Als militärischer Frachter (An-140T) max. Nutzlast 6000 kg.
Entwicklungsstand: Der erste Prototyp nahm die Flugerprobung am 17. September 1997 auf, der zweite folgte Ende 1997 und das erste Serienflugzeug Anfang 2000. Fehlende Finanzmittel haben die Auslieferung der ersten vier Exemplare an die Ukrainian Airlines, welche zusätzlich ein Letter of Intent über weitere 40 Exemplare unterzeichnet hat, verzögert. Die iranische Regierung hat 80 An-140 bestellt (Lizenzbau), deren erstes Exemplar am 7. Februar 2001 erstmals flog.
Bemerkungen: Die An-140 ist ein robustes Passagier- und Frachtflugzeug, welches über gute STOL-Eigenschaften verfügt und auf unvorbereiteten Pisten starten und landen kann. Trotzdem soll sie einem gehobenen Passagierkomfort genügen. Auf einfache Wartung und kostengünstigen Betrieb wurde besonders geachtet. Zuerst begann die Produktion im Iran, anschliessend in Kharkow, um diese später allenfalls auch auf die russische Aviacor in Samara auszudehnen. Mehrere Varianten befinden sich im Planungsstadium, darunter eine als An-140-100 bezeichnete, um 3,80 m längere Ausführung für 68 Passagiere sowie die militärische An-140T mit Heckladerampe. Die iranische Marine prüft zudem eine AEW-Ausführung mit einem 360°-Rundsichtradar auf dem Rumpf.
Hersteller: Antonow ASTC, Kiew, Ukraine; Werke Isfahan, Iran und Kharkow State Aircraft Production Company, Ukraine.

Abmessungen: Spannweite 24,25 m, Länge 22,46 m, Höhe 8,03 m.

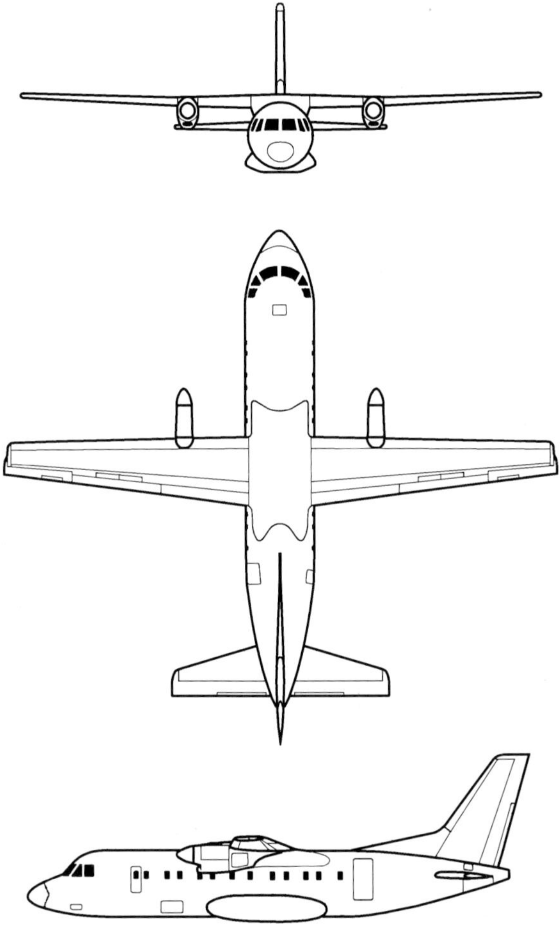

ANTONOW AN-225 MRIJA

Ursprungsland: Ukraine.
Kategorie: Ultraschwerer Frachter.
Triebwerke: Sechs Mantelstromtriebwerke ZMKB Progress D-18T von je 23430 kp (230 kN) Standschub.
Leistungen: Max. Reisegeschwindigkeit 850 km/h; ökonomische Reisegeschwindigkeit mit interner Nutzlast 700 bis 750 km/h; Reichweite mit einer Nutzlast von 200000 kg 4500 km; mit max. Nutzlast 2500 km; max. Reichweite 15400 km.
Gewichte: Max. Startgewicht 600000 kg.
Zuladung: Sechs Mann Besatzung (Pilot, Copilot, Navigator, Kommunikationsspezialist, zwei Flugingenieure). In der oberen Kabine hinter dem Cockpit finden eine Reservebesatzung sowie weitere 60 bis 70 Personen Platz. Die Besonderheit der Mrija liegt darin, dass sie Nutzlasten von bis zu 250000 kg sowohl intern (Beladung nur über hochklappbare Rumpfnase) als auch extern über dem Rumpf transportieren kann.
Entwicklungsstand: Erstflug des einzigen Prototypen am 21. Dezember 1988. Nach wenigen Einsätzen wurde dieser stillgelegt. Wieder reaktiviert, flog er von neuem am 7. Mai 2001. Derzeitigen Plänen zufolge, sollen weitere zwei Einheiten gebaut und kommerziell genutzt werden.
Bemerkungen: Aus der An-124 entwickelt (siehe Ausgabe 2001), ist die AN-225 das bei weitem grösste und schwerste Flugzeug der Welt. Im Vergleich zum Ausgangsmuster verfügt die Mrija über zwei zusätzliche Flügelstücke mit je einem dritten Triebwerk, zusätzliche Rumpfabschnitte vor und hinter dem Flügel und neue grössere Höhenflossen mit zwei Seitenleitwerken. Die Zahl der Fahrwerkseinheiten wurde erhöht. Die Systeme stammen weitgehend von der An-124, einschliesslich der vierfach vorhandenen elektrischen Steuerung. Die Mrija (Traum) sollte vorwiegend als Transporter der sowjetischen Raumfähre Buran eingesetzt werden. Nach Aufgabe dieses Raumfahrtprogramms war die An-225 arbeitslos. Im Rahmen der Reaktivierung wurden die Triebwerke überarbeitet sowie diverse Systeme den heutigen Anforderungen des Zivilverkehrs angepasst. Neu ist auch ein GPS eingebaut.
Hersteller: Antonow Aeronautical Scientific Complex, Kiew, Werk Uljanowsk, Ukraine.

Abmessungen: Spannweite 88,40 m, Länge 84,00 m, Höhe 18,20 m, Flügelfläche 905 m^2.

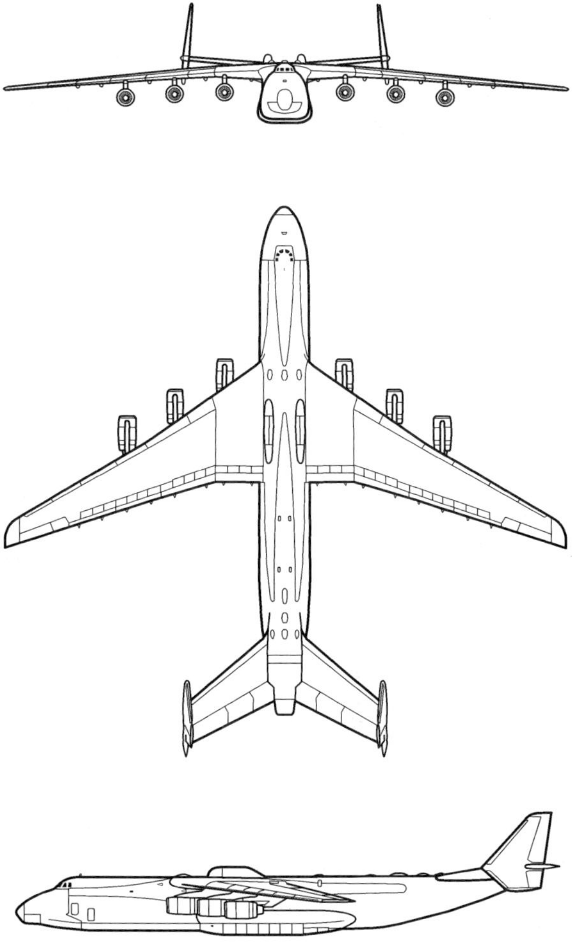

ATR 42-500/ATR 72-500

Ursprungsland: Frankreich und Italien.
Kategorie: Regionalverkehrsflugzeug.
Triebwerke (ATR 42-500/ATR 72-500): Zwei Propellerturbinen Pratt & Whitney Canada PW127E von je 2400 WPS (1790 kW) bzw. PW127F von je 2750 WPS (2050 kW) Leistung.
Leistungen (ATR 42-500/ATR 72-500): Max. Reisegeschwindigkeit 555/511 km/h auf 7620 m; ökonom. Reisegeschwindigkeit 450 km/h auf 7620 m; Reichweite mit 48/68 Passagieren und max. Gepäckzuladung 1550/1650 km und ohne Nutzlast über 4000 km.
Gewichte (ATR 42-500/ATR 72-500): Rüstgewicht 11250/12950 kg; max. Startgewicht 18600/22500 kg.
Zuladung: Zwei Mann Cockpitbesatzung und verschiedene Innenausstattungen für (ATR 42-500) max. 48 bzw. (ATR 72-500) 64 bis 74 Passagiere in Viererreihen mit Mittelgang; Nutzlast (ATR 42-500) 5450 kg, als Frachter 5800 kg bzw. (ATR 72-500) 7350 kg.
Entwicklungsstand: Erstflug der neuesten Ausführung ATR 42-500 am 16. September 1994, die zweite folgte kurze Zeit später. Von allen Varianten waren bis Dezember 2001 658 Einheiten (ATR-42 370, ATR-72 288) von 96 Betreibern bestellt. Ende 2001 waren etwa 640 Einheiten abgeliefert.
Bemerkungen: Die bereits zahlreiche ATR-Familie wurde durch die ATR 42/72-500 bereichert. Bei gleichen Abmessungen wie die früheren ATR-42-Versionen, stellt sie eine leistungsstärkere Variante mit Sechsblatt-Propeller dar. Um den Lärmpegel weiter zu verringern, wurde das Kabineninterieur überarbeitet und mit einem «Active-Noise-Control-System» ausgerüstet. Bis auf die Länge ist die ATR 72-500 genau gleich wie die ATR 42-500. Unter der Bezeichnung ATR 42-400MP existiert eine Seeüberwachungsversion der ATR-42, versehen mit einem Raytheon SV2022-Radar unter dem Rumpf, FLIR und ESM-Ausrüstung. Die italienische Guardia di Finanza hat zwei Exemplare erhalten, die Küstenwache eines. Neu wird die ATR-42-300 als Frachter mit seitlichem Tor und verstärktem Kabinenboden angeboten.
Hersteller: Avions de Transport Regional (ATR): Aérospatiale Matra, Toulouse-Blagnac (Frankreich) und Alenia, Neapel (Italien).

Abmessungen (ATR 42-500/ATR 72-500): Spannweite 24,57/27,05 m, Länge 22,67/27,17 m, Höhe 7,59/7,65 m, Flügelfläche 54,50/61,00 m².

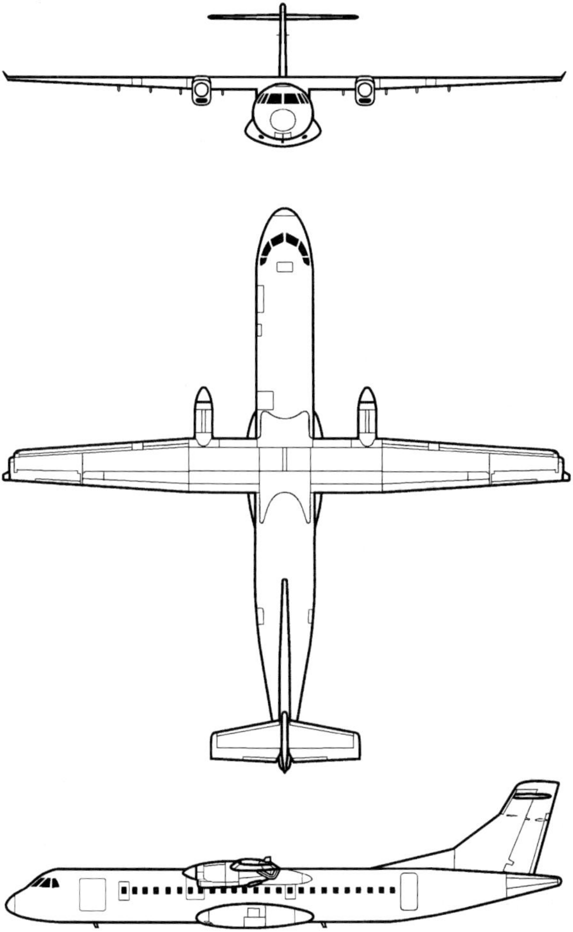

AVRO INTERNATIONAL RJX-70/-85/-100

Ursprungsland: Grossbritannien.
Kategorie: Regionalverkehrsflugzeug.
Triebwerke: Vier Mantelstromtriebwerke Honeywell AS977 von je 3175 kp (31,15 kN) Standschub.
Leistungen: Max. Reisegeschwindigkeit 790 km/h auf 8840 m; ökonom. Reisegeschwindigkeit 555 km/h; Dienstgipfelhöhe 10660 m; max. Reichweiten (RJX-70) 3500 km, (RJX-85) 3296 km, (RJX-100) 3019 km.
Gewichte (RJX-100): Rüstgewicht (RJ70) 23820 kg; max. Startgewicht 38102 kg.
Zuladung: Zwei Piloten und bei Bestuhlung in Fünferreihen (RJX-70) 70, (RJX-85) 85 bzw. (RJX-100) 100 Passagiere, in Sechserreihen 85, 100 bzw. 112 Passagiere.
Entwicklungsstand: Die neueste Variante RJX-85 flog am 28. April 2001, gefolgt von der RJX-100 am 23. September 2001. Vorläufig einzige Besteller sind die British European mit 12 Einheiten (+ 8 Optionen) und die Druk Air mit 2. Von der RJ-Serie (siehe Ausgabe 2001) sind bis Ende 2001 162 Einheiten (+ Optionen) von 15 Gesellschaften bestellt und zum grössten Teil ausgeliefert worden. Neuesten Informationen zufolge wird die Produktion der neuen Ausführung RJX nicht aufgenommen.
Bemerkungen: Eine vorläufig als RJX bezeichnete, leichtere Weiterentwicklung mit Honeywell AS977-Triebwerken und CRT-Cockpit weist deutlich bessere Leistungswerte auf (z.B. Reichweite + 17 %, Treibstoffverbrauch -15 %, Steigleistung + 5 %). Auch soll die RJX-Reihe im Unterhalt deutlich ökonomischer sein. Im übrigen übernimmt sie die bewährten Komponenten ihrer Vorgängerinnen BAe146 bzw. RJ-70/85/100. Drei Varianten sollen gebaut werden, welche sich fast ausschliesslich durch die Rumpflänge unterscheiden.
Hersteller: British Aerospace, Werk Woodford, Grossbritannien, Teil der EADS (European Aeronautic Defence and Space Company).

Abmessungen: Spannweite 26,34 m, Länge (RJX-70) 26,16 m, (RJX-85) 28,55 m, (RJX-100) 30,10 m, Höhe 8,61 m, Flügelfläche 77,30 m².

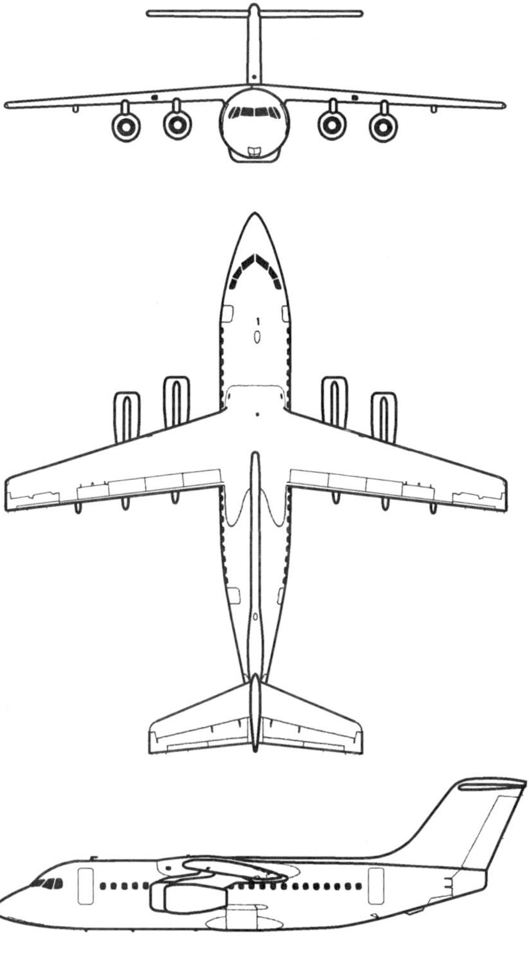

BELL 412EP

Ursprungsland: USA (Kanada).
Kategorie: Mehrzweck- und Transporthubschrauber.
Triebwerke: Eine Gasturbine Pratt & Whitney Canada PT6T-3D-Turbo Twin Pac von 1800 WPS (1342 kW) Leistung.
Leistungen: Höchstgeschwindigkeit 259 km/h auf Meereshöhe; Reisegeschwindigkeit 230 km/h; max. Schrägsteiggeschwindigkeit 6,86 m/Sek; Dienstgipfelhöhe 5030 m; Schwebehöhe mit Bodeneffekt 3110 m bei 4762 kg, ohne Bodeneffekt 1585 m; max. Reichweite 745 km ohne Zusatztanks auf 1525 m.
Gewichte: Leer 3079 kg; max. Startgewicht 5397 kg.
Zuladung: Ein bis zwei Piloten und 13 bis 14 Passagiere; max. Nutzlast 2041 kg.
Entwicklungsstand: Die neueste Ausführung -EP erhielt die Zulassung im Februar 1991. Militärische Ausführungen der 412 von Bell bzw. Agusta haben 24 Länder erhalten; neuester Besteller: Chile 4. Darüber hinaus sind zivile 412 hergestellt worden, zusammen etwa 470. Die jährliche Produktionsrate beträgt rund 24 Einheiten.
Bemerkungen: Die Bell 412EP ist die derzeit produzierte Ausführung des Modells 412. Sie verfügt über stärkere Triebwerke mit entsprechend angepasster Transmission und ein erhöhtes Abfluggewicht. Sie wird, abgesehen vom Bell-Werk in Mirabel, auch bei AgustaWestland, Italien, gebaut. 100 als UH-1Y bezeichnete UH-1N (Erstflug 21. 12. 2001) des USMC werden in den nächsten Jahren ganz erheblich leistungsgesteigert: Zwei GE T700-GE-401-Triebwerke, neuer Flexbeam-Rotorkopf mit lagerloser Befestigung und vierblättrigen Kunststoffrotoren, um ca. 50 cm verlängerter Rumpf, längerer Heckausleger mit neuem Vierblatt-Heckrotor usw. Neu angeboten wird die ASW-Ausführung 412EP Sentinel mit einem Telephonic RDR1500 360°-Radar sowie einem Infrarot-Behälter in der Rumpfspitze. Sie kann bewaffnet werden, u.a. mit Torpedos und Antischiffslenkwaffen (siehe Foto).
Hersteller: Bell Helicopter Textron Inc., Canadian Division, Mirabel, Montreal, Kanada.

Abmessungen: Rotordurchmesser 14,02 m, Rumpflänge 12,92 m, Höhe inkl. Rotorkopf 3,48 m.

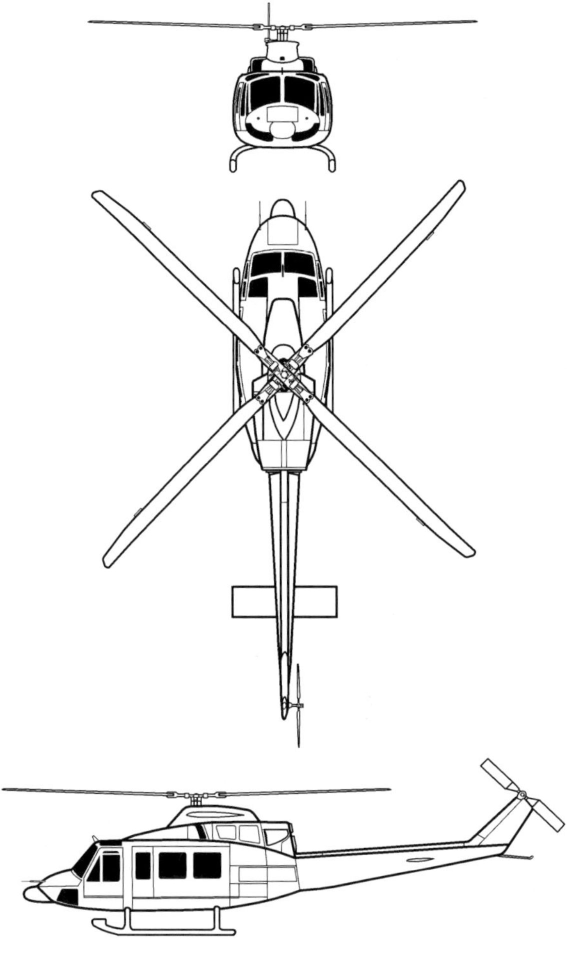

BELL AH-1Z

Ursprungsland: USA.
Kategorie: Zweisitziger Kampfhubschrauber.
Triebwerke: Zwei Gasturbinen General Electric T700-401 von je 1773 WPS (1285 kW) Leistung.
Leistungen: Höchstgeschwindigkeit 298 km/h; typische Einsatzgeschwindigkeit bei 265 km/h; Aktionsradius mit einer Bewaffnung von 1134 kg 234 km; Reichweite mit max. interner Treibstoffzuladung und Bewaffnung 705 km, max. Flugdauer 3,7 Std.
Gewichte: Leergewicht 5580 kg; max. Startgewicht 8391 kg.
Bewaffnung: Eine dreiläufige 20-mm-Kanone General Electric M197 und an den Flügelstummeln z.B. vier Behälter für ungelenkte Raketen, acht bis sechzehn Panzerabwehrlenkwaffen AGM-114 Hellfire oder zwei Luft-Luft-Lenkwaffen AIM-9L Sidewinder.
Entwicklungsstand: Erstflug des Prototyps (eine umgebaute AH-W) am 7. Dezember 2000. Das USMC soll insgesamt 180 Exemplare ab 2003 erhalten und zwar in jährlichen Tranchen von 12 bis 36 Einheiten. Hierbei handelt es sich ausschliesslich um umgebaute AH-1W. Obwohl die Türkei diesen Typ ebenfalls ausgewählt hat, wurde bisher keine Bestellung aufgegeben.
Bemerkungen: Gegenüber der AH-1W ist die AH-1Z in wesentlichen Punkten völlig neu und deutlich leistungsfähiger. Beispielsweise erhält diese Ausführung einen gelenklosen Rotorkopf mit einem vierblättrigen Rotor aus Verbundwerkstoffen. Nebst einem Glas-Cockpit gelangt ein völlig neues integriertes Navigationssystem von Northrop Grumman/ Litton zum Einbau. Sie ist zudem mit einem multifunktionellen Zielakquisitions-System Hawkeye in der Rumpfspitze ausgerüstet, welches u.a. FLIR-, TV- und Laser-Zielbezeichnungs-Funktionen umfasst. Die AH-1Z ist in der Lage, wesentlich mehr Waffen mitzuführen.
Hersteller: Bell Helicopter Textron Inc., Fort Worth, Texas, USA.

Abmessungen: Rotordurchmesser 17,73 m, Rumpflänge 13,87 mm, Höhe über Heckrotor 3,78 m.

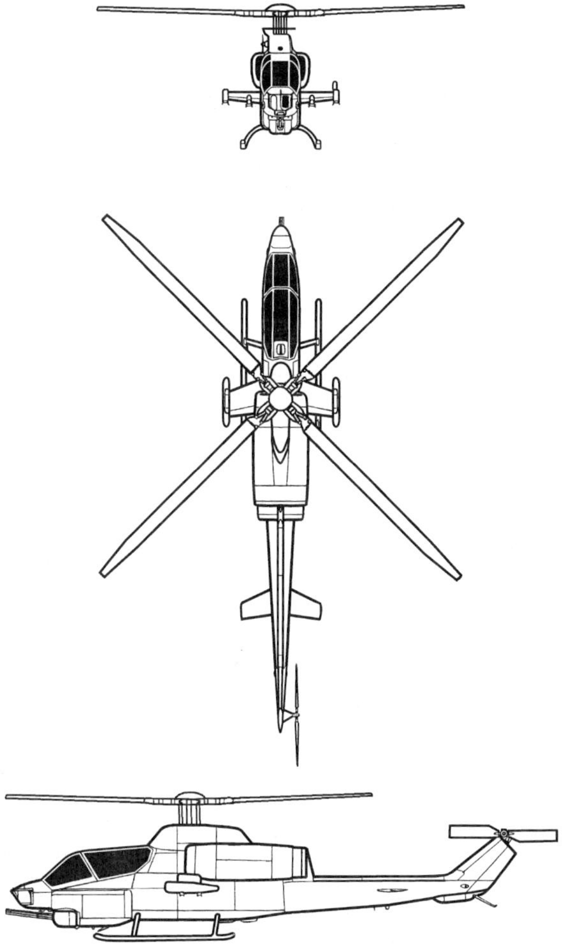

BELL 407

Ursprungsland: USA.
Kategorie: Leichter Mehrzweckhubschrauber.
Triebwerke: Eine Gasturbine Allison 250-C47 von 674 WPS (503 kW) Leistung.
Leistungen: Höchstgeschwindigkeit 260 km/h, bei max. Nutzlast 240 km/h; max. Schrägsteiggeschwindigkeit 6,4 m/Sek; Dienstgipfelhöhe 4115 m; Schwebehöhe mit Bodeneffekt 3900 m, ohne Bodeneffekt 3200 m; Reichweite ohne Reserven 580 km.
Gewichte: Standard-Leergewicht 1178 kg; max. Startgewicht 2385 kg, mit externer Nutzlast 2700 kg.
Zuladung: Pilot und sechs Passagiere; max. Nutzlast 1100 kg.
Entwicklungsstand: Ein Erprobungsträger der 407 fliegt seit 21. April 1994. Der erste von zwei eigentlichen Prototypen nahm im Juni 1995 die Flugerprobung auf. Bell begann mit der Auslieferung noch 1995. Bisher sind mehr als 500 Exemplare abgeliefert worden. Die Monatsproduktion beläuft sich auf etwa 10 Einheiten.
Bemerkungen: Die einmotorige Bell 407 ersetzt die Erfolgsmodelle 206 JetRanger und TwinRanger. Nebst deutlich stärkeren Triebwerken verfügt die 407 über einen von der OH-58D abgeleiteten Vierblattrotor aus Kunststoff. Auch das Dynamiksystem ist von diesem Muster übernommen. Schliesslich wird ein volldigitales Triebwerkmanagementsystem FADEC eingebaut. Dank dieser Massnahmen fliegt die 407 wesentlich vibrationsärmer und kostengünstiger. Gegenüber der Vorgängerin 206 ist die Kabine 18 cm breiter und verfügt über grössere Fenster und Türen. Die Firma Tridair, welche bereits eine zweitmotorige Ausführung der 206 (siehe Ausgabe 1997) entwickelt hat, plant auch für die 407 unter der Bezeichnung Gemini HP einen entsprechenden Umbausatz anzubieten.
Hersteller: Bell Helicopter Textron Inc., Canadian Division, Mirabel, Montreal, Kanada.

Abmessungen: Rotordurchmesser 10,66 m, Rumpflänge 10,42 m, Höhe inkl. Rotorkopf 3,10 m.

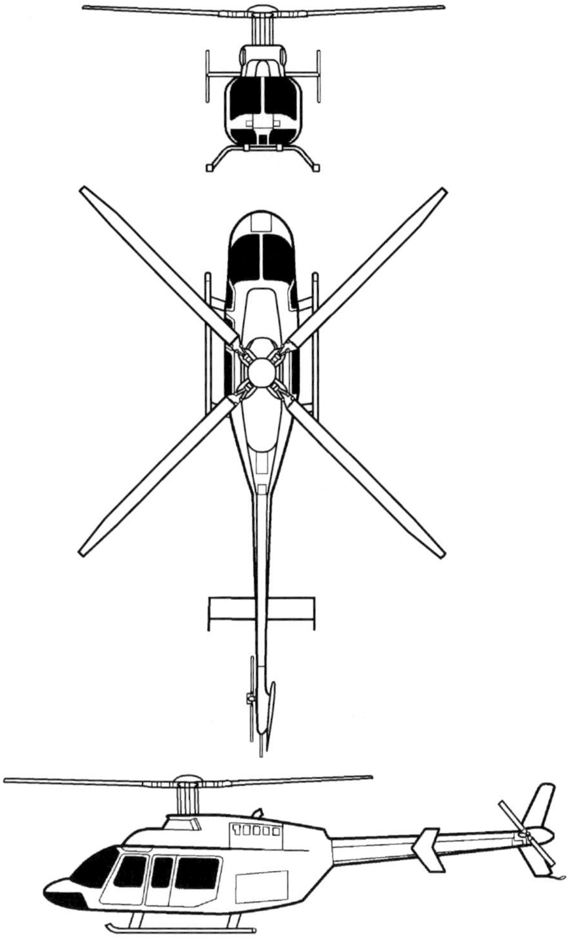

BELL 427

Ursprungsland: USA.
Kategorie: Leichter Mehrzweckhubschrauber.
Triebwerke: Zwei Gasturbinen Pratt & Whitney PW206D von je 625 WPS (466 kW) Leistung.
Leistungen: Höchstgeschwindigkeit 260 km/h; max. Reisegeschwindigkeit 250 km/h; Dienstgipfelhöhe 5760 m; Schwebehöhe ohne Bodeneffekt 4230 m, mit Bodeneffekt 4930 m; Reichweite 700 km.
Gewichte: Leergewicht 1670 kg; max. Startgewicht 2880 kg.
Zuladung: Pilot und bis zu sieben Passagiere oder Frachtzuladung von 1020 kg. Als Ambulanzhubschrauber zwei liegende Verletzte.
Entwicklungsstand: Der erste von zwei Prototypen fliegt seit Dezember 1997. Mit den Auslieferungen begann Bell Ende 1999. Bisher sind Bestellungen für rund 100 Einheiten eingegangen.
Bemerkungen: Die Bell 427 basiert auf der 407 (siehe Seiten 58/59) und wurde zusammen mit der Samsung Aerospace Industries Ltd., Korea, entwickelt. Das dynamische System (Rotorkopf, Getriebe und Rotoren) stammt von der 407, die Rotorblätter sind aber rund 40 cm länger und 25 mm breiter. Der aus Verbundwerkstoffen bestehende Rumpf wurde neu konstruiert und ist um etwa 33 cm länger als jener der 407. Die Kabine lässt sich für verschiedenste Zwecke umgestalten. Die grossen Türen erleichtern dabei den Ein- und Auslad von Fracht. Sämtliche Sitze sind «Crash-resistent» konstruiert, die Cockpitinstrumente vollständig digitalisiert. Der Verkaufspreis liegt bei rund US$ 2 Mio. Samsung stellt die Kabine und den Heckteil aller 427 her, während das Rotorsystem durch Bell, Fort Worth, beigesteuert wird. Die Endmontage erfolgt in den Werken Mirabel, Kanada, sowie bei Samsung in Sachon für in Korea und China zu verkaufende Exemplare. Eine für Rettungseinsätze optimierte Ausführung soll in Kürze entwickelt werden.
Hersteller: Bell Helicopter Textron Inc., Canadian Division, Mirabel, Montreal, Kanada.

Abmessungen: Rotordurchmesser 11,28 m, Rumpflänge 10,75 m, Höhe 3,49 m.

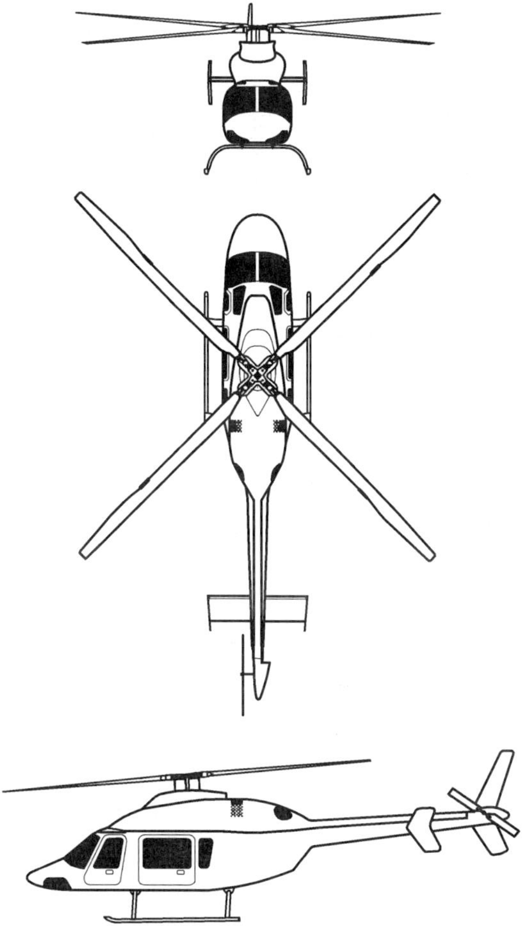

BELL/AGUSTA WESTLAND BA 609

Ursprungsland: USA und Italien.
Kategorie: Ziviles Mehrzweck-Kippflügelflugzeug.
Triebwerke: Zwei Propellerturbinen Pratt & Whitney Canada PT6C-67A von 1850 WPS (1380 kW) Leistung.
Leistungen (geschätzt): Max. Reisegeschwindigkeit 510 km/h; Dienstgipfelhöhe 7625 m; Reichweite 1389 km, mit Zusatztanks 1880 km.
Gewichte: Rüstgewicht 4770 kg; max. Abfluggewicht 7631 kg.
Zuladung: Ein bis zwei Piloten und in einer Exekutivausführung sechs Passagiere, in engerer Bestuhlung bis zu neun Personen; bei SAR-Aufgaben zwei liegende Verletzte und drei Hilfspersonen; max. Nutzlast 2500 kg.
Entwicklungsstand: Der erste von vier Prototypen soll die Flugerprobung mit einiger Verzögerung erst Anfang 2002 aufnehmen. Mit der Ablieferung der ersten Serienflugzeuge wird per Mitte 2004 gerechnet. Bis Dezember 2001 sind Aufträge für rund 80 BA 609 von 42 Kunden eingegangen. Sie soll vorerst bei Bell, später aber auch bei Agusta hergestellt werden.
Bemerkungen: Die BA 609 soll das erste zivile Kippflügelflugzeug sein, welches in kommerziellen Betrieb gehen wird. Dabei wird Technologie angewendet, welche von der V-22 Osprey (siehe Seiten 64/65) stammt. Von ihr hingegen nicht übernommen wird der drehbare Flügel mit faltbaren Rotoren. Nebst der zivilen Nutzung als Verbindungs- und VIP-Transporter sind auch Einsätze als Versorger für Ölbohrplattformen und Überwachungs- und Rettungsaufgaben für Küstenwachen vorgesehen. Die Arbeitsaufteilung zwischen Bell und Agusta beträgt 75 zu 25. Die BA 609 verfügt über eine Aluminium-Struktur, die mit Verbundwerkstoffen verkleidet ist, während der Flügel vollständig aus Kunststoffen besteht. Die Cockpitinstrumente ProLine 21 und das Flight Management System stammen von Rockwell Collins.
Hersteller: Bell Helicopter Textron Inc., Fort Worth, Texas, Werk Amarillo, USA und AgustaWestland, Cascina Costa, Gallarate, Italien.

Abmessungen: Spannweite inkl. drehende Rotoren 18,29 m, Rotorendurchmesser 7,93 m, Länge 13,31 m, Höhe über Seitenleitwerk 4,50 m.

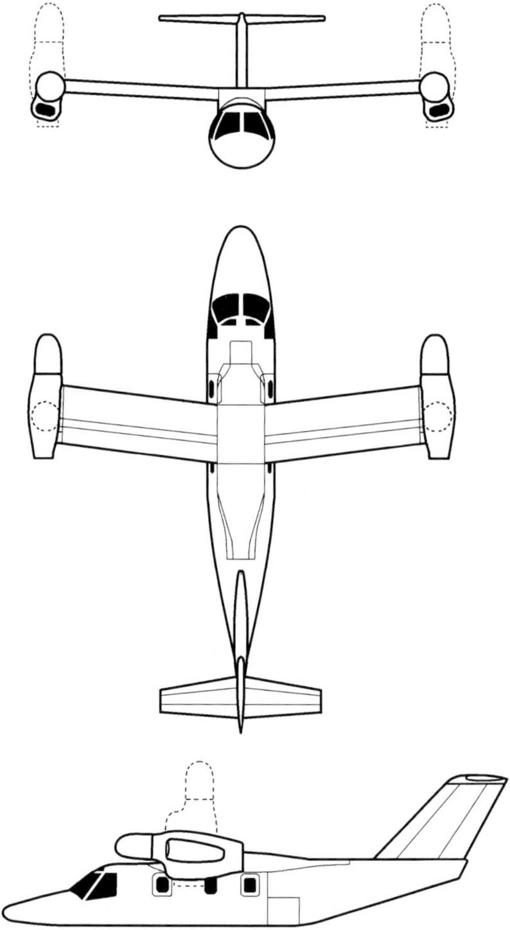

BELL-BOEING CV-22B OSPREY

Ursprungsland: USA.
Kategorie: Kippflügelflugzeug für militärische Spezialeinsätze.
Triebwerke: Zwei Propellerturbinen Rolls Royce AE1107C von je 6150 WPS (4590 kW) Leistung.
Leistungen: Max. Reisegeschwindigkeit als Flächenflugzeug 550 km/h auf optimaler Höhe, in Helikopterkonfiguration 185 km/h auf Meereshöhe; max. Schrägsteiggeschwindigkeit 5,53 m/Sek; Dienstgipfelhöhe 3444 m; Reichweite bei Senkrechtstart und einer Nutzlast von 5443 kg 2224 km, Überführungsreichweite 3892 km.
Gewichte: Rüstgewicht 15032 kg; normales Startgewicht unter VTO-Bedingungen 23855 kg, max. unter STO-Bedingungen 27442 kg.
Zuladung: Drei Mann Besatzung und bis zu 24 ausgerüstete Soldaten oder 12 Tragbahren für Verletzte plus Pfleger, max. Nutzlast 9072 kg.
Entwicklungsstand: Der erste von sechs Prototypen nahm die Flugerprobung am 9. März 1989 auf. Vier weitere, weitgehend dem Serienstandard entsprechende Ospreys folgten ab Ende 1996. Weitere 28 Einheiten sind bestellt. Die US-Streitkräfte werden 458 V-22 beschaffen: USMC 360 MV-22B, USN 48 HV-22B, USAF 50 CV-22B für Spezialmissionen. Die Ablieferungen verzögern sich weiterhin.
Bemerkungen: Als neueste Ausführung wurde die für Spezialeinsätze vorgesehene CV-22B fertiggestellt. Von der CV-22 unterscheidet sie sich hauptsächlich durch zusätzliche Avionik und Kommunikationssysteme. So wurde neu das Terrainfolgeradar Raytheon APQ-186 sowie ein Elektronikabwehrsystem ITT ALQ-211 eingebaut. Zur Erhöhung des Aktionsradius auf 925 km sind in den Flügeln acht zusätzliche Tanks und seitlich am Rumpf zwei Treibstoffbehälter vorhanden. Derzeit wird geprüft, die MV- bzw. CV-22 mit einer 12,7 mm-Kanone vorne am Rumpf auszurüsten.
Hersteller: Bell Helicopter Textron Inc., Fort Worth, Texas, USA, und Boeing Helicopter Company, Philadelphia, USA.

Abmessungen: Spannweite inkl. Rotoren 25,77 m, ohne 15,52 m, Länge mit gefalteten Rotoren 19,20 m, ohne 17,47 m, Höhe über alles 6,73 m.

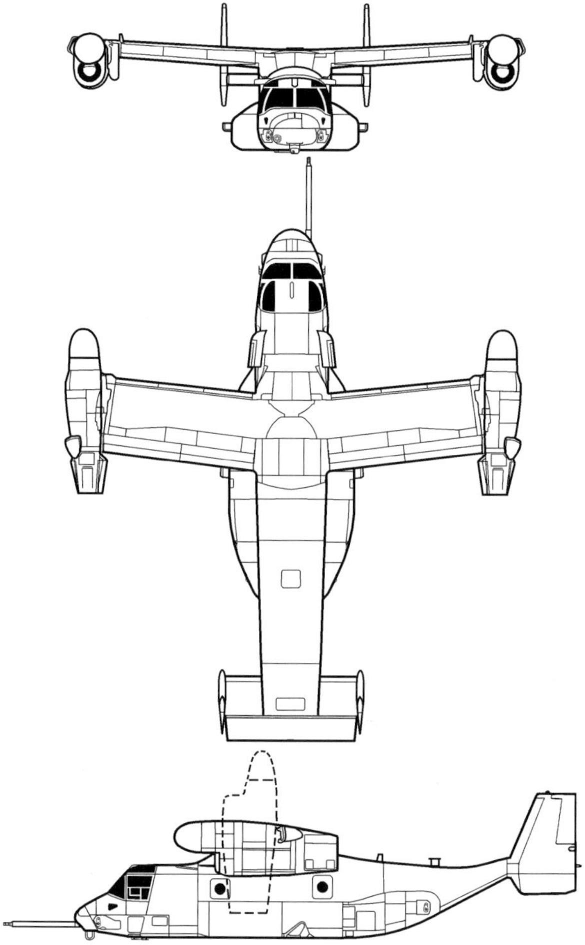

BERIEW BE-103

Ursprungsland: Russland.
Kategorie: Amphibienflugzeug für zivile und militärische Aufgaben.
Triebwerke: Zwei seitlich am Heck angeordnete luftgekühlte Sechszylinder-Boxermotoren Teledyne-Continental IO-360ES von je 210 PS (156 kW) Leistung oder Kolesow M-17F-Triebwerke ähnlicher Leistung.
Leistungen (nach Angaben des Herstellers): Max. Reisegeschwindigkeit 265 km/h; ökonom. Reisegeschwindigkeit 220 km/h; Dienstgipfelhöhe 3000 m+; Reichweite 500 km.
Gewichte: Rüstgewicht 1540 kg; max. Startgewicht 2050 kg.
Zuladung: Sechs Personen einschliesslich des Piloten oder als Frachter 385 kg.
Entwicklungsstand: Der Erstflug fand am 15. Juli 1997 statt. Bereits nach fünf Wochen ging der Prototyp durch Absturz verloren. Ein zweites Versuchsmuster flog noch vor Ende 1997. Bisher sind etwa fünf Einheiten gebaut worden. Mitte 2001 erhielt die Be-103 die Zulassung. Die russische Grenzwacht hat bei einem Bedarf von 200 Einheiten nach unbestätigten Angaben vorläufig deren 20 bestellt. Weitere sieben werden durch Private beschafft.
Bemerkungen: Die Entwicklung dieser Konstruktion begann bereits 1992. Es wurde auf möglichst einfache, robuste und kostengünstige Bauart geachtet. Deshalb kann die Be-103 zu einem Preis von nur US$ 700.000.-- angeboten werden. Rumpf und Flügel sind in mehrere wasserdichte Sektionen unterteilt, um das Risiko des Absinkens bei Beschädigung zu reduzieren. Die Be-103 kann dank des Einziehfahrwerks sowohl vom Wasser als auch vom Lande aus starten und landen. Die Avionik stammt von Bendix/King. Der Hersteller prüft derzeit eine kostengünstigere Ausführung mit nur einem über dem Rumpf angeordneten Triebwerk vom Typ Woronezh OKBM M-14 von 360 PS (268 kW) Leistung.
Hersteller: OKB Georgie Beriew, Taganrog, Werk Komsomolsk-Amur, Russland.

Abmessungen: Noch keine Angaben erhältlich.

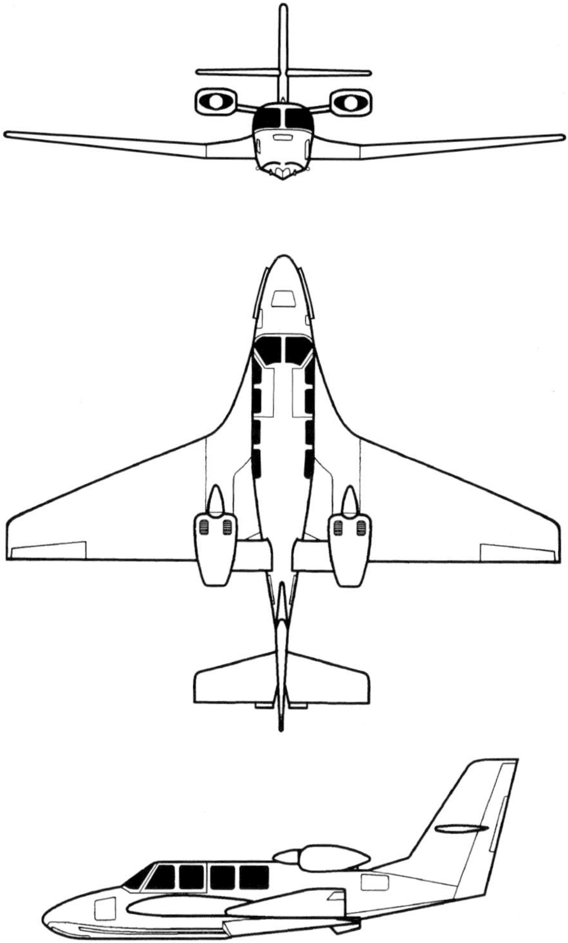

BERIEW BE-200

Ursprungsland: Russland.
Kategorie: Mehrzweck-Amphibienflugzeug.
Triebwerke: Zwei Mantelstromtriebwerke ZMKB Progress D-4367 von je 7500 kp (73,60 kN) Standschub.
Leistungen (geschätzt): Höchstgeschwindigkeit auf 7000 m 750 km/h; max. Reisegeschwindigkeit auf 8000 m 710 km/h; Anfangssteiggeschwindigkeit 14 m/Sek; Dienstgipfelhöhe 11000 m; Reichweite mit einer Nutzlast von 3000 kg 2500 km, max. 3600 km.
Gewichte: Rüstgewicht 25120 kg; max. Startgewicht 36000 kg bzw. für Löscheinsätze bis zu 43000 kg.
Zuladung: Zwei Piloten und bis zu 72 Passagiere in der Touristenklasse oder bis 8000 kg Nutzlast als Frachter.
Entwicklungsstand: Der erste Prototyp nahm die Flugerprobung am 24. September 1998 auf. Vier weitere Maschinen (zweiter Prototyp und drei Serienflugzeuge) befinden sich in Fertigung. Offiziell ist bisher die Bestellung von sieben Exemplaren für das russische Zivilschutz-Ministerium für Rettungs- und Waldbrandeinsätze bekanntgegeben worden; Auslieferung nach Erhalt der Zulassung Ende 2002.
Bemerkungen: Bei der Be-200 handelt es sich um eine erheblich überarbeitete und deutlich kleinere Ausführung des Ausgangsmusters Beriew Be-42/A-40 Mermaid (siehe Ausgabe 1995). Im übrigen übernimmt die Be-200 alle wesentlichen Elemente des erwähnten Vorgängers. Mehrere Ausführungen werden angeboten: Eine Feuerwehrversion mit einer abwerfbaren Wasserlast von 12000 kg, Varianten als reiner Passagiertransporter oder Frachter sowie eine Version für Such-, Rettungs- und Evakuationseinsätze. Für eine allfällige Exportausführung würden Triebwerke vom Typ BMW Rolls-Royce BR715 oder Allison GMA-2100 angeboten.
Hersteller: OKB Georgi Beriew, Taganrog, Werk APK Suchoj, Irkutsk, Russland.

Abmessungen: Spannweite 32,78 m, Länge 32,05 m, Höhe 8,90 m, Flügelfläche 117,44 m^2.

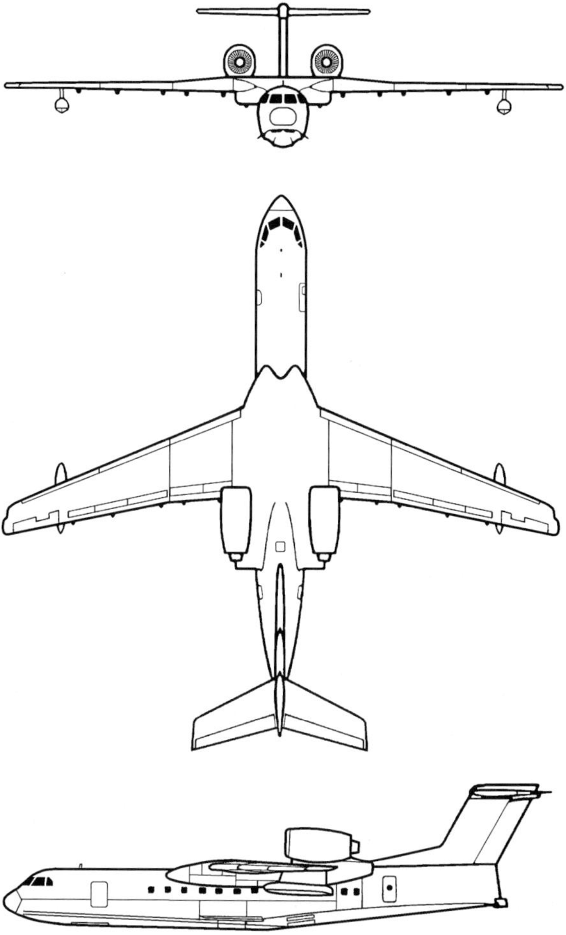

BOEING 737AEW&C WEDGETAIL

Ursprungsland: USA.
Kategorie: Radarfrühwarn- und Überwachungsflugzeug.
Triebwerke: Zwei Mantelstromtriebwerke CFM International CFM56-7B24 von je 10886 kp (106,75 kN) Standschub.
Leistungen (geschätzt): Max. Reisegeschwindigkeit Mach 0,78, Dienstgipfelhöhe 12500 m; max. Reichweite 6000 km+, Patrouillierzeit 550 km vom Stützpunkt entfernt 8 Std.
Gewichte: Max. Startgewicht 77110 kg.
Zuladung: Zwei Mann Cockpitbesatzung und je nach Einsatz zwischen sechs und zehn Systemoperateure.
Entwicklungsstand: Das erste Erprobungsmuster wird Ende 2002 erstmals fliegen. Folgende Aufträge sind bisher eingegangen: Australien 4 (+ 3 Optionen), Türkei 6. Mit den Auslieferungen an den Erstbesteller wird voraussichtlich 2006 begonnen. Vom Militärtransporter (siehe Ausgabe 2001) hat die USN bisher 6 C-40A, die USAF 8 C-40B Einheiten bestellt.
Bemerkungen: Diese militärische Ausführung basiert auf der Boeing 737-700IGW. Zur Erfüllung ihrer Hauptaufgabe ist sie primär mit einem 360°-Mehrzweck-Scanner-Radar von Northrop Grumman ausgerüstet, deren sichtbarer Teil aus einer rund 10,70 m langen Antenne hinten über dem Rumpf besteht. Dieses Radar kann gleichzeitig Luft- wie auch Seeziele bis zu einer Reichweite von 400 km erkennen. Hinzu kommen diverse weitere Passiv-Suchsysteme, u.a. ein Freund-Feind-Erkennungsgerät. Die ganze Avionik ist mit einer offenen System-Architektur verbunden. Derzeit wird auch geprüft, ob eine Seeüberwachungsversion MPA für die USN aus der 737-700 entwickelt werden soll.
Hersteller: The Boeing Company, Defense & Space Group, St. Louis, Werk Renton, Washington, USA.

Abmessungen: Spannweite 34,31 m, Länge 33,63 m, Höhe 12,55 m, Flügelfläche 124,60 m².

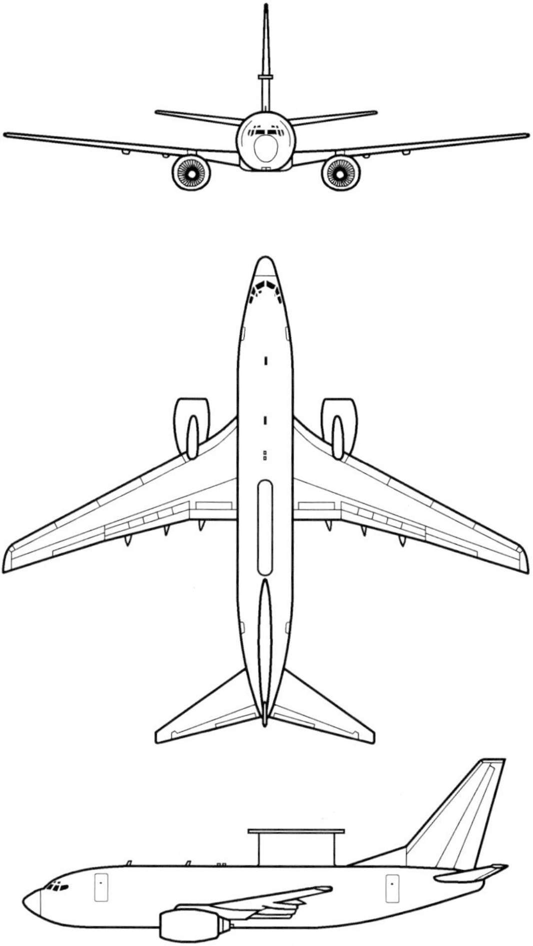

BOEING 737-900

Ursprungsland: USA.
Kategorie: Kurz- und Mittelstrecken-Verkehrsflugzeug.
Triebwerke: Zwei Mantelstromtriebwerke CFM International CFM56-7B von 10800 kp (106,80 kN) bis zu 12370 kp (121, 40 kN) Standschub.
Leistungen: Max. Reisegeschwindigkeit 911 km/h (Mach 0,82), norm. Reisegeschwindigkeit 835 km/h auf 11880 m; Dienstgipfelhöhe 12500 m; Reichweite 5080 km.
Gewichte: Rüstgewicht 41410 kg; max. Startgewicht 79015 kg.
Zuladung: Zwei Mann Cockpitbesatzung und verschiedene Kabinenausstattungen für normalerweise 177 Passagiere; maximale Passagierzahl 189.
Entwicklungsstand: Als vorläufig letzte Ausführung dieser Folgegeneration der 737 hat die Version -900 am 3. August 2000 die Flugerprobung aufgenommen. Bisherige Besteller: Alaska Airlines, Continental, KLM und Korean Airlines; vorläufiges Total 46 Maschinen. Die Indienststellung erfolgte im Frühjahr 2001. Bisher sind von den Versionen (-600/-700/-800/-900) rund 1910 Einheiten (+ Optionen) bestellt und rund 1000 abgeliefert worden. Von allen B737-Ausführungen erhielt Boeing bisher Aufträge für nahezu 5000 Einheiten.
Bemerkungen: Die neueste Generation der 737 verfügt über verbesserte Triebwerke, die geringeren Lärm und wesentlich reduzierten Schadstoffausstoss verursachen und eine erhebliche Verbrauchsminderung ermöglichen. Zudem wird die Reisegeschwindigkeit deutlich gesteigert. Ein neuer Flügel mit einer um 5 m vergrösserten Spannweite ermöglicht grössere Reichweiten. Mit der -900 bietet Boeing die vorläufig längste Variante an, welche gegenüber der -800 nochmals um 1,57 m vor und 1,07 m hinter dem Flügel verlängert wurde. Im übrigen besitzt sie im wesentlichen die gleichen Leistungsdaten wie die -800 (siehe Ausgabe 1999 und Foto oben). Dies trifft auch für die maximale Passagierzahl zu. Diese geniessen aber in der -900 einen grösseren Komfort. Der Frachtraum ist zudem um 18 % grösser.
Hersteller: The Boeing Company, Commercial Airplane Group, Seattle, Werk Renton, Washington, USA.

Abmessungen: Spannweite 34,30 m, Länge 42,10 m, Höhe 12,50 m, Flügelfläche 124,60 m^2.

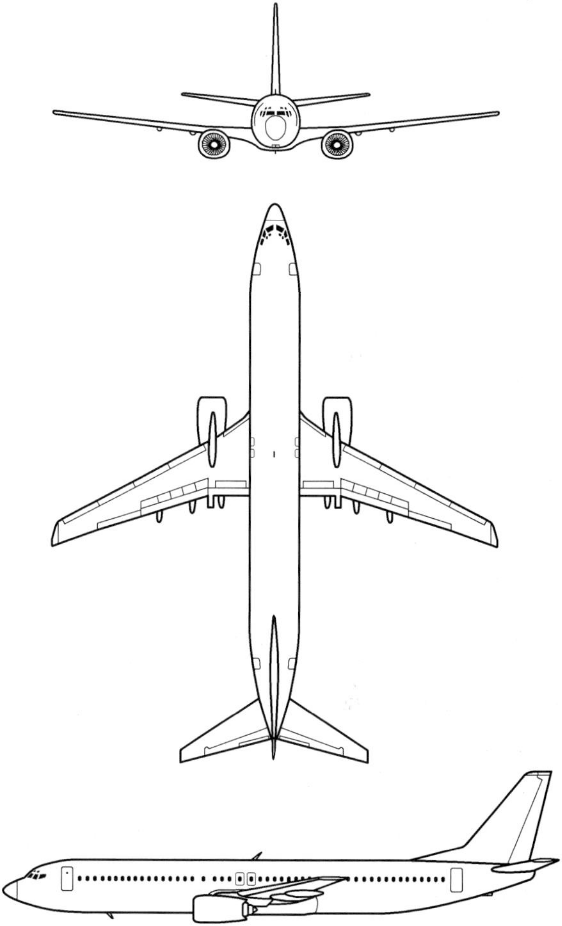

BOEING 747-400

Ursprungsland: USA.
Kategorie: Langstrecken-Verkehrsflugzeug.
Triebwerke: Wahlweise vier Mantelstromtriebwerke General Electric CF60-80C2B4 von je 26263 kp (257,5 kN), Pratt & Whitney PW4256 von je 25742 kp (252,4 kN) oder Rolls Royce RB.211-524G von je 26309 kp (258 kN) Standschub.
Leistungen (RB.211): Höchstgeschwindigkeit 976 km/h auf 9150 m; max. Reisegeschwindigkeit 939 km/h auf 10670 m; Langstrecken-Reisegeschwindigkeit 907 km/h; Reichweite mit 412 Passagieren und üblichen Reserven 13528 km, mit max. Nutzlast als Frachter 8100 km; Reichweite mit max. Treibstoffzuladung 15412 km.
Gewichte (RB.211): Rüstgewicht 178661 kg; max. Startgewicht 362875 kg bis 396895 kg.
Zuladung: Zwei Mann Cockpitbesatzung und 450 Passagiere in drei Klassen. Als Frachter -400F 113000 kg Nutzlast.
Entwicklungsstand: Erstflug dieser Version am 29. April 1988. Von allen 747 sind rund 1350 Einheiten bestellt (rund 1300 abgeliefert), davon rund 540 der Ausführung -400 und 90 Frachter -400F. In letzter Zeit konzentrierten sich die Bestellungen vor allem auf die Frachtversion. Die Produktion beläuft sich derzeit auf zwei Flugzeuge pro Monat.
Bemerkungen: Nach diversen Anläufen, die 747 weiter zu entwickeln, hat man sich bei Boeing einstweilen auf eine «Mini-Verbesserung» beschränkt, genannt Long Ranger. Die sowohl als Passagier- wie auch als Frachtflieger erhältliche Variante weist Verstärkungen an den Aussenflügeln sowie am Höhen- und Seitenleitwerk auf. In den Hauptflügeln ist zudem die Tankkapazität erhöht. Dadurch und dank einem robusteren Fahrwerk kann das max. Startgewicht auf 412800 kg angehoben werden. Diese Massnahmen führen dazu, dass höhere Nutzlasten über längere Distanzen transportiert werden können. Bisher sind 8 Einheiten (6 von Quantas, 2 von Air France) bestellt worden, die ab Oktober 2002 abzuliefern sind.
Hersteller: The Boeing Company, Commercial Airplane Group, Seattle, Werk Everett, Washington, USA.

Abmessungen: Spannweite 64,44 m, Länge 70,67 m, Höhe 19,41 m, Flügelfläche 541,16 m².

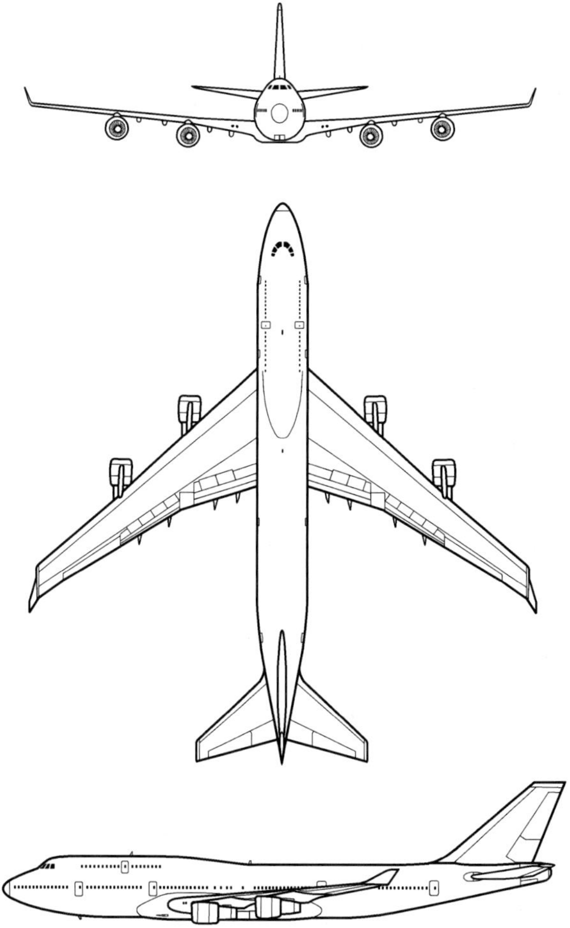

BOEING 757-300

Ursprungsland: USA.
Kategorie: Mittelstrecken-Verkehrsflugzeug.
Triebwerke: Wahlweise zwei Mantelstromtriebwerke Rolls-Royce RB.211-535E4B von 19470 kp (191 kN) oder zwei Pratt & Whitney PW2040 von 18860 kp (185 kN) Standschub.
Leistungen: Max. Reisegeschwindigkeit 935 km/h (Mach 0,86) auf 9150 m; ökonom. Reisegeschwindigkeit 850 km/h auf 11900 m; Dienstgipfelhöhe 10470 m; max. Reichweite 6400 km.
Gewichte: Rüstgewicht 64105 kg; max. Startgewicht 122470 kg.
Zuladung: Zwei Piloten und bei typischer Innenausstattung 240, max. 289 Passagiere.
Entwicklungsstand: Erstflug der Boeing 757-300 am 2. August 1998. Von allen Versionen sind bis Ende 2001 rund 1050 Exemplare von mehr als 60 Operators in Auftrag gegeben und deren 980 abgeliefert worden. Von der -300 sind 29 Exemplare (+ Optionen) bestellt. Die Monatsproduktion beläuft sich derzeit auf vier Einheiten. Viele ältere 757 werden zu Frachtern umgebaut (u.a. 84 für DHL).
Bemerkungen: Die Ausführung 757-300 zeichnet sich durch einen um 7,11 m (4,06 vor und 3,05 m hinter dem Flügel) verlängerten Rumpf aus. Wegen der höheren Gewichte sind Höhenruder, Teile der Flächenstrukturen sowie das Fahrwerk entsprechend verstärkt worden. Nebst höherer Passagierzahl ist auch die Frachtkapazität um 40 % grösser. Boeing lancierte eine Langstreckenausführung 757-200ERX mit höherer Treibstoffkapazität, welche den Rumpf der -200 aufweist, aber den verstärkten Flügel und andere Komponenten der -300 übernimmt. Bei einem maximalen Abfluggewicht von 123500 kg und zwei Zusatztanks im Frachtraum kann sie 9250 km weit fliegen. Sie ist ab sofort lieferbar. Daraus soll eine Geschäftsflugzeug-Version 757BBJ3 abgeleitet werden.
Hersteller: The Boeing Company, Commercial Airplane Group, Seattle, Werk Renton, Washington, USA.

Abmessungen: Spannweite 38,05 m, Länge 54.40 m, Höhe 13,56 m, Flügelfläche 185,25 m^2.

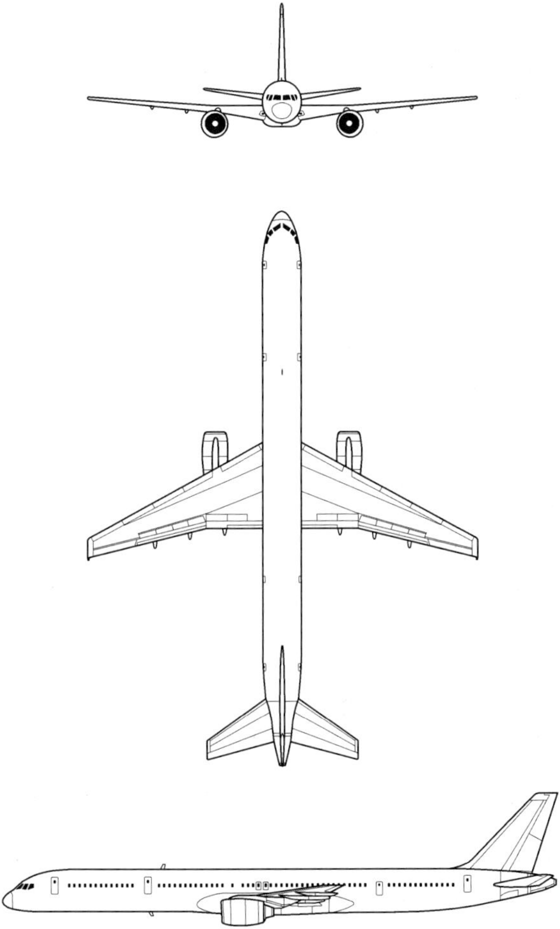

BOEING 767-400ER

Ursprungsland: USA.
Kategorie: Mittel- bis Langstrecken-Verkehrsflugzeug.
Triebwerke: Zwei Mantelstromtriebwerke Pratt & Whitney PW4062 von je 30890 kp (303 kN) oder zwei General Electric CF6-80C2 von je 27830 kp (273 kN) Standschub.
Leistungen (geschätzt): Reisegeschwindigkeit 850 km/h (Mach 0,80); Dienstgipfelhöhe 9815 m; max. Reichweite 10400 km.
Gewichte: Rüstgewicht 103100 kg; max. Startgewicht 204120 kg.
Zuladung: Zwei Piloten und, mit typischer Mehrklassen-Innenausstattung, 245 Passagiere, max. 375 Passagiere in Achterreihen.
Entwicklungsstand: Erstflug der Basisausführung Boeing 767 am 26. September 1981. Die neueste Version -400ER nahm die Flugerprobung am 9. Oktober 1999 auf, sie wird seit August 2000 abgeliefert. Bis Ende 2001 belief sich der Auftragsbestand auf rund 930 Einheiten aller Versionen für fast 70 Kunden (davon 850 ausgeliefert). Von der -400ER sind derzeit 50 Maschinen von Continental, Delta und Kenya Airways fest bestellt. Zurzeit werden monatlich vier 767 produziert.
Bemerkungen: Unter der Bezeichnung 767-400ER wird die derzeit grösste Ausführung mit einer um 15 bis 20 % erhöhten Sitzkapazität und geringeren Betriebskosten angeboten. Sie ist um 6,7 m länger, weist einen leicht vergrösserten Flügel auf und verfügt über ein verstärktes Fahrwerk mit den Rädern der B777. Neu wurde die militärische Ausführung der 767-200ER, die E-767T-T lanciert. Der kombinierte Militärtransporter und Tanker, ausgerüstet mit einem Flying Boom und zwei Betankungspods unter den Flügeln wurde vorerst nur durch die italienische Luftwaffe (4 + 2 Optionen) bestellt. Die USAF least 100 Einheiten für 10 Jahre.
Hersteller: The Boeing Company, Commercial Airplane Group, Seattle, Werk Everett, Washington, USA.

Abmessungen: Spannweite 51,92 m, Länge 61,37 m, Höhe 16,87 m, Flügelfläche 290, 70 m^2.

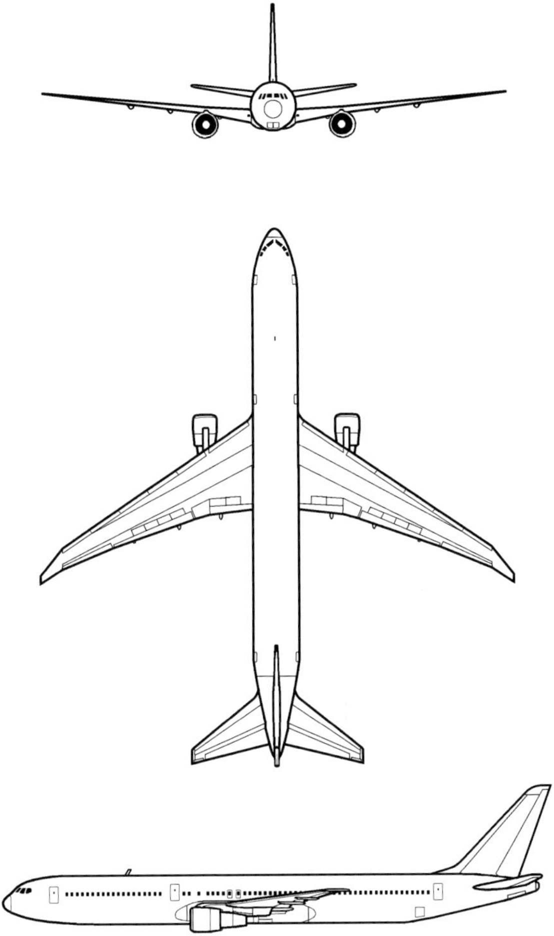

BOEING 777-300

Ursprungsland: USA.
Kategorie: Mittel- bis Langstecken-Verkehrsflugzeug.
Triebwerke: Zwei Mantelstromtriebwerke Rolls-Royce Trent 892 oder Pratt & Whitney PW4090/4098 von zwischen 41700 und 44460 kp (409 bis 436 kN) Standschub.
Leistungen: Max. Reisegeschwindigkeit 950 km/h (Mach 0,87); Langstrecken-Reisegeschwindigkeit 895 km/h (Mach 0,84); Dienstgipfelhöhe 13100 m; Reichweite mit 368 Passagieren bis zu 10400 km.
Gewichte: Rüstgewicht 155720 kg; max. Startgewicht 299370 kg.
Zuladung: Zwei Piloten und in normaler Dreiklassenbestuhlung 368 bis 394 Passagiere, max. 550 Passagiere. Max. Nutzlast 54600 kg.
Entwicklungsstand: Die erste 777-300 nahm die Flugerprobung am 16. Oktober 1997 auf. Von allen Varianten sind bis Ende 2001 rund 580 Einheiten von 30 Kunden (ca. 380 ausgeliefert) bestellt, davon 48 der Version -300. Monatlich werden fünf 777 gebaut.
Bemerkungen: Die 777-300 ist gegenüber dem Ausgangsmuster (siehe Ausgabe 1998) um ca. 10 m verlängert. Eine Langstreckenausführung 777-300ER soll ab Januar 2003 hinzukommen (bisher 4 bestellt). Die Spannweite ist um 3,96 m grösser, das Abfluggewicht beläuft sich auf 340000 kg. Sie soll Reichweiten von 13400 km erzielen. In die Konstruktion werden die neuesten technologischen Errungenschaften eingegliedert: Fly-by-wire-System, neu entwickeltes Flügelprofil, eine Alu-Legierung mit besten Druck- und Ermüdungseigenschaften, Seitenleitwerk weitestgehend aus Verbundmaterialien und modernste Avionik. Die für Ultralangstrecken von Boeing geplante 777-200LR (bisher 8 bestellt), wird einstweilen zurückgestellt. Sie hätte mit 250 Passagieren Reichweiten bis 16330 km erzielt. Als Option wäre ein Schlafraum für bis zu 40 Personen im Frachtraum und einer für die Besatzung oberhalb des Passagierraumes erhältlich. Neu wird auch eine Frachtervariante in Erwägung gezogen.
Hersteller: The Boeing Company, Commercial Airplane Group, Seattle, Werk Everett, Washington, USA.

Abmessungen: Spannweite (-300) 60,93 m, (-200LR/300ER) 64,80 m, Länge (-300/-300ER) 73,80 m, (-200LR) 63,70 m, Höhe 18,44 m, Flügelfläche (-300) 427,80 m².

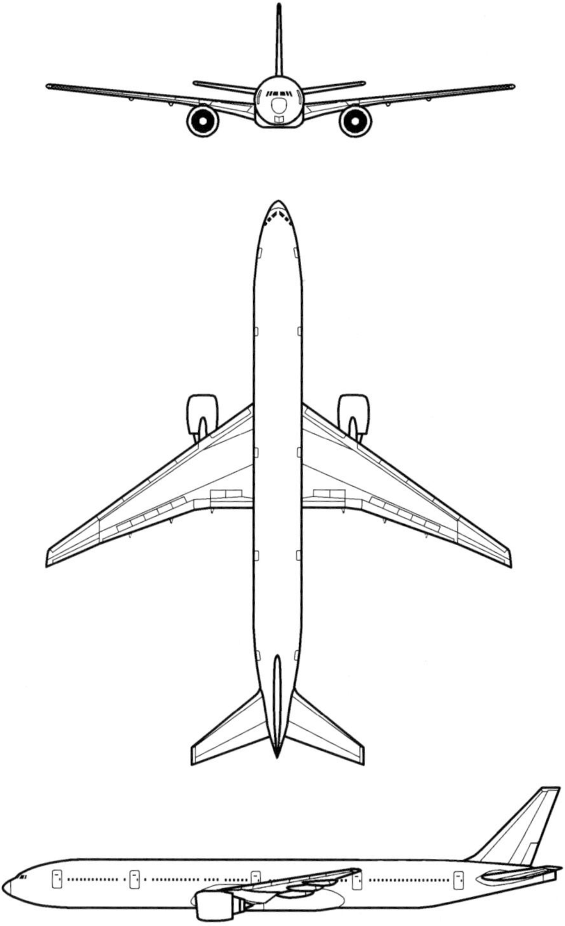

BOEING (MDD) 717-200

Ursprungsland: USA.
Kategorie: Kurz- bis Mittelstrecken-Verkehrsflugzeug.
Triebwerke: Zwei Mantelstromtriebwerke BMW/Rolls Royce BR715 mit wahlweise 8390 kp (82,3 kN) oder 9073 kp (89,0 kN), als Option 9525 kp (93,4 kN) Standschub.
Leistungen: Reisegeschwindigkeit 812 km/h auf 10670 m (Mach 0,76); Dienstgipfelhöhe 10670 m; Reichweite mit voller Passagierzuladung (-200) 2905 km (-200HGW) 3700 km.
Gewichte: Rüstgewichte (-200) 31675 kg, (-200HGW) 32110 kg; max. Abfluggewichte (-200) 51710 kg, (-200HGW) 54885 kg.
Zuladung: Zwei Mann Cockpitbesatzung und 106 Passagiere in einer Zweiklassenbestuhlung bzw. max. 129 Passagiere in Fünferreihen mit Mittelgang; max. Nutzlast 12231 kg.
Entwicklungsstand: Der Erstflug des Prototyps fand am 2. September 1998 statt. Mit den Ablieferungen an den Erstbesteller ValuJet/AirTran wurde am 23. September 1999 begonnen. Bis Ende 2001 hat sich der Auftragsbestand durch Annullationen auf 137 Einheiten (davon 90 abgeliefert) reduziert. Hauptabnehmer sind Air Tran, Pembroke Capital und Hawaian.
Bemerkungen: Als vorläufig letzte Version einer bereits langen Liste von DC-9-Ableitungen wurde die 717 lanciert. Ausgerüstet mit einer besonders abgasarmen und leisen Ausführung von BMW/Rolls-Royce BR 715-Triebwerken, verfügt sie über den kürzesten Rumpf der Familie. Das Cockpit ist mit sechs flachen Flüssigkristallbildschirmen neuester Bauart ausgestattet. Im Moment ist es nicht klar, ob die geplanten verkürzten bzw. verlängerten Ausführungen der 717 weiter verfolgt werden.
Hersteller: The Boeing Company, Commercial Airplane Group, Seattle, Washington, Werk Long Beach, Kalifornien, USA.

Abmessungen: Spannweite 28,45 m, Länge 37,81 m, Höhe 8,92 m, Flügelfläche 92,97 m².

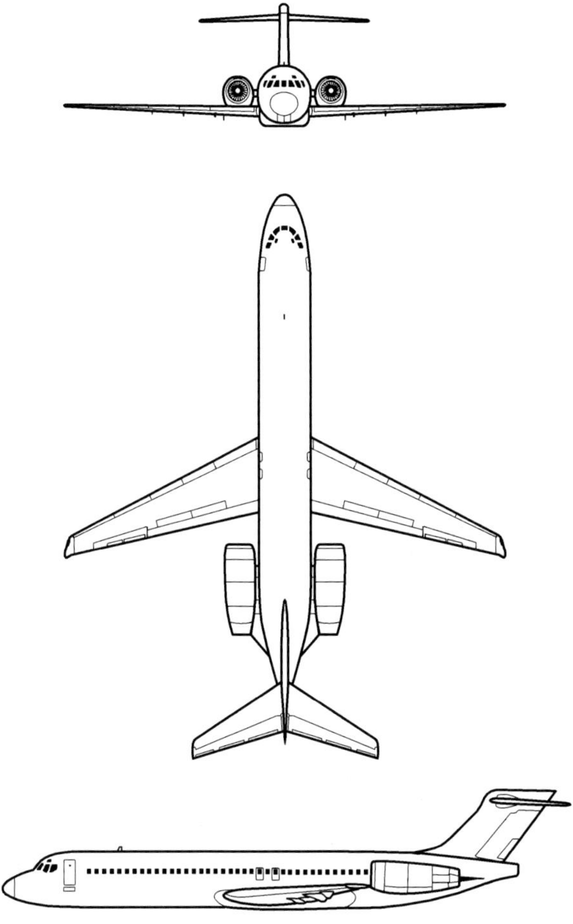

BOEING (MDD) C-17A GLOBEMASTER III

Ursprungsland: USA.
Kategorie: Schwerer Militärfrachter.
Triebwerke: Vier Mantelstromtriebwerke Pratt & Whitney F117-PW-100 von je 18914 kp (185,5 kN) Standschub.
Leistungen: Max. Reisegeschwindigkeit 818 km/h auf 10975 m (Mach 0,77), 650 km/h in niedriger Höhe; Dienstgipfelhöhe 13700 m; Reichweite mit einer Nutzlast von 58605 kg 5190 km, 5000 km mit einer solchen von 71895 kg sowie 4445 km mit 75750 kg.
Gewichte: Rüstgewicht 122016 kg; max. Startgewicht 263083 kg.
Zuladung: Zwei Piloten und zwei Lademeister. Im 26,82 m langen, 5,49 m breiten und 4,11 m hohen Frachtraum können Nutzlasten bis zu 75750 kg mitgeführt werden. Typische Lasten: Drei Kampfhubschrauber AH-64 oder ein vollausgerüsteter Kampfpanzer M-1 Abrams, bis zu 102 Fallschirmspringer. Einzellasten von 27215 kg oder mehrere Paletten von max. 49895 kg können im Flug abgeworfen werden.
Entwicklungsstand: Der Prototyp flog erstmals am 15. September 1991; erste Ablieferungen an die USAF im Juni 1993. Bis 2004 erhält sie 135 Einheiten, wovon rund 80 Ende 2001 abgeliefert waren. Derzeit erwägt die USAF die Nachbestellung von weiteren 60 Einheiten. Die RAF hat im 2001 vier geleaste C-17 erhalten (siehe Foto).
Bemerkungen: Das besondere an der C-17A ist die Fähigkeit, schwere Lasten auf strategischen Distanzen direkt in die Nahkampfzone fliegen zu können. Für diese Aufgabe wurde sie sehr robust ausgelegt und ist beispielsweise in der Lage, Lande- und Startbahnen mit einer Länge von nur 915 m zu benützen. Das superkritische Tragwerk mit einer Pfeilung von 25° ist mit Winglets und einem angeblasenen Klappensystem ausgerüstet. Das stabile Fahrwerk erlaubt ein Manövrieren mit eigener Kraft am Boden. Ab 2001 erhalten alle C-17 einen Zusatztank von 39000 l im Flügelkasten. Damit sind deutlich grössere Reichweitenleistungen möglich. Boeing plant eine Zivilversion BC-17X, welche dank vereinfachter Ausrüstung eine Nutzlast von 78600 kg mitführen könnte.
Hersteller: The Boeing Company, Defense & Space Group, Seattle, Washington, Werk Long Beach, Kalifornien, USA.

Abmessungen: Spannweite 50,29 m, Länge 53,04 m, Höhe 16,79 m, Flügelfläche 353 m^2.

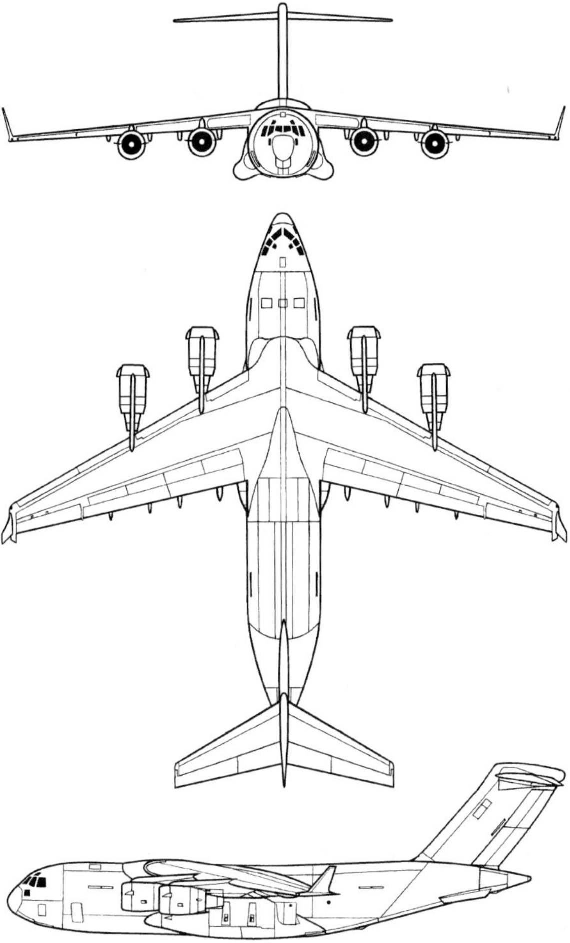

BOEING (MDD) F-15S EAGLE

Ursprungsland: USA.
Kategorie: Zweisitziger Luftüberlegenheitsjäger und Erdkämpfer.
Triebwerke: Zwei Mantelstromtriebwerke Pratt & Whitney F100-PW-229 von je 8073 kp (79,20 kN) Standschub ohne und 13200 kp (129,40 kN) mit Nachbrenner.
Leistungen: Kurzzeitig erreichbare Spitzengeschwindigkeit 2698 km/h oder Mach 2,54 auf 12190 m; längerdauernde Höchstgeschwindigkeit 2443 km/h oder Mach 2,4 auf 12190 m; Dienstgipfelhöhe 18300 m; max. Aktionsradius 1270 km; Überführungsreichweite 4445 km.
Gewichte: Rüstgewicht 14379 kg; max. Startgewicht 36741 kg.
Bewaffnung: Eine sechsläufige 20-mm-Revolverkanone M61A1 und bis zu 11113 kg Aussenlasten (Erdkampf) bzw. je vier Luft-Luft-Lenkwaffen AIM-7F Sparrow und AIM-9L Sidewinder oder bis zu acht AIM-120 (Luftüberlegenheitsseinsatz).
Entwicklungsstand: Die erste F-15E begann mit den Testflügen am 11. Dezember 1986. Ablieferungen in einer Stückzahl von 240 an die USAF ab 1988. Weitere fünf Einheiten wurden im 2001 bestellt. Saudi Arabien erhält derzeit weitere 24 F-15S, nachdem bereits 75 bis 1999 abgeliefert wurden. Insgesamt wurden von allen F-15-Ausführungen rund 1400 Einheiten in den USA und Japan (Lizenzbau) hergestellt.
Bemerkungen: Die F-15E ist eine für den Erdkampfeinsatz optimierte Ausführung der F-15C (siehe Ausgabe 1986) mit verstärkter Struktur, höheren Beschleunigungslimiten, dreifacher elektrischer Steuerung und für den Allwettereinsatz im Tiefflug ergänzter Avionik (Hughes APG-70-Radar, Infrarotausrüstung FLIR, LANTRIN-Tiefflug-Navigations- und Nachtfluggerät). Die F-15S ist eine von der F-15E abgeleitete Ausführung mit vereinfachter Elektronik. Die F-15C der USAF werden teilweise mit einem neuen Abfangradar Raytheon APS-63(V1) ausgerüstet, welches bei erhöhter Leistung einen höheren Zuverlässigkeitsgrad bietet und grösseres Potenzial für Ausbauten aufweist.
Hersteller: The Boeing Company, Defense & Space Group, Seattle, Washington, Werk St. Louis, Missouri, USA.

Abmessungen: Spannweite 13,05 m, Länge 19,43 m, Höhe 5,63 m, Flügelfläche 56,50 m².

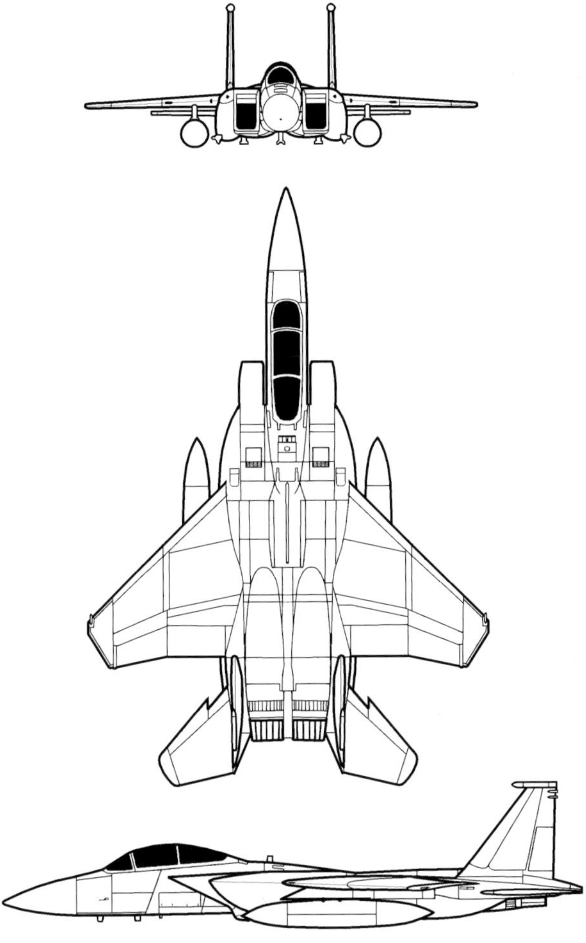

BOEING (MDD) F/A-18E/F SUPER HORNET

Ursprungsland: USA.
Kategorie: Einsitziges und zweisitziges bord- und landgestütztes Mehrzweck- und Elektronikkampfflugzeug.
Triebwerke: Zwei Mantelstromtriebwerke General Electric F414-GE-400 von je 9978 kp (97,86 kN) Standschub mit Nachverbrennung.
Leistungen: Höchstgeschwindigkeit auf optimaler Höhe Mach 1,8 +; Dienstgipfelhöhe 15240 m; Radius als Abfangjäger mit je zwei Luft-Luft-Lenkwaffen Sidewinder und AMRAAM 760 km, bei Tiefangriffseinsätzen mit vier 450-kg-Bomben, zwei Sidewinders und zwei 1818-l-Aussentanks (hoch-tief-tief-hoch) 722 km.
Gewichte: Leergewicht 10735 kg; norm. Startgewicht 23541 kg.
Bewaffnung: Eine 20-mm-Revolverkanone M61A1 und eine Waffenlast verschiedenster Auslegung von über 8000 kg.
Entwicklungsstand: Der erste von sieben Prototypen flog erstmals am 29. November 1995. USN und USMC zusammen haben einen Bedarf von rund 548 F/A-18E/F, aufgeteilt in verschiedene Ausführungen. 284 davon sind bestellt, rund 70 davon im Einsatz.
Bemerkungen: Die F/A-18E/F Super Hornet ist eine leistungsfähigere Weiterentwicklung der F/A-18C/D Hornet. Die Hauptflügel sind grösser, der Rumpf wurde um eine zusätzliche Sektion von 86 cm verlängert. Rund ein Drittel der Zelle besteht aus Verbundwerkstoffen, vorwiegend Karbonfaser. Die Triebwerkeinläufe sind rechteckig gestaltet. Gegenüber dem Ausgangsmuster ist die Super Hornet um rund 25 % grösser. Im übrigen sind alle Konturen möglichst reflektionsarm ausgelegt, um die Radarsignatur klein zu gestalten. Dank um rund 35 % stärkeren Triebwerken und einer um einen Drittel erhöhten Treibstoffkapazität resultieren in allen Bereichen wesentlich bessere Flugleistungen und insbesondere eine deutlich erhöhte Reichweite. Als Ersatz der EA-6B Prowler entwickelt Boeing eine Ausführung EA-18 Growler für die elektronische Kriegsführung. Weiter wird an einer Tankerversion KF/A-18E/F gearbeitet, welche mit fünf 1800-l-Aussentanks ausgerüstet wäre.
Hersteller: The Boeing Company, Defense & Space Group, Seattle, Washington, Werk St. Louis, Missouri, USA.

Abmessungen: Spannweite 13,70 m, Länge 18,40 m, Höhe 4,88 m, Flügelfläche 46,45 m².

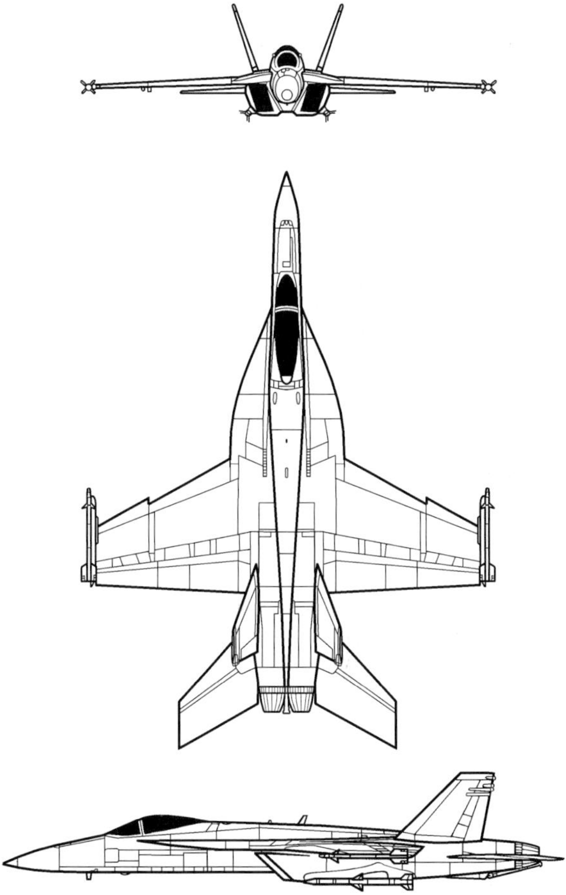

BOEING (MDD) AV-8B HARRIER II PLUS

Ursprungsland: USA und Grossbritannien.
Kategorie: Einsitziges S/VTOL-Allwetter-Erdkampfflugzeug.
Triebwerke: Ein Schwenkdüsen-Mantelstromtriebwerk Rolls-Royce F402-RR-408 (Pegasus 11-61) von 10795 kp (105,87 kN) Standschub.
Leistungen: Höchstgeschwindigkeit 1065 km/h auf Meereshöhe (Mach 0,87) oder 1200 km/h (Mach 0,98) in Reiseflughöhe; Anfangssteiggeschwindigkeit mind. 66 m/Sek; Dienstgipfelhöhe mind. 13700 m; Aktionsradius mit zwei Harpoon-, zwei Sidewinder-Lenkwaffen und einem Zusatztank 1128 km; Überführungsreichweite 2650 km.
Gewichte: Rüstgewicht 6740 kg; Startgewicht für Kurzstart 14100 kg.
Bewaffnung: Eine fünfläufige 25-mm-Revolverkanone GAU-12/U sowie bis zu 6000 kg Waffen.
Entwicklungsstand: Das erste Erprobungsmuster Harrier II Plus (Umbau einer Harrier II) fliegt seit Oktober 1992, die erste Serienmaschine seit 17. März 1993. Das USMC hat 27 neue Harrier II Plus erhalten und lässt 74 ältere Harrier II bis 2003 auf diesen Standard umbauen. Weitere Bestellungen: Spanische Marine 10; italienische Marine 20.
Bemerkungen: Diese vorläufig letzte Variante der AV-8B wurde besonders für Nachtflugeinsätze optimiert. Gegenüber dem Vorgängermuster ist der Vorderrumpf an zwei Stellen um insgesamt 0,43 m verlängert, um das von der F-18 übernommene APG-65-Radar unterzubringen und die Aerodynamik zu optimieren. Dank deutlich stärkerem Triebwerk sind die Flugleistungen wie auch die Waffenzuladung verbessert. Schliesslich verfügt die Harrier II Plus über ein FLIR-Gerät. Die gesamte Avionik ist als sog. offenes System «OSKAR» konzipiert, dessen Architektur einfache Schnittstellen zu anderen Komponenten aufweist.
Hersteller: The Boeing Company, Seattle, Washington, USA.

Abmessungen: Spannweite 9,24 m, Länge 15,32 m, Höhe 4,08 m, Flügelfläche 22,15 m².

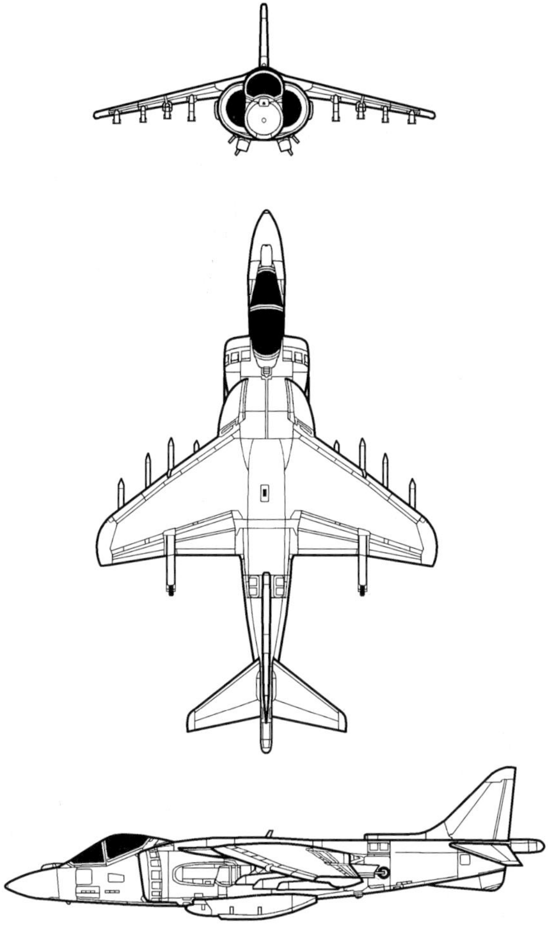

BOEING (MDD/BAe) T-45C GOSHAWK

Ursprungsland: USA und Grossbritannien.
Kategorie: Zweisitziger bord- oder landgestützter Basis- und Fortgeschrittenentrainer.
Triebwerke: Ein Mantelstromtriebwerk Rolls-Royce-Turboméca F405-RR-401 (Adour Mk.871) von 2648 kp (25,98 kN) Standschub.
Leistungen: Höchstgeschwindigkeit 1006 km/h auf 2500 m, 922 km/h auf 9150 m; Anfangssteiggeschwindigkeit 35,47 m/Sek; Dienstgipfelhöhe 12955 m; Steigzeit auf 9150 m 7,20 Min; Überführungsreichweite mit interner Treibstoffzuladung 1850 km.
Gewichte: Leergewicht 4263 kg; max. Startgewicht 6387 kg.
Bewaffnung (als Waffentrainer): Je eine Station unter jedem Flügel und unter dem Rumpf für Raketenbehälter, Übungsbombenbehälter usw.
Entwicklungsstand: Der erste von zwei Prototypen der T-45A flog am 16. April 1988 zum ersten Mal. Die USN beschafft 169 T-45 in jährlichen Tranchen von 12 bis 15 Flugzeugen. Die meisten davon sind bereits abgeliefert worden.
Bemerkungen: Die T-45A Goshawk bildet einen Teil eines integralen Trainingssystems (T-45 Training System), welches neben dem Flugzeug auch Simulatoren, die Infrastruktur und logistische Unterstützung umfasst. Unterschiede zur britischen Hawk (siehe Seiten 118/119): Zusätzlicher Fanghaken, neu gestaltete und verlegte Luftbremsen, Grenzschichtzaun unter dem Rumpf, verstärktes Fahrwerk für Trägerstarts und -landungen, stärkeres Triebwerk sowie einige Änderungen am Klappensystem der Flügel. Die erste (das 73. Serienflugzeug) mit digitalem Cockpit 21 ausgestattete T-45A führte im März 1994 den Erstflug aus, Ablieferung seit Oktober 1997.
Hersteller: The Boeing Company, Werk St. Louis, Missouri, USA, und British Aerospace PLC, Grossbritannien.

Abmessungen: Spannweite 9,39 m, Länge 11,97 m, Höhe 4,09 m, Flügelfläche 16,69 m².

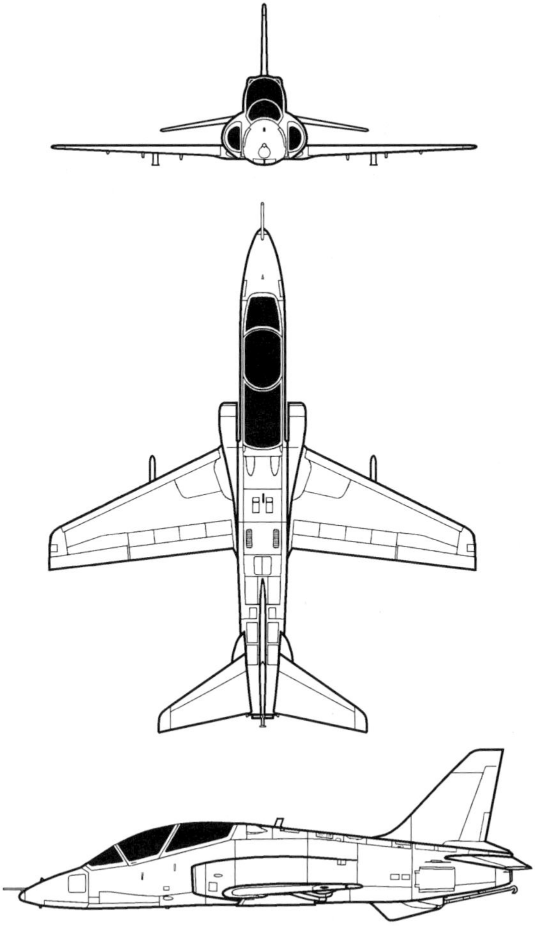

BOEING X-32B JOINT STRIKE FIGHTER

Ursprungsland: USA (Grossbritannien).
Kategorie: Erprobungsträger für ein land- sowie bordgestütztes STOVL-Mehrzweckkampfflugzeug.
Triebwerke: Ein Mantelstromtriebwerk Pratt & Whitney F119-614 oder General Electric YF-120-FX von ca. 18000 kp (178 kN) Leistung mit Nachverbrennung.
Leistungen: Höchstgeschwindigkeit etwa Mach 1,5; Dienstgipfelhöhe 15240 m+; Aktionsradius mit zwei 900-kg-Bomben 1100 km.
Gewichte: Leergewicht 11100 kg; max. Startgewicht 27200 kg.
Bewaffnung: Eine 27mm-Mauserkanone BK-27 und ca. 5400 kg Waffen.
Entwicklungsstand: Das Testprogramm des Erprobungsträgers X-32B begann am 29. März 2001. Bereits vorher, am 18. September 2001 flog die Version X-32A erstmals (siehe Ausgabe 2001). Nach dem Entscheid der amerikanischen Regierung im Oktober 2001, die Lockheed Martin X-35 (siehe Seiten 230/231) weiter zu entwickeln, wurde das X-32-Programm eingestellt.
Bemerkungen: Die X-32 ist eine Deltakonstruktion mit doppelten Seitenleitwerken. Völlig neu ist die Zellenstruktur, welche Beschädigungen durch Bodenabwehr besser erträgt. Die hier beschriebene X-32B ist eine STOVL-Ausführung ist für Kurzstart- und Senkrechtlande-Einsätze ab Landstützpunkten wie auch ab Flugzeugträgern. Dazu ist das Triebwerk mit drei Ausström-Öffnungen versehen, eine konventionell hinten am Rumpf und zwei genau beim Schwerpunkt des Flugzeugs unten am Rumpf. Spannweite und Länge sind gegenüber der X-32A geringer. Das Cockpit neuester Technologie weist hochauflösende Bildschirme auf. Viele Funktionen lassen sich durch Sprachbefehle oder via Pilotenhelm-Display steuern.
Hersteller: The Boeing Company, Defense & Space Group, Seattle, Washington, Werk St. Louis, Missouri, USA, und British Aerospace PLC, Military Aircraft Division, Warton, Lancashire, Grossbritannien.

Abmessungen (X-32B): Spannweite 9,15 m, Länge 14,03 m, Höhe 4,02 m, Flügelfläche 46,82 m².

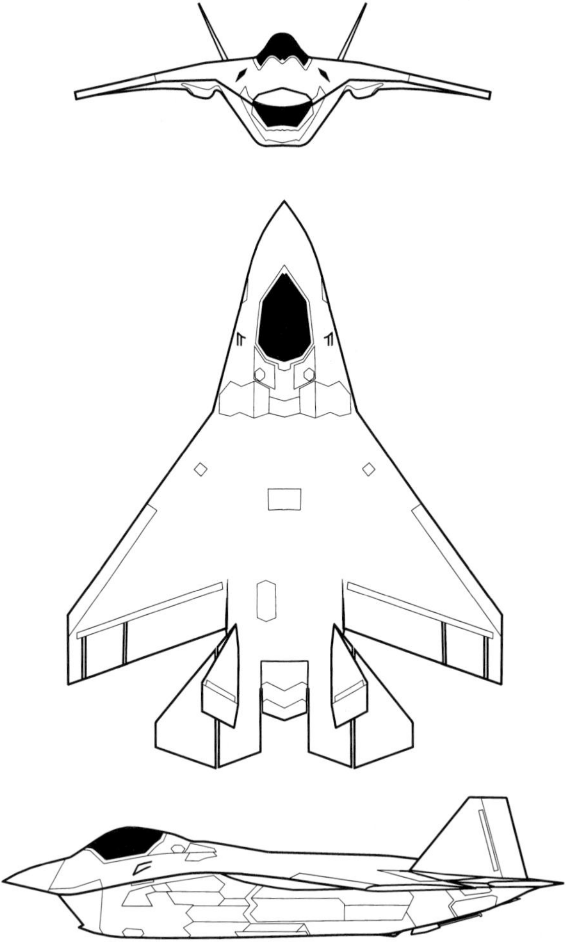

BOEING CH-47SD/F CHINOOK

Ursprungsland: USA.
Kategorie: Schwerer Transporthubschrauber.
Triebwerke: Zwei Gasturbinen AlliedSignal T55-714A von je 4733 WPS (3529 kW) Leistung.
Leistungen: Höchstgeschwindigkeit 298 km/h auf Meereshöhe; Durchschnittsgeschwindigkeit 245 km/h; max. Schrägsteiggeschwindigkeit 9,38 m/Sek; Schwebehöhe mit Bodeneffekt 1837 m, ohne Bodeneffekt 1675 m; max. Flughöhe 3383 m; max. Einsatzradius 600 km.
Gewichte: Leer 11550 kg; max. Startgewicht 24495 kg.
Zuladung: Zwei Piloten und 45 Personen; als Ambulanzhubschrauber 24 Patienten plus zwei Pfleger. Max. 12700 kg Aussenlasten.
Entwicklungsstand: Der Erstflug der neuesten Ausführung CH-47SD fand am 25. August 1999 statt. Stand der Bestellungen für diese Version: Singapur 6, Taiwan 9. Die CH-47D sowie die CH-47J in Japan werden weitergebaut; neueste (Nach) Bestellung: Japan + 2. Von allen Ausführungen inkl. Lizenzbau wurden bisher rund 1180 Chinooks für 18 Luftwaffen und zivile Unternehmen hergestellt.
Bemerkungen: Die CH-47SD (= «**S**uper» **D**) ist eine wesentlich weiterentwickelte Ausführung der CH-47D. Das Äquivalent der US Army heisst CH-47F und flog erstmals am 25. Juni 2001. Die wichtigsten Neuerungen sind: Stark verbesserte Avioniksysteme mit einem MIL-STD-1553-Databus und ein voll integriertes Glascockpit, welches für NVG-Einsätze geeignet ist. Die Triebwerke erzeugen eine um rund 22 % höhere Leistung. Zudem werden grössere Treibstofftanks eingebaut. Zur Erhöhung der Lebensdauer und zur Senkung des Vibrationspegels ist die Zelle verstärkt und versteift. Schliesslich gelangen neue Elastomerlager an den Rotorköpfen zur Anwendung. Damit steigt die Zuverlässigkeit und sinkt der Wartungsaufwand. Die US Army will rund 300 CH-47D bis 2013 in die Version CH-47F umbauen. Mit Ausnahme des Rumpfes sind dann alle anderen Komponenten praktisch neu.
Hersteller: The Boeing Company, Philadelphia, USA.

Abmessungen: Durchmesser jedes der beiden Rotoren 18,29 m, Rumpflänge ohne Betankungsrohr 15,84 m, Rumpfhöhe ohne Rotor 5,20 m.

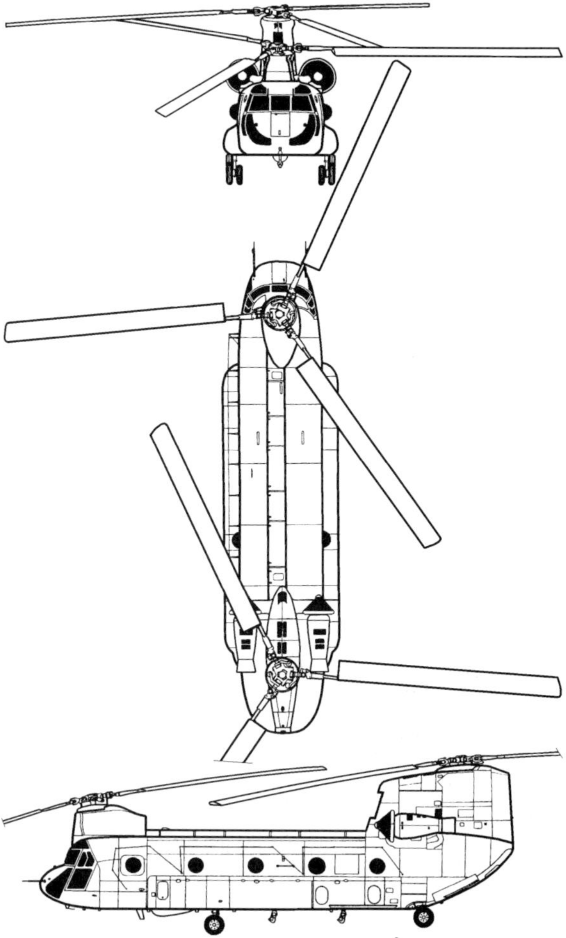

BOEING/SIKORSKY RAH-66 COMANCHE

Ursprungsland: USA.
Kategorie: Zweisitziger Stealth-Kampfhubschrauber.
Triebwerke: Zwei Gasturbinen LHTEC T800-LHT-800 (Prototyp) von je 1344 WPS (1002 kW) Leistung.
Leistungen (geschätzt): Höchstgeschwindigkeit 328 km/h; vertikale Steiggeschwindigkeit 6 m/Sek; Überführungsreichweite 2335 km.
Gewichte: Leer 3515 kg; normales Startgewicht 4587 kg; max. Startgewicht für Überführungen 7790 kg.
Bewaffnung: Eine dreiläufige 20-mm-Revolverkanone General Electric/Giat in einem Turm unter der Rumpfnase und bis zu sechs Antitank-Lenkwaffen Hellfire bzw. zwölf Flab-Lenkwaffen Stinger in zwei geschlossenen Waffenschächten. Weitere Waffen können an montierbaren Flügelstummeln angebracht werden.
Entwicklungsstand: Der erste von zwei Prototypen YRAH-66A hat die Flugerprobung am 4. Januar 1996 aufgenommen. Danach werden fünf Vorserienmaschinen hergestellt. Der Gesamtbedarf der US Army beläuft sich auf 1213 Comanches, 13 davon sind bestellt. Die Produktion soll erst 2004 starten und ab 2006 jährlich 96 Einheiten umfassen.
Bemerkungen: Die RAH-66 soll bei der US Army die Typen AH-1 Cobra und OH-58 Kiowa ersetzen. Für die Hauptaufgabe der bewaffneten Aufklärung ist die Comanche vollständig aus Radarstrahlen-absorbierenden Verbundwerkstoffen hergestellt. Zudem ist die Silhouette weitmöglichst nach sog. Stealth-Kriterien ausgelegt. So wird beispielsweise die Bewaffnung in internen, nach aussen klappbaren Waffenschächten mitgeführt. Das Fahrwerk ist vollständig einziehbar. Die Aufklärungselektronik umfasst u.a. ein vorwärtsgerichtetes Infrarot-Nachtsicht-Navigationsgerät der zweiten Generation, kombiniert mit einer TV-Kamera im Rumpfbug, ein Millimeter-Wellenradar und diverse Sensoren. In späteren Produktions-Tranchen sollen auch ein Longbow-Feuerkontroll-Radar und Infrarot-Jammers eingebaut werden.
Hersteller: Boeing Helicopters und Sikorsky Aircraft, USA.

Abmessungen: Rotordurchmesser 11,90 m, Länge ohne Kanone 13,22 m, Höhe über Heckleitwerk 3,39 m.

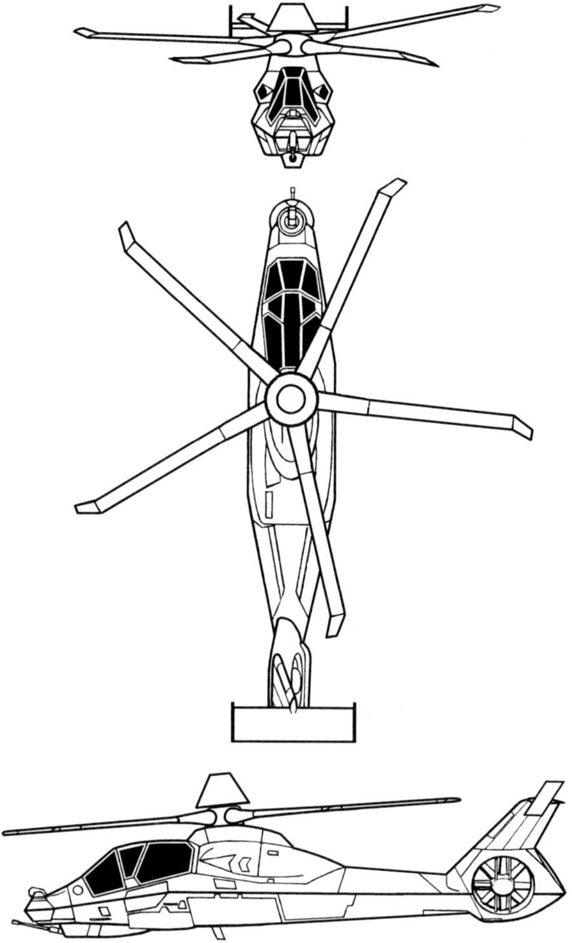

BOEING (MDD) AH-64D LONGBOW APACHE

Ursprungsland: USA.
Kategorie: Zweisitziger Kampfhubschrauber.
Triebwerke: Zwei Gasturbinen General Electric T700-GE-701C von je 1890 WPS (1409 kW) Leistung.
Leistungen (bei 6552 kg): Höchstgeschwindigkeit 296 km/h; typische Einsatzgeschwindigkeit bei 7158 kg 272 km/h; max. Schrägsteiggeschwindigkeit 12,7 m/Sek; Schwebehöhe mit Bodeneffekt 5246 m, ohne Bodeneffekt 4124 m; Reichweite mit max. interner Treibstoffzuladung 482 km, Überführungsreichweite 1701 km.
Gewichte: Leergewicht 5352 kg; max. Startgewicht 9525 kg.
Bewaffnung: Eine einläufige 30-mm-Kanone unter dem Vorderrumpf sowie bis zu 16 lasergelenkte Hellfire-Panzerabwehrraketen oder 76 ungelenkte 70-mm-Raketen. Als Defensivbewaffnung können Luft-Luft-Lenkwaffen wie Stinger, Sidewinder oder Mistral mitgeführt werden.
Entwicklungsstand: Der erste AH-64D Longbow Apache startete am 15. April 1992 zum Erstflug. Die US Army bringt 501 AH-64A auf diesen Standard. Von allen AH-64-Varianten sind derzeit ca. 1070 (+ Optionen) von 11 Luftwaffen bestellt (626 der Variante AH-64D). Neueste (Nach)Bestellungen: Israel 9, Japan ca. 60 (Lizenzbau Fuji), Singapur 12.
Bemerkungen: Im Vergleich zu den früheren Ausführungen (siehe Ausgabe 1992/93) weist die AH-64D zusätzlich ein Mastvisier (Longbow millimetre-wave = Millimeterwellenradar) zur Rundumgefechtsfeldbeobachtung auf. Die Longbow ist in der Lage, mehr als ein Dutzend Ziele gleichzeitig zu entdecken. Zur Verarbeitung der anfallenden Daten ist ein stärkerer MIL-Std-1553B-Databus eingebaut. Die AH-64D ist zudem mit leistungsfähigeren Triebwerken ausgerüstet und kann die neuesten radiogesteuerten Hellfire-Lenkwaffen mitführen.
Hersteller: The Boeing Company, Werk Mesa, Arizona, USA.

Abmessungen: Rotordurchmesser 14,63 m, Rumpflänge 14,70 m, Höhe inkl. Mastvisier 4,90 m.

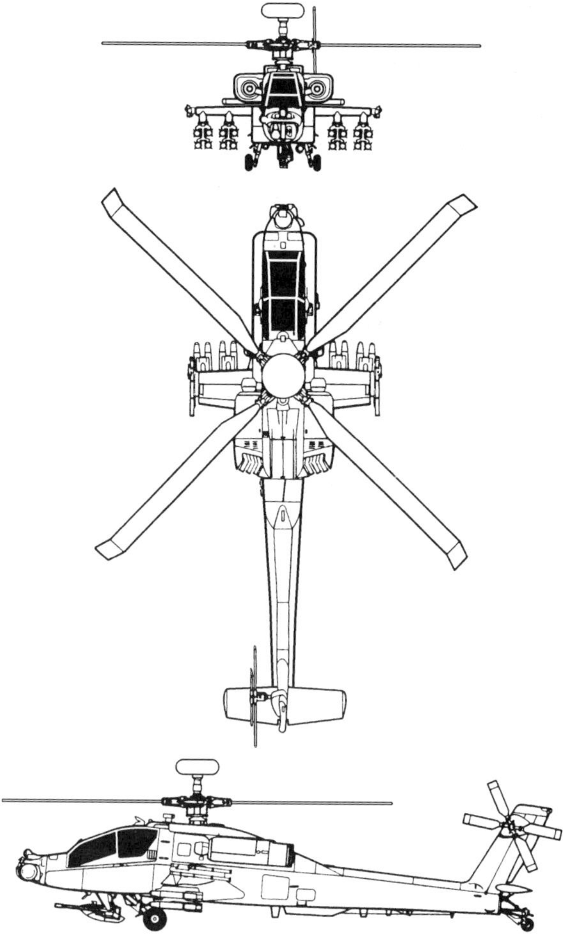

BOMBARDIER (CANADAIR) CL-415

Ursprungsland: Kanada.
Kategorie: Mehrzweck-Amphibium.
Triebwerke: Zwei Propellerturbinen Pratt & Whitney Canada PW123AF von je 2380 WPS (1775 kW) Leistung.
Leistungen: Max. Reisegeschwindigkeit bei 14741 kg 375 km/h auf 1525 m; normale Reisegeschwindigkeit 287 km/h; Patrouillengeschwindigkeit bei 15876 kg 204 km/h auf Meereshöhe; Anfangssteiggeschwindigkeit bei 20865 kg 7,0 m/Sek; Überführungsreichweite 2427 km.
Gewichte: Rüstgewicht für Mehrzweckaufgaben 11789 kg, als Wasserbomber 12043 kg; max. Startgewicht an Land 19800 kg, im Wasser 17100 kg; max. Fluggewicht nach Wasseraufnahme 21000 kg.
Zuladung: Zwei Mann Besatzung und, als Transporter, 32 bis 35 Passagiere. Maximale Nutzlast von 4790 kg in Mehrzweckkonfiguration, 6123 kg als Wasserbomber. Für Marine-Patrouillenaufgaben bestehen zwei weitere Stationen für Flugingenieur/Navigator und für zwei Beobachter.
Entwicklungsstand: Erstflug der ersten definitiven CL-415-Ausführung am 6. Dezember 1993. Die Auslieferungen begannen im Oktober 1994. Bisher sind bestellt worden: Sécurité Civile 12, Griechenland 10 CL-415GR, Provinz von Quebec 8, Ontario 9, Sorem Italien 13, Kroatien 3. Fast alle der bisher 55 bestellten Maschinen sind abgeliefert worden.
Bemerkungen: Die CL-415 ist eine modifizierte, turbopropgetriebene Ausführung des Basismodells CL-215 (siehe Ausgabe 1987). Sie besitzt neben neuen Triebwerken ein verbessertes Wassertanksystem. Im übrigen wurde die Aerodynamik optimiert, u.a. durch Anbringen von sog. Winglets. Zudem ist ein EFIS-Cockpit installiert. Für zivile wie militärische Überwachungs- und Rettungseinsätze sowie für Passagier- und Frachttransporte bietet Bombardier die Version CL-415M an. Sie weist ein höheres Abfluggewicht auf. In Griechenland wird diese Ausführung als CL-415GR bezeichnet.
Hersteller: Bombardier (Canadair), Station Centreville, Montreal, Quebec, Kanada.

Abmessungen: Spannweite 28,60 m, Länge 19,82 m, Höhe (an Land) 8,98 m, Flügelfläche 100,33 m^2.

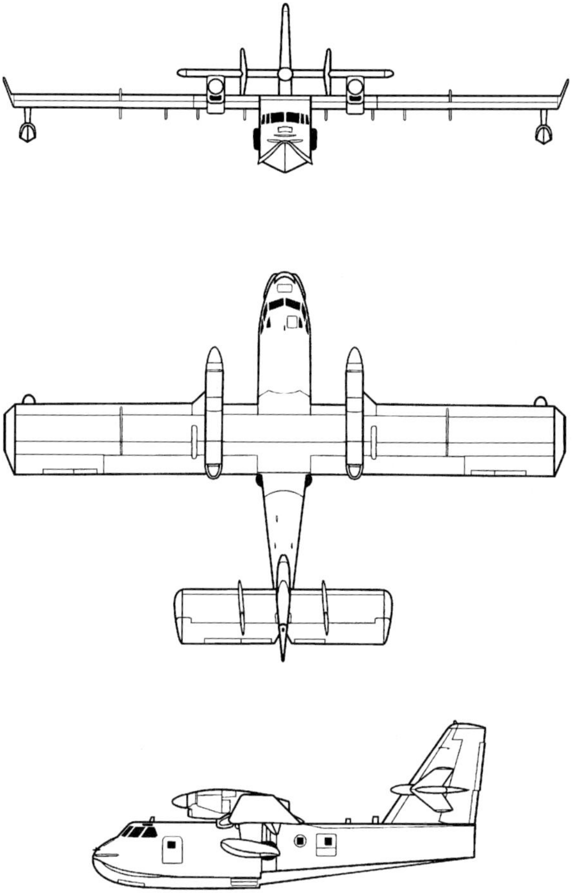

BOMBARDIER (CANADAIR) REGIONAL JET CRJ200/440

Ursprungsland: Kanada.
Kategorie: Regionalverkehrsflugzeug.
Triebwerke: Zwei Mantelstromtriebwerke General Electric CF34-3B1 von je 3959 kp (38,83 kN) Leistung oder 4182 kp (41,0 kN) inkl. automatischem Reserveschub.
Leistungen: Max. Reisegeschwindigkeit 851 km/h auf 10975 m oder Mach 0,8; Langstrecken-Reisegeschwindigkeit 786 km/h auf 10975 m oder Mach 0,74; Anfangssteiggeschwindigkeit 17,8 m/Sek; Steigzeit auf 10670 m 23 Min; Dienstgipfelhöhe 12497 m; Reichweite mit max. Nutzlast 1566 km; max. Reichweite 2628 km, Version -200ER 2940 km.
Gewichte: Leergewicht 13655 kg; max. Startgewicht (RJ Series 100) 21635 kg, (RJ Series 200ER) 23245 kg.
Zuladung: Zwei Piloten und in der Standardausführung 50 Passagiere in Viererreihen. Max. Nutzlast von 6295 kg.
Entwicklungsstand: Die erste Vorserienmaschine nahm die Flugerprobung am 10. Mai 1991 auf. Mit den Auslieferungen begann man im vierten Quartal 1992. Bis Ende 2001 waren von der CRJ 100/200/440 etwa 940 (+ Optionen) von 25 Airlines bestellt und davon rund 540 gebaut. Die Monatsproduktion beläuft sich mittlerweile auf zwölf Einheiten.
Bemerkungen: Der Regional Jet oder kurz RJ ist eine Abwandlung des Firmenflugzeugs Challenger (siehe Ausgabe 1997). Nebst Verlängerung des Rumpfes waren verschiedene weitere Änderungen nötig, um aus einem Geschäftsreiseflugzeug ein Regionalverkehrsflugzeug zu machen. Die Grundausführung wird als Series 100, diejenige mit grösserer Reichweite als Series 200ER bezeichnet. Ebenfalls erhältlich sind eine Geschäftsreiseversion der 200ER sowie seit 1994 die Ausführung 200LR (**L**ong **R**ange) mit einem auf 23995 kg angehobenen Abfluggewicht und einer maximalen Reichweite von 3500 km. Ganz neu ist die leichtere Ausführung CRJ440, welche bei gleichen Dimensionen für nur 44 Passagiere ausgelegt ist. Northwest Airlines hat bisher 75 Einheiten bestellt (Ablieferungen ab drittem Quartal 2002).
Hersteller: Bombardier (Canadair), Station Centreville, Montreal, Quebec, Werk Dorval, Quebec, Kanada.

Abmessungen: Spannweite 21,44 m, Länge 26,95 m, Höhe 6,30 m, Flügelfläche 48,31 m^2.

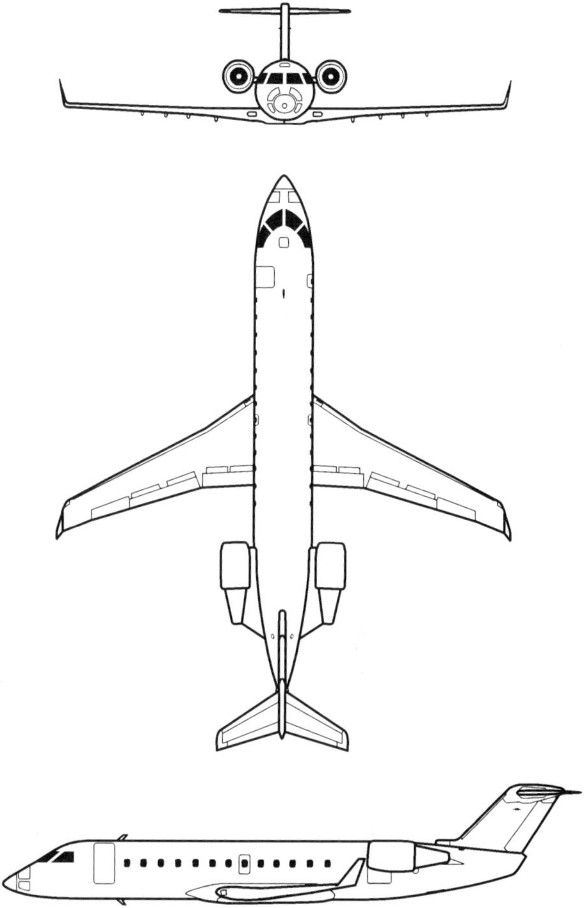

BOMBARDIER (CANADAIR) REGIONAL JET CRJ700

Ursprungsland: Kanada.
Kategorie: Regionalverkehrsflugzeug.
Triebwerke: Zwei Mantelstromtriebwerke General Electric CF34-8C1 von je 6250 kp (61,30 kN) Standschub.
Leistungen: Max. Reisegeschwindigkeit 860 km/h (Mach 0,81); normale Reisegeschwindigkeit 818 km/h (Mach 0,77); Dienstgipfelhöhe 12500 m; Reichweite (700) 3150 km, (700ER) 3600 km.
Gewichte: Rüstgewicht 19731 kg; max. Startgewicht (700) 32885 kg, (700ER) 34019 kg.
Zuladung: Zwei Piloten und bis zu 70 Passagiere in Viererreihen; max. Nutzlast 8527 kg.
Entwicklungsstand: Die Flugerprobung begann am 27. Mai 1999. Insgesamt fünf Maschinen waren an den Tests beteiligt. Bisher sind Aufträge für etwa 200 CRJ700 (+ Optionen) von sechs Fluggesellschaften eingegangen. Die ersten Auslieferungen begannen im 1. Quartal 2001. Bis Ende 2001 sind etwa 30 Einheiten ausgeliefert worden. Von der ganzen Familie CRJ, begonnen von der 100 bis zur 900 sind mittlerweile rund 2200 Einheiten bestellt bzw. es bestehen Optionen, etwa 550 davon wurden abgeliefert.
Bemerkungen: Die CRJ 700 ist eine konsequente Weiterentwicklung der CRJ200 (siehe Seiten 104/015). Der Rumpf wurde um 4,72 m verlängert, die Spannweite nahm um 1,82 m zu und die Flügelfläche ist gegenüber dem Ausgangsmuster um rund 40 % grösser. Zudem erhielt die CRJ 700 einige aerodynamische Optimierungen. Zur Verbesserung des Auftriebs sind an der ganzen Flügelvorderseite sog. Slats angebracht worden. Weiter verfügt die CRJ 700 über die leistungsstärkeren Triebwerke CF34-8C1. Wegen der höheren Gewichte ist ein neues Fahrwerk von Menasco eingebaut. Zwei Ausführungen werden angeboten: Die Normalausführung CRJ 700 und die schwerere CRJ 700ER mit grösseren Reichweitenleistungen. Geprüft wird gegenwärtig eine verkleinerte Ausführung CRJ500 für 50 Passagiere.
Hersteller: Bombardier (Canadair), Montreal, Quebec, Werk Montreal-Mirabel, Quebec, Kanada.

Abmessungen: Spannweite 23,24 m, Länge 32,51 m, Höhe 7,51 m, Flügelfläche 68,63 m^2.

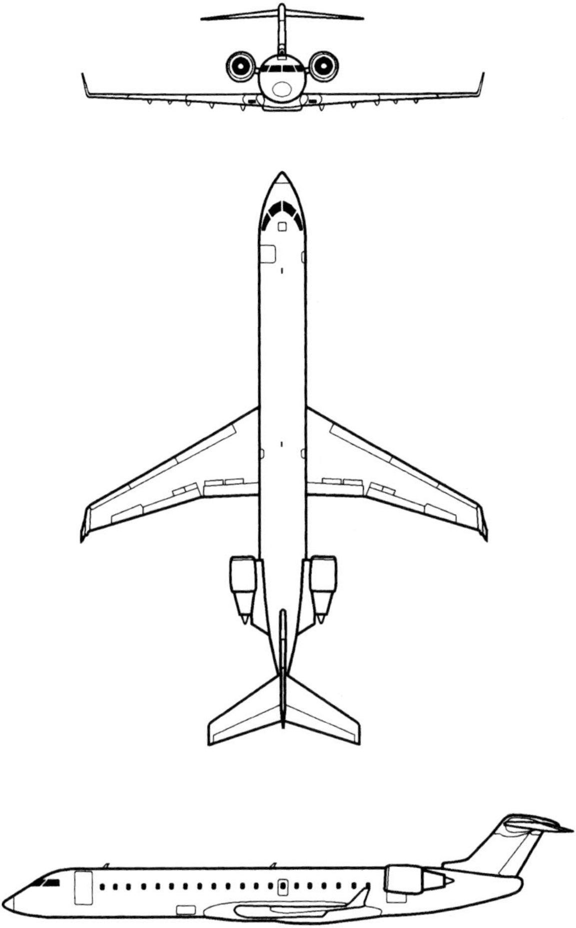

BOMBARDIER (CANADAIR) REGIONAL JET CRJ900

Ursprungsland: Kanada.
Kategorie: Regionalverkehrsflugzeug.
Triebwerke: Zwei Mantelstromtriebwerke General Electric CF34-8C5 von je 6465 kp (63,4 kN) Standschub.
Leistungen: Max. Reisegeschwindigkeit 860 km/h (Mach 0,81); normale Reisegeschwindigkeit 829 km/h (Mach 0,78); Dienstgipfelhöhe 12496 m; Reichweite mit 86 Passagieren 2774 km, -ER 3208 km.
Gewichte: Rüstgewicht 21546 kg; max. Startgewicht (900) 36514 kg, (900ER) 37421 kg.
Zuladung: Zwei Piloten und bis zu 86 Passagiere in Viererreihen; max. Nutzlast 10206 kg.
Entwicklungsstand: Das erste Erprobungsmuster (Umbau des CRJ 700-Prototyps) flog erstmals am 21. Februar 2001. Ein zweiter, völlig neu erstellter Prototyp folgt Mitte 2002. Die ersten Serienmuster gelangen ab 1. Quartal 2003 in Einsatz. Bis Ende 2001 gingen Festbestellungen für 30 Einheiten ein (+ Optionen), darunter 12 von Tyrolean.
Bemerkungen: Obwohl Bombardier die Weiterentwicklung CRJ 900 möglichst nahe an das Ausgangsmuster CRJ 700 anlehnte, sind doch einige wesentliche Unterschiede vorhanden. Der Rumpf wird durch je einen Einsatz vor und hinter dem Flügel um insgesamt 3,86 m verlängert. Der Flügel mit gleicher Spannweite wird strukturell verstärkt. Ebenso ist das Fahrwerk robuster ausgelegt, um die höheren Gewichte aufzufangen. Schliesslich hat man vorne eine weitere Gepäcktüre und über den Flügeln einen Notausgang vorgesehen. Das Cockpit ist mit einer Avionik Collins Pro Line4 mit sechs EFIS-Bildschirmen ausgestattet. Wie bei den Ausgangsmustern sind zwei Versionen vorgesehen, eine Standard- und eine Langstreckenausführung CRJ 900ER.
Hersteller: Bombardier (Canadair), Montreal, Quebec, Werk Montreal-Mirabel, Quebec, Kanada.

Abmessungen: Spannweite 23,24 m, Länge 36,19 m, Höhe 7,51 m, Flügelfläche 68,63 m².

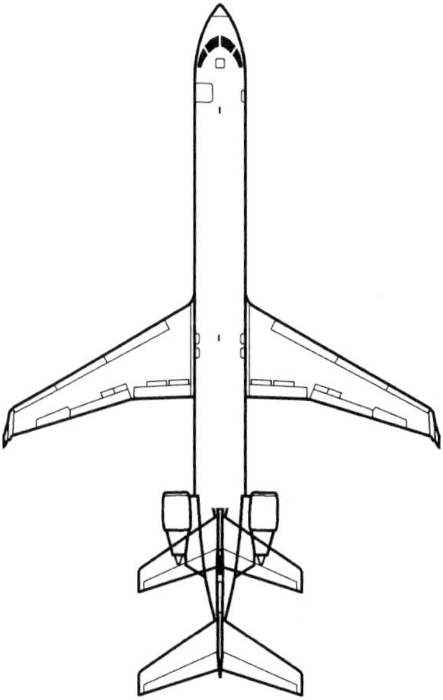

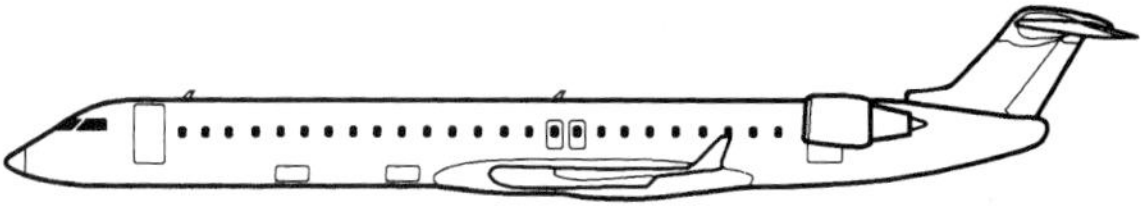

BOMBARDIER (CANADAIR) GLOBAL EXPRESS ASTOR

Ursprungsland: Kanada.
Kategorie: Fliegende Radarstation.
Triebwerke: Zwei Mantelstromtriebwerke BMW/Rolls-Royce BR710-48A2-20 von je 6690 kp (65,6 kN) Standschub.
Leistungen (Global Express): Max. Reisegeschwindigkeit 935 km/h (Mach 0,88); Langstrecken-Reisegeschwindigkeit 880 km/h; max. Schrägsteiggeschwindigkeit 18,3 m/Sek; Dienstgipfelhöhe 15545 m; Reichweite mit acht Passagieren 11700 km, max. Reichweite 12408 km.
Gewichte: Leergewicht 22000 kg; max. Startgewicht 42410 kg.
Zuladung: Zwei Piloten und vier bis sechs Systemoperateure.
Entwicklungsstand: Der erste Erprobungsträger ASTOR nahm am 3. August 2001 die Flugerprobung auf, das erste fertig ausgerüstete Modell folgt im Oktober 2003. Mit der Auslieferung an den bisher einzigen Besteller, die RAF, wird Ende 2004 begonnen. Bisher hat sie fünf Einheiten in Auftrag gegeben. Vom Ausgangsmuster (siehe Silhouette), dem Geschäftsreisejet Global Express sind bisher etwa 110 Einheiten (ca. 80 ausgeliefert) bestellt worden, u.a. von VW und Deutsche Telekom.
Bemerkungen: Basierend auf der Global Express (siehe Ausgabe 2001) entwickelt Bombardier die Militärausführung ASTOR (**Ai**rborne **St**and-**O**ff **R**adar), ausgerüstet mit einem Überwachungs- und Aufklärungssystem SAR/MIT von Raytheon Systems. Dieses ermöglicht das Monitoring von festen und beweglichen Objekten am Boden aus der Luft im Echtzeitverfahren. Auf einer Einsatzhöhe von 15000 m kann ein Gebiet im Durchmesser von 300 km überwacht werden. Sichtbare Teile dieses Systems sind ein 4,6 m langer SAR-Radar (**S**ynthetic **A**perture **R**adar/Moving Traget Indicator) unten am Rumpf sowie eine Satellitenfunkantenne über dem Rumpf. Bombardier bietet neu auch eine Version mit Bodenbeobachtungs-Radar GSARS (**G**round **S**urveillance **A**irborne **R**adar **S**ystem) an.
Hersteller: Bombardier (Canadair), Station Centreville, Montreal, Quebec, Kanada bzw. (System) Raytheon Corp., Greenville, Texas, USA.

Abmessungen: Spannweite inkl. Winglets 28,65 m, Länge 30,30 m, Höhe 7,57 m, Flügelfläche 94,94 m².

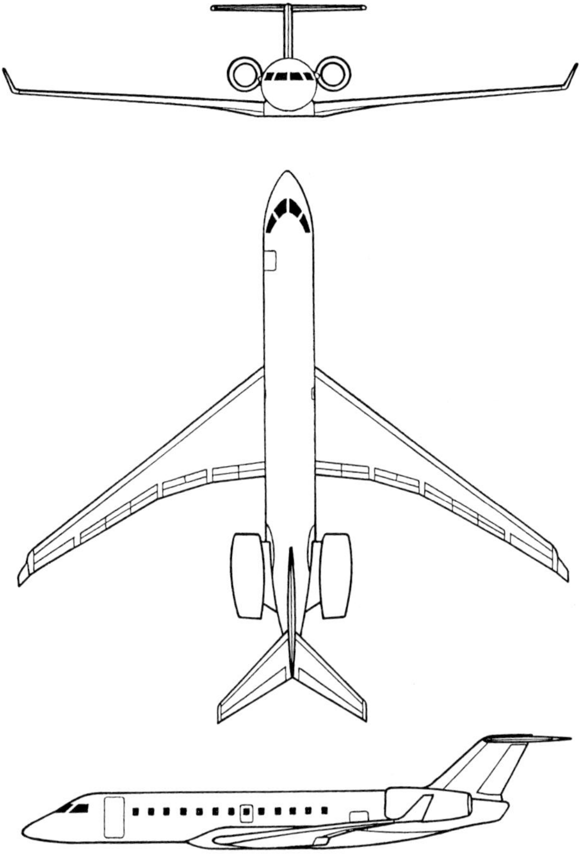

BOMBARDIER BD-100 CONTINENTAL

Ursprungsland: Kanada.
Kategorie: Firmenflugzeug.
Triebwerke: Zwei Mantelstromtriebwerke Honeywell AS907 von je 2950 kp (28,91 kN) Standschub.
Leistungen (geschätzt): Max. Reisegeschwindigkeit 870 km/h (Mach 0,82); normale Reisegeschwindigkeit 850 km/h (Mach 0,80); Dienstgipfelhöhe 13716 m; Reichweite mit acht Passagieren und IFR-Reserven 5750 km.
Gewichte: Leergewicht 10138 kg; max. Startgewicht 17010 kg.
Zuladung: Zwei Piloten und je nach Innenausstattung 8 bis 16 Passagiere; max. Nutzlast 1360 kg.
Entwicklungsstand: Der erste Prototyp nahm die Flugerprobung am 14. August 2001, gefolgt vom zweiten am 8. Oktober 2001. Insgesamt sind fünf Prototypen vorgesehen. Die Zulassung erfolgt im Herbst 2002. Bei einer Auftragslage von rund 120 Einheiten, darunter 25 für die Bombardier-eigene FlexJet, sind für Dezember 2002 die ersten Ablieferungen an Kunden vorgesehen. Jährlich sollen rund 60 Einheiten hergestellt werden.
Bemerkungen: Bombardier's neuestes Mittelstrecken-Firmenflugzeug ist gedacht, die Lücke zwischen der Learjet 60 (siehe Ausgabe 1997) und der Challenger 604 (siehe Ausgabe 1997) zu schliessen. Technisch ist die Continental auf dem neuesten Stand. Sie weist für ihre Klasse einen sehr grossen Rumpfquerschnitt auf (Innenmasse 2,18 m breit, 1,85 m hoch), so dass durchgehend Stehhöhe ermöglicht wird. Normalerweise umfasst die Innenausstattung acht Einzelsitze, eine kleine Küche vorne und hinten eine Toilette sowie direkten Zugang zum Gepäckraum. Die Avionik Pro Line 21 stammt von Rockwell-Collins. Mit einem Preis von US$ 14,25 Mio. soll sie für ihre Klasse besonders günstig sein.
Hersteller: Bombardier, Werk Wichita, Kansas, USA, Station Centreville, Montreal, Quebec, Kanada.

Abmessungen: Spannweite 19,46 m, Länge 20,93 m, Höhe 6,17 m, Flügelfläche 48,50 m².

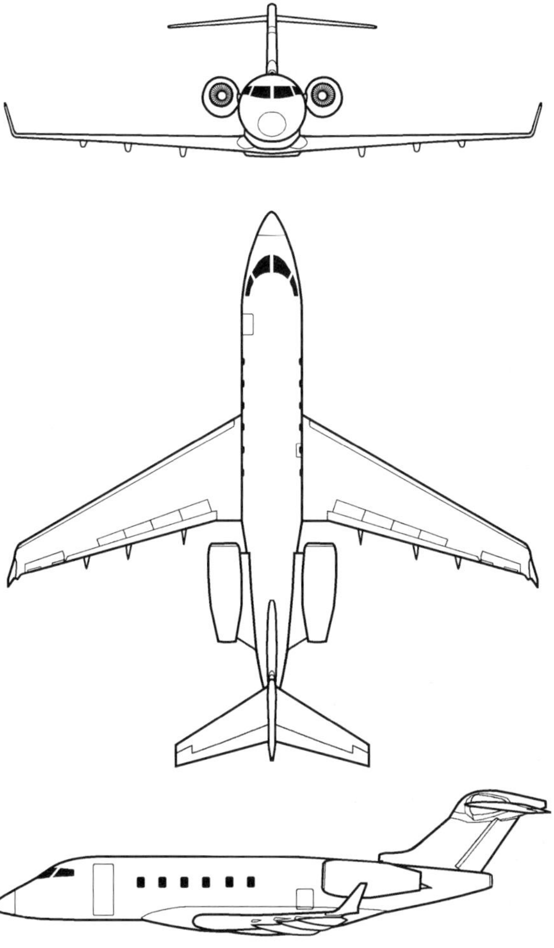

BOMBARDIER (DE HAVILLAND CANADA) DASH 8 Q400

Ursprungsland: Kanada.
Kategorie: Regionalverkehrsflugzeug.
Triebwerke: Zwei Propellerturbinen Pratt & Whitney Canada PW150A von je 4580 WPS (3415 kW) Leistung.
Leistungen (geschätzt): Max. Reisegeschwindigkeit 650 km/h; ökonom. Reisegeschwindigkeit 565 km/h; Dienstgipfelhöhe 7620 m; Reichweite mit max. Nutzlast 1596 km, mit max. Treibstoffzuladung 2400 km.
Gewichte: Rüstgewicht 18230 kg; max. Startgewicht 28998 kg.
Zuladung: Zwei Piloten und Standard-Innenausstattung für 70 Passagiere in Viererreihen. Max. Nutzlast 7624 kg.
Entwicklungsstand: Die erste Dash 8-400 (neu als Dash 8 Q400 bezeichnet) startete Ende 1997 zum Erstflug, Ablieferung im Januar 2000. Ende 2001 waren 665 Dash 8 bestellt (+ Optionen) und über 600 an über 70 Kunden ausgeliefert. Von der -400 sind bisher 71 Einheiten (+ Optionen) in Auftrag gegeben, etwa 50 davon bereits hergestellt worden. Bisher grösster Besteller ist die SAS mit 20 Q400. Die Dash8 Q300 wird weiter gebaut.
Bemerkungen: Die Dash 8 Q400 ist eine nochmals vergrösserte Ausführung des Grundmusters Dash 8. Gegenüber der Dash 8-300 (siehe Ausgabe 1996) unterscheidet sie sich durch den 4,60 m längeren Rumpf, leistungsfähigere Triebwerke und ein verstärktes Flügelmittelstück. Neue, besonders lärmarme Sechsblattrotoren von Dowty sind rund 20 cm weiter vom Rumpf entfernt plaziert worden. Zur weiteren Lärmreduktion ist ein sog. «active cabin-noise control system» (= aktives Lärmunterdrückungssystem) eingebaut, welches den in die Kabine eindringenden Lärm erheblich auf 77 dB abdämpft, weshalb der Name des Musters auf Q400 (**Q** = quiet/ruhig) abgeändert wurde.
Hersteller: Bombardier (The de Havilland Aircraft of Canada Ltd.), Downsview, Ontario, Kanada.

Abmessungen: Spannweite 28,42 m, Länge 32,84 m, Höhe 8,36 m, Flügelfläche 62,10 m^2.

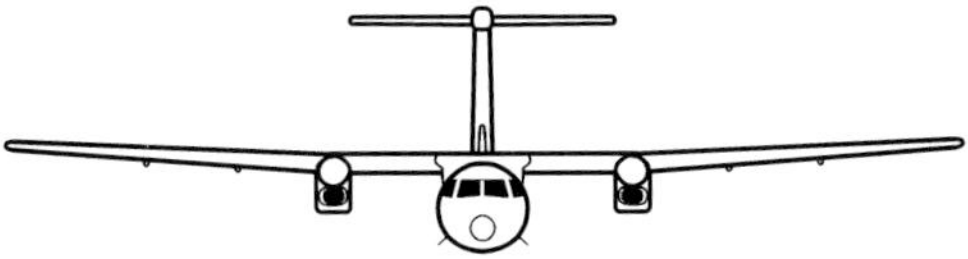

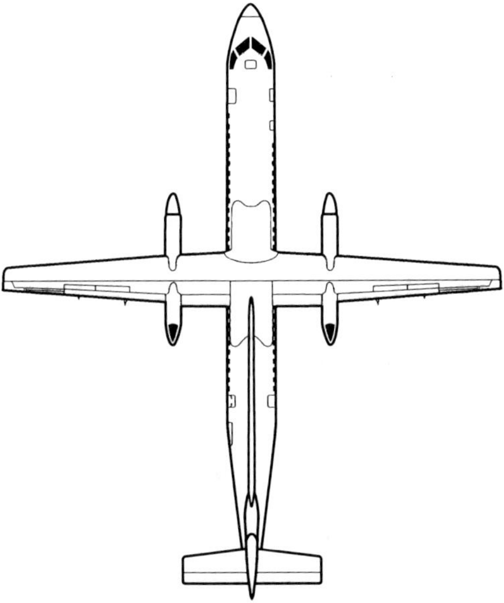

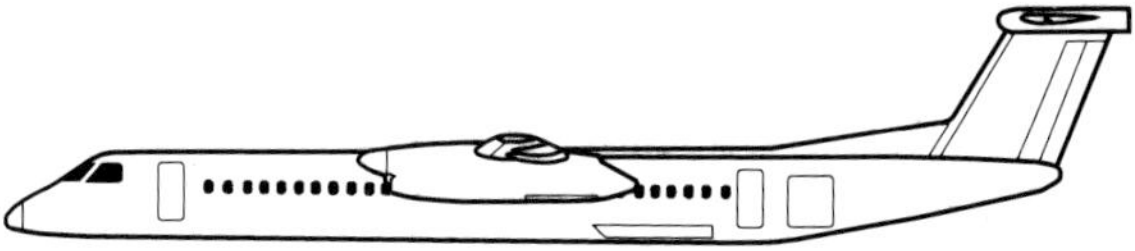

BOMBARDIER (LEARJET) 45

Ursprungsland: USA.
Kategorie: Firmenflugzeug.
Triebwerke: Zwei Mantelstromtriebwerke Garrett TEF731-20 von je 1590 kp (15,5 kN) Leistung.
Leistungen: Max. Reisegeschwindigkeit 860 km/h oder Mach 0,81; norm. Reisegeschwindigkeit 770 km/h; Dienstgipfelhöhe 15545 m; max. Reichweite mit zehn Passagieren 4400 km.
Gewichte: Leergewicht 5307 kg; max. Startgewicht 9160 kg.
Zuladung: Zwei Piloten und in der Kabine normalerweise acht, maximal zehn Passagiere; max. Nutzlast 1500 kg.
Entwicklungsstand: Erstflug des ersten von drei Learjet 45-Prototypen am 7. Oktober 1995. Im Mai 1998 wurde mit den Kundenablieferungen begonnen. Ende 2001 belief sich der Bestellungseingang auf über 150 Einheiten, über 100 davon waren ausgeliefert.
Bemerkungen: Die Version 45 ist das erste unter der neuen Regie von Bombardier entwickelte Modell und wird in Kooperation mit Shorts (Rumpf und Heck), de Havilland Canada (Flügel) und Learjet (Systeme und Endmontage) hergestellt. Grössenmässig ist sie zwischen der Learjet 31A und der Learjet 60 (siehe Ausgabe 1997) angesiedelt. Der Hersteller versucht mit diesem Muster eine optimale Kombination zwischen Preis, Flugleistungen, Kabinengrösse und Betriebskosten zu erzielen. Obwohl die Rumpflänge in etwa jener der Learjet 60 entspricht, ist die Kabine mit 7,55 m etwas länger, bietet aber mit 1,55 m nicht deren durchgehende Stehhöhe. Dank des elektronischen Triebwerkmanagements FADEC kann bei um 15 Prozent gesteigerter Reiseleistung der spezifische Treibstoffverbrauch gleichzeitig um elf Prozent verringert werden. Zu diesen Leistungen verhilft auch ein völlig neu konstruierter Flügel. Im Sinne der laufenden Produkteverbesserung weisen die neuesten Einheiten ein überarbeitetes Interieur auf. Zudem ist der Lärm in der Kabine um 12 db reduziert. Ende 2002 werden die ersten Exemplare gebaut, welche bei einem um 363 kg höherem Abfluggewicht eine grössere Reichweite erzielen.
Hersteller: Bombardier (Learjet Inc.), Wichita, Kansas, USA.

Abmessungen: Spannweite einschliesslich Winglets 14,56 m, Länge 17,68 m, Höhe 4,29 m, Flügelfläche 28,95 m².

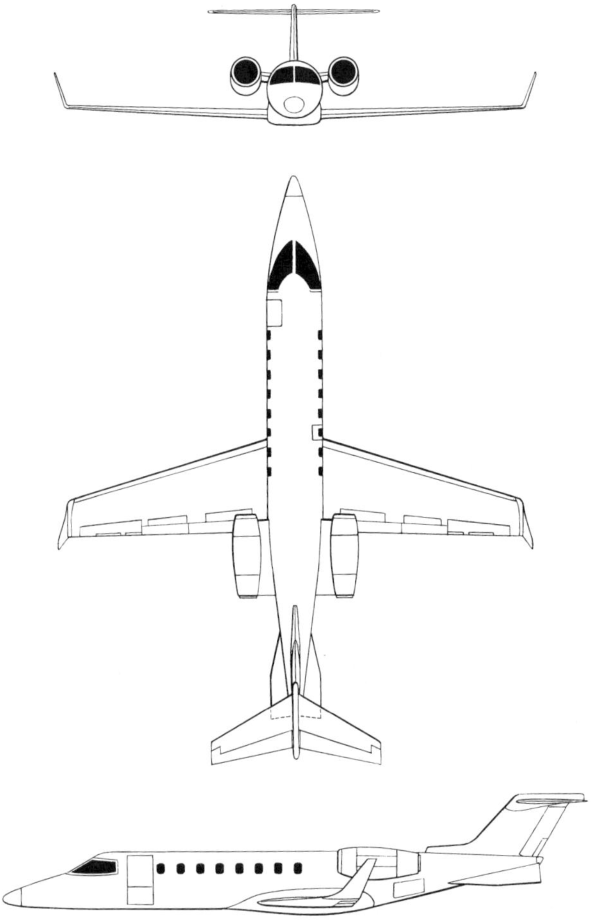

BRITISH AEROSPACE HAWK LIFT 100/200

Ursprungsland: Grossbritannien.
Kategorie: Zweisitziger Fortgeschrittenentrainer und leichter Erdkämpfer.
Triebwerke: Ein Mantelstromtriebwerk Rolls-Royce/Turboméca Adour 871 von 2650 kp (26,0 kN) Standschub.
Leistungen: Höchstgeschwindigkeit 1021 km/h oder Mach 0,83; max. Reisegeschwindigkeit 1019 km/h auf Meereshöhe; ökonom. Reisegeschwindigkeit 796 km/h auf 12500 m; max. Anfangssteiggeschwindigkeit 58,5 m/Sek; Dienstgipfelhöhe 15250 m; taktischer Einsatzradius 322 km mit acht 227-kg-Bomben; Überführungsreichweite mit zwei 860-l- und einem 590-l-Zusatztank 3606 km, ohne Zusatztank 892 km.
Gewichte: Leergewicht 3970 kg; max. Startgewicht 8500 kg.
Bewaffnung: Zwei 25-mm-Aden- oder zwei 27-mm-Mauser-Kanonen und maximal 3100 kg externe Waffenlasten, verteilt auf sieben Stationen unter Flügeln und Rumpf.
Entwicklungsstand: Erstflug des Prototypen der Version 200 am 19. Mai 1986, des technisch gleichwertigen, bereits dem Serienstandard entsprechenden Doppelsitzers 100 1990. Ein Erprobungsträger der neuesten Ausführung LIFT fliegt seit 1998. Insgesamt sind bisher (ohne T-45 der USN, siehe Seiten 92/93) über 600 Maschinen aller Versionen für 16 Luftwaffen bestellt und zum grössten Teil ausgeliefert worden.
Bemerkungen: Die als LIFT (**L**ead-**I**n-**F**ighter-**T**rainer) bezeichnete aktuellste Ausführung der Hawk weist, besonders was die Avionik angeht, einige bedeutende Verbesserungen auf: MIL-Std-1553B-Databus, überarbeitetes Cockpit mit drei Flachbildschirmen und HUD, Nachtsichtgeräte, INS/GPS und weitere elektronische Hilfen. Die Zelle wurde für eine längere Lebensdauer verstärkt, das Bugfahrwerk kann aktiv gesteuert werden. Zudem ist ein APU (= **A**uxiliary **P**ower **U**nit = Starthilfstriebwerk) installiert. 80 von den rund noch 140 vorhandenen Hawks der RAF erhalten zur Einsatzverlängerung teilweise neue Rümpfe.
Hersteller: British Aerospace PLC, Military Aircraft Division, Warton, Preston, Lancashire, Grossbritannien.

Abmessungen: Spannweite inkl. Lenkwaffen 9,94 m, Länge 11,38 m, Höhe 4,16 m, Flügelfläche 16,69 m².

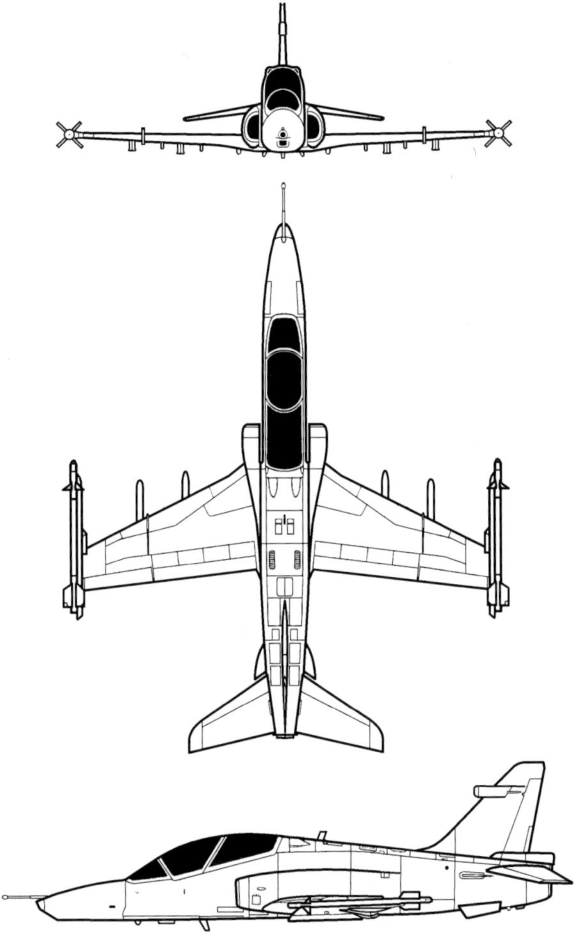

CASA C-295

Ursprungsland: Spanien.
Kategorie: Mehrzwecktransporter.
Triebwerke: Zwei Propellerturbinen Pratt & Whitney Canada PW127G von je 2645 WPS (1972 kW) Leistung.
Leistungen (nach Angaben des Herstellers): Max. Reisegeschwindigkeit 481 km/h auf 7620 m; Dienstgipfelhöhe 7620 m; Reichweite mit max. Nutzlast 1333 km, max. Reichweite 5278 km.
Gewichte: Max. Startgewicht 23200 kg.
Zuladung: Zwei Piloten und normalerweise 69 oder bis zu 78 voll ausgerüstete Soldaten; für Evakuationseinsätze 27 liegende Personen und vier Helfer; als Frachter fünf Standard-Containers oder drei leichte Fahrzeuge; max. Nutzlast 9700 kg.
Entwicklungsstand: Der erste, bereits dem Serienstandard entsprechende Prototyp, nahm die Flugerprobung am 22. Dezember 1998 auf. Im Oktober 2001 begann CASA mit den Auslieferungen. Aktueller Bestellungsstand: Polnische Luftwaffe acht, spanische Luftwaffe neun Exemplare.
Bemerkungen: Basierend auf der CN-235 (siehe Seiten 36/37) wurde die C-295 von CASA alleine entwickelt. Von Grösse und Leistungsfähigkeit her ist sie eine Klasse höher und kann als direkter Konkurrent zur Alenia C-27J (siehe Seiten 38/39) angesehen werden. Durch Einfügen von Rumpfsegmenten vor und hinter dem Flügel wurde die Aussenlänge um 3,10 m, die Kabinenlänge um 3,00 m verlängert. Stärkere Triebwerke gelangen zum Einbau, verbunden mit Sechsblatt-Propellern neuester Technologie von Hamilton. Weiter mussten wegen der höheren Gewichte Flügel und Fahrwerk verstärkt werden. Dank dieser Massnahmen steigt die Ladekapazität gegenüber dem Ausgangsmuster um rund 50 %. Schliesslich verfügt die C-295 über eine neue Avionik Topdeck von Sextant und ist für Luftbetankungen ausgelegt. Neu wird eine Seeüberwachungs- und U-Bootbekämpfungsversion «Persuader» angeboten. Die Vereinigte Arabische Republik hat vier Einheiten bestellt.
Hersteller: CASA, Werk Sevilla, Madrid, Spanien.

Abmessungen: Spannweite 25,81 m, Länge 24,45 m, Höhe 8,60 m, Flügelfläche 59,10 m².

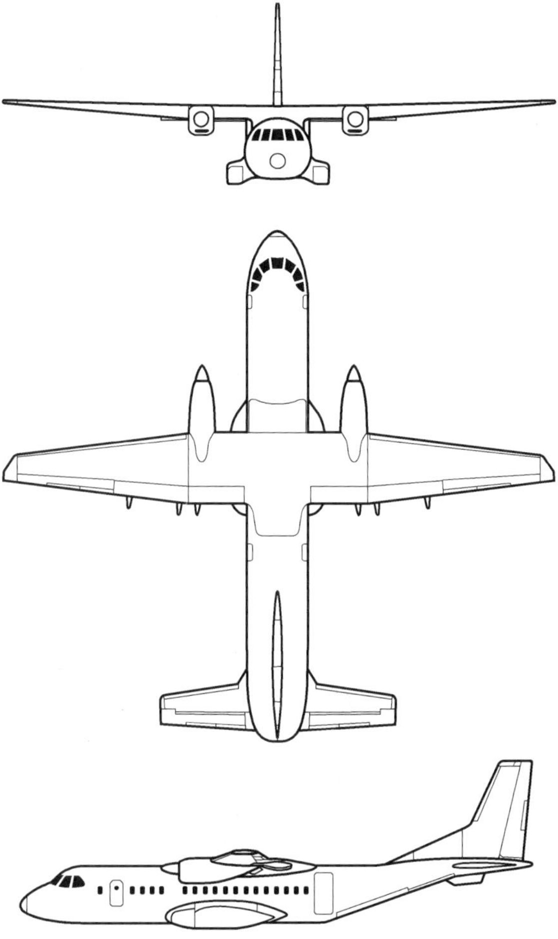

CESSNA 172SP SKYHAWK

Ursprungsland: USA.
Kategorie: Sport- und Reiseflugzeug.
Triebwerke: Ein luftgekühlter Vierzylinder-Boxermotor Textron-Lycoming IO-360-L2A von 180 PS (134 kW) Leistung.
Leistungen: Höchstgeschwindigkeit auf Meereshöhe 233 km/h; Reisegeschwindigkeit bei 75 % Leistung auf 2590 m 228 km/h; Anfangssteiggeschwindigkeit 3,55 m/Sek; Dienstgipfelhöhe 4267 m; Reichweite bei 75 % Leistung und normalen Reserven auf 2590 m 830 km.
Gewichte: Leergewicht 649 kg; max. Startgewicht 1089 kg.
Zuladung: Pilot und drei Passagiere; Nutzlast 415 kg.
Entwicklungsstand: Die neue Cessna 172SP fliegt seit dem 16. April 1996. Erste Auslieferungen an Kunden im Januar 1997. Bisher sind rund 3000 Exemplare hergestellt worden.
Bemerkungen: Ausgehend vom Erfolgsmuster 172 der sechziger/siebziger Jahre wurde eine in der Grundauslegung weitgehend unveränderte, aber betreffend Avionik und anderen Teilen überarbeitete Ausführung 172 entwickelt. Dabei achtete man sehr auf kostengünstige Fertigung und Betrieb. Die Cessna gibt es in zwei Ausführungen, die Basisausführung 172R (ab US$ 145.000.--) sowie die Weiterentwicklung 172SP (in Grundausstattung ab US$ 152.300.--). Ausgehend von diesem Typ wurde eine ganze Familie von Einmotorern entwickelt: Die Cessna 182T Skylane (siehe Ausgabe 1999) ist mit der Cessna 172 in der Grundauslegung weitgehend gleich. Unterschiede liegen im Innenvolumen und in der Motorisierung. Als Dritte im Bunde schliessen die sechssitzige 206H Stationair (Preis US$ 322.000.--) bzw. T206H Turbo Stationair (Preis US$ 365.000.--) die Palette von Cessna-Leichtflugzeugen nach oben ab. Der Rumpf wurde, um mehr Platz zu bieten, im Passagierraum etwas voluminöser gestaltet. Je nach Einsatzzweck kann eine elegante Inneneinrichtung oder eine ganz einfache Innenauslegung für leichte Frachteinsätze gewählt werden. Neu ist die Stationair auch mit Schwimmern erhältlich.
Hersteller: Cessna Aircraft Company, Wichita, Kansas, USA.

Abmessungen: Spannweite 10,97 m, Länge 8,61 m, Höhe 2,83 m, Flügelfläche 16,15 m^2.

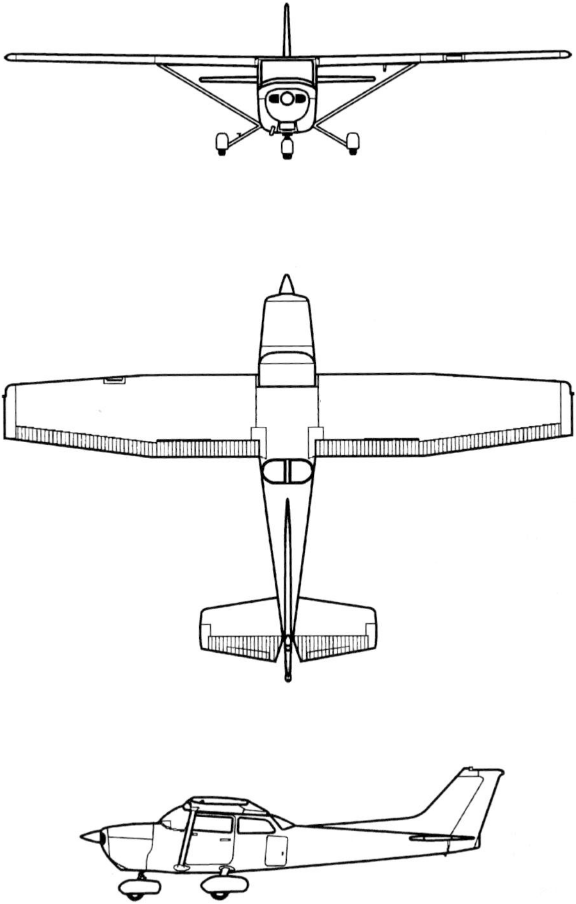

CESSNA 208B GRAND CARAVAN

Ursprungsland: USA.
Kategorie: Mehrzweckflugzeug.
Triebwerke: Eine Propellerturbine Pratt & Whitney Canada PT6A-114A von 675 WPS (503 kW) Leistung.
Leistungen: Max. Reisegeschwindigkeit 340 km/h auf 3050 m, 295 km/h auf 6095 m; Anfangssteiggeschwindigkeit 4,9 m/Sek; Dienstgipfelhöhe 7620 m; max. Reichweite mit 45 Min. Reserven 1680 km auf 3050 m.
Gewichte: Leergewicht 1861 kg; max. Startgewicht 3969 kg.
Zuladung: Ein bis zwei Piloten und in der Standardausführung neun Passagiere, maximal jedoch 14 Passagiere oder 1587 kg Fracht.
Entwicklungsstand: Der Prototyp der 208 flog erstmals am 9. Dezember 1982; Beginn der Kundenablieferungen im Februar 1985. Die militärische Variante U-27A wurde 1986 eingeführt. Die verbesserte Version 208B nahm am 3. März 1986 die Flugerprobung auf, gefolgt von der Grand Commander 1991. Bisher sind über 1100 Caravan aller Versionen ausgeliefert worden, etwa 500 der Version 208B. Hauptabnehmerin ist die Federal Express mit 309 Einheiten (davon 299 der Version 208B Super Cargomaster).
Bemerkungen: Die neueste Variante der um 1,22 m verlängerten Cessna 208B, die Grand Commander, verfügt über ein stärkeres Triebwerk und entsprechend verbesserte Flugleistungen. Auch eine Ausführung mit Schwimmern ist erhältlich. Unter der Bezeichnung Caravan 675 soll auch die ursprüngliche Kurzversion der 208 das PT6A-114A-Triebwerk erhalten. Als eigentliches «Arbeitspferd» ist die Caravan für die verschiedensten Aufgaben eingesetzt, sei es als Frachter bis zum Passagierflugzeug mit VIP-Einrichtung. Auch eine Ausführung mit zwei Schwimmern ist erhältlich.
Hersteller: Cessna Aircraft Company, Wichita, Kansas, USA.

Abmessungen: Spannweite 15,87 m, Länge 12,67 m, Höhe 4,52 m, Flügelfläche 25,96 m^2.

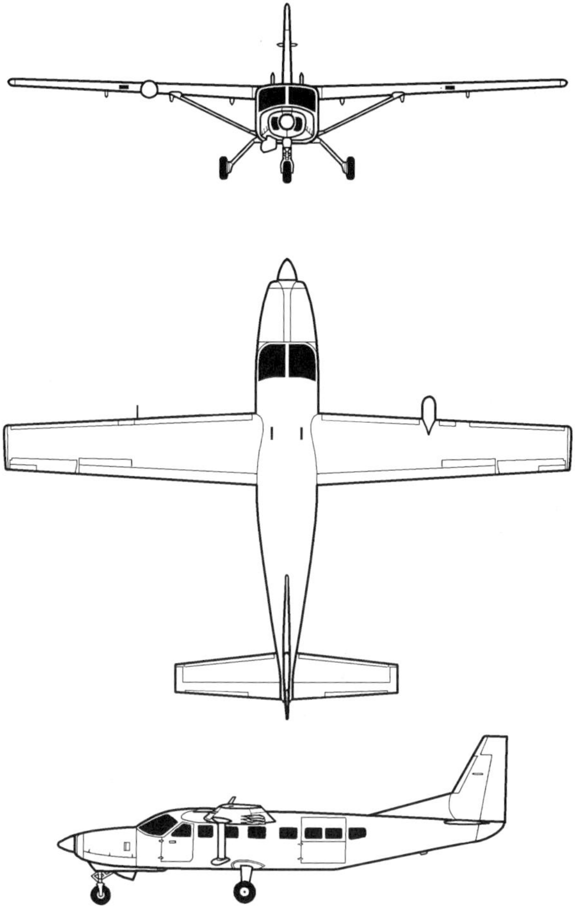

CESSNA 525 CITATION CJ1

Ursprungsland: USA.
Kategorie: Firmenflugzeug.
Triebwerke: Zwei Mantelstromtriebwerke Williams International FJ44-1A von je 861 kp (8,45 kN) Standschub.
Leistungen: Max. Reisegeschwindigkeit 704 km/h auf 10670 m; ökonom. Reisegeschwindigkeit 570 km/h auf 11885 m; Anfangssteiggeschwindigkeit 18 m/Sek; Dienstgipfelhöhe 12495 m; Reichweite mit max. Nutzlast und 45 Min. Reserven 1992 km, mit max. Treibstoffzuladung und IFR-Reserven 2750 km.
Gewichte: Rüstgewicht 2996 kg; max. Startgewicht 4808 kg.
Zuladung: Pilot und Copilot/Passagier im Cockpit und in der Standardausführung fünf Passagiere in vier Einzelsitzen vis-à-vis und einem Sitz quer zur Flugrichtung; max. Nutzlast bei vollen Tanks 306 kg.
Entwicklungsstand: Die Citation CJ1 fliegt seit Dezember 1999. Seit Frühjahr 2000 wird sie an Kunden ausgeliefert. Bisher sind 300 Einheiten bestellt worden.
Bemerkungen: Die CJ1 ist die verbesserte Ausführung der CitationJet (siehe Ausgabe 1999). Von der weiterentwickelten Citation II übernimmt sie die ganze Struktur des Vorderrumpfes, während Flügel, Rumpfheck und Höhenleitwerk völlig neu konstruiert sind. Die Flügel weisen eine superkritische Form auf und haben eine laminare Beschichtung. Schliesslich ist das Abfluggewicht leicht erhöht. Die CJ1 verfügt im Vergleich zur CitationJet über modifizierte Systeme, ein neues Cockpit mit Flüssigkristall-Bildschirmen und der Avionik Collins Pro Line 21. Dank dieser neuen Ausrüstung ist der Betrieb mit nur einem Pilot möglich.
Hersteller: Cessna Aircraft Company, Wichita, Kansas, USA.

Abmessungen: Spannweite 14,26 m, Länge 12,98 m, Höhe 4,20 m, Flügelfläche 22,30 m².

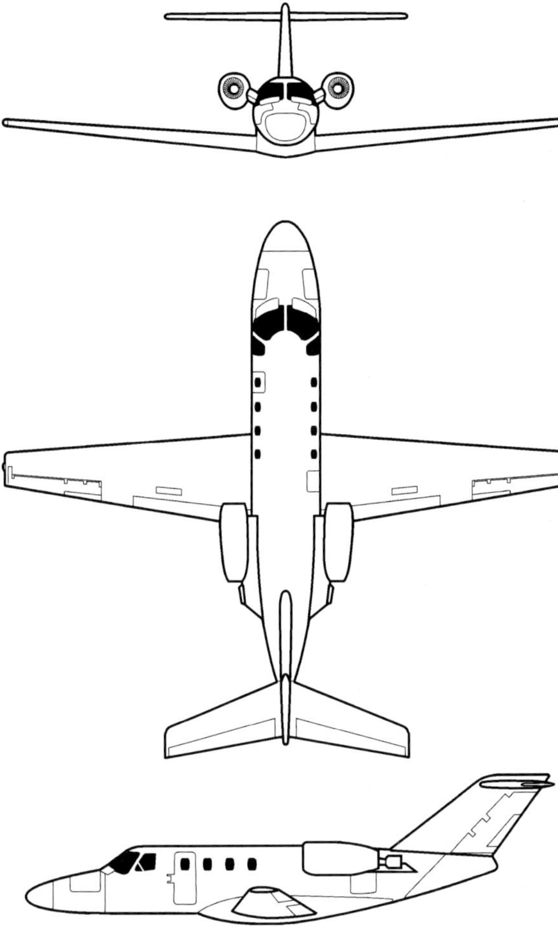

CESSNA 525 CITATION CJ2

Ursprungsland: USA.
Kategorie: Firmenflugzeug.
Triebwerke: Zwei Mantelstromtriebwerke Williams Rolls-Royce FJ44-2C von je 1050 kp (10,23 kN) Leistung.
Leistungen: Max. Reisegeschwindigkeit 760 km/h; max. Schrägsteiggeschwindigkeit 19,55 m/Sek; Dienstgipfelhöhe 13716 m; max. Reichweite 3200 km.
Gewichte: Leergewicht 3338 kg; max. Startgewicht 5636 kg.
Zuladung: Pilot und Copilot/Passagier im Cockpit und bis zu sechs Passagiere; Nutzlast bei max. Treibstoffzuladung 381 kg, max. 726 kg.
Entwicklungsstand: Der erste von drei CJ2-Prototypen absolvierte seinen Erstflug am 27. April 1999. Bereits sind Aufträge für mind. 125 Einheiten eingegangen. Mit den Auslieferungen hat Cessna Ende 2000 begonnen.
Bemerkungen: Wie der Name schon andeutet, ist die CJ2 eine vergrösserte Ausführung der CJ1 (siehe Seiten 126/127). Dank mehr Spannweite, einem um 15 % vergrösserten Leitwerk, dem um 1,32 m verlängerten Rumpf und stärkeren Triebwerken ist die CJ2 gegenüber dem Ausgangsmuster deutlich leistungsfähiger. Obwohl es sich um ein kleines Firmenflugzeug handelt, ist die Passagierkabine mit einer Länge von 5,76 m, einer Breite von 1,49 m und einer Höhe von 1,45 m recht geräumig. Die übrigen Ausstattungsmerkmale und die Avionik sind mit der CJ1 identisch. In der Grundausstattung kostet die Citation CJ2 US$ 4,295 Mio.
Hersteller: Cessna Aircraft Company, Wichita, Kansas, USA.

Abmessungen: Spannweite 15,09 m, Länge 14,30 m, Höhe 4,24 m, Flügelfläche 24,50 m².

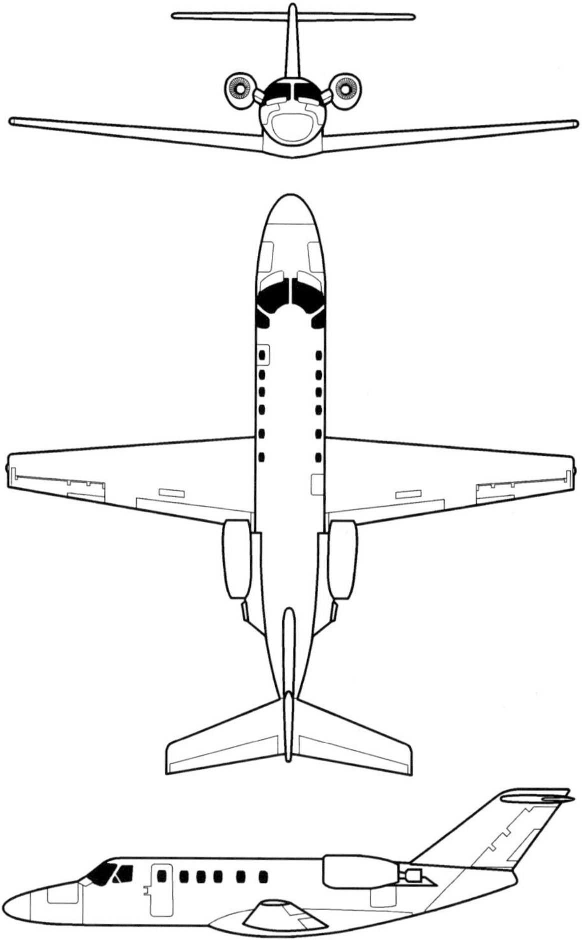

CESSNA 680 CITATION SOVEREIGN

Ursprungsland: USA.
Kategorie: Firmenflugzeug.
Triebwerke: Zwei Mantelstromtriebwerke Pratt & Whitney Canada PW306C von je 2580 kp (25,30 kN) Standschub.
Leistungen (nach Angaben des Herstellers): Max. Reisegeschwindigkeit 820 km/h auf 10700 m; Zeit um 13100 m zu erreichen 26 Min; Dienstgipfelhöhe 14325 m; Reichweite mit acht Passagieren und IFR-Reserven 4600 km, bei VFR-Regeln bis zu 5220 km.
Gewichte: Leergewicht 13260 kg.
Zuladung: Zwei Piloten und bis zu zehn Passagiere; Nutzlast mit max. Treibstoffzuladung 725 kg, max. Nutzlast 1134 kg.
Entwicklungsstand: Die Sovereign wird mit einiger Verspätung erst im 1. Quartal 2002 die Flugerprobung aufnehmen. Mit der Zulassung wird nach aufgetretenen Problemen erst Mitte 2003 gerechnet. Die amerikanische ExecutiveJet hat 100 Einheiten bestellt. Vom Ausgangsmuster Excel sind bisher 300 Exemplare bestellt, rund 150 davon bereits ausgeliefert worden.
Bemerkungen: Als Antwort auf die neuen Konkurrenzmuster im Bereich der mittelgrossen Geschäftsflugzeuge lancierte Cessna die neue Sovereign. Um den Verkaufspreis (voll ausgerüstet ca. US$ 13,3 Mio.) möglichst günstig zu halten, basiert sie konstruktiv auf der Cessna Excel (siehe Ausgabe 1999), ist aber grösser und zeichnet sich durch eine sehr geräumige Kabine aus. Der Rumpf ist gegenüber dem Ausgangsmuster um 1,80 m verlängert. Neu ist der superkritische Flügel mit einer leichten Pfeilung von 16,1° und einem besonders geringen aerodynamischen Widerstand. Dadurch lassen sich hohe Reisegeschwindigkeiten erzielen. Seitenleitwerk und Höhenruder sind aus dem gleichen Grund ebenfalls leicht gepfeilt. Die Sovereign soll die guten Start- und Landeeigenschaften der Citation-Familie beibehalten (Startlänge ca. 1250 m, Landelänge ca. 975 m). Die Avionik Epic CDS stammt von Honeywell, das Cockpit ist mit vier grossen Multifunktions-Flachbildschirmen ausgestattet.
Hersteller: Cessna Aircraft Company, Wichita, Kansas, USA.

Abmessungen: Spannweite 19,24 m, Länge 19,26 m, Höhe 6,06 m, Flügelfläche 47,94 m².

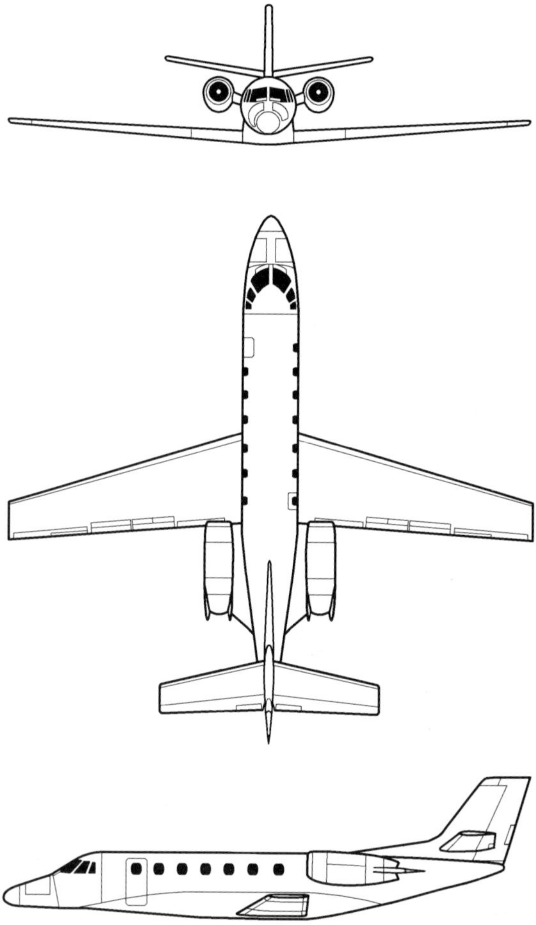

CESSNA 750 CITATION X

Ursprungsland: USA.
Kategorie: Firmenflugzeug.
Triebwerke: Zwei Mantelstromtriebwerke Allison GMA 3007C-1 von je 3068 kp (28,67 kN) Standschub.
Leistungen: Höchstgeschwindigkeit Mach 0,92; max. Reisegeschwindigkeit auf 11275 m 934 km/h oder Mach 0,88; Langstrecken-Reisegeschwindigkeit 851 km/h; Anfangssteiggeschwindigkeit 22,4 m/Sek; Dienstgipfelhöhe 15545 m; VFR-Reichweite bei Mach 0,82 mit sechs Passagieren und 45 Min. Reserven 6115 km, IFR-Reichweite 5556 km.
Gewichte: Leer 8618 kg; max. Startgewicht 16374 kg.
Zuladung: Zwei Mann Cockpitbesatzung und normalerweise acht, maximal aber bis zu 12 Passagiere in Einzelsitzen und einer dreiplätzigen Couch; max. Nutzlast 1179 kg.
Entwicklungsstand: Das erste von drei Erprobungsmustern nahm die Flugtests am 21. Dezember 1993 auf. Mit den Kundenauslieferungen wurde nach Erhalt der Zulassung im Juni 1996 begonnen. Bis jetzt sind rund 180 Bestellungen, darunter 31 für die ExecutiveJet, für die Citation X eingegangen, die Monatsproduktion beläuft sich auf zwei Einheiten. Rund 150 befinden sich im Einsatz.
Bemerkungen: Mit dem Ausgangsmuster Citation III hat die Citation X nur noch den Rumpfquerschnitt gemeinsam. Im übrigen handelt es sich um eine völlig neue Konstruktion. Das Flugzeug erreicht die höchste Reisegeschwindigkeit aller Zivilflugzeuge ausser der Concorde. Die Citation X ist deshalb mit einem neuartigen und hochentwickelten Flügel versehen, der eine Pfeilung von 35° aufweist, gegenüber 25° bei der Citation III, VI und VII. Als erstes Cessna-Flugzeug verfügt sie über eine servounterstützte Flugsteuerung. Der Rumpfquerschnitt erlaubt durchgehend Stehhöhe. Das Cockpit ist mit dem digitalen EFIS-System Honeywell Primus 2000 ausgerüstet. Die Citation X deckt bei Cessna das oberste Segment im Angebot von düsengetriebenen Firmenflugzeugen ab. Mit leichten Modifikationen und Erhöhung der Triebwerkleistung konnten die schon guten Geschwindigkeitswerte noch verbessert werden.
Hersteller: Cessna Aircraft Company, Wichita, Kansas, USA.

Abmessungen: Spannweite 19,50 m, Länge 22,00 m, Höhe 5,09 m, Flügelfläche 48,96 m^2.

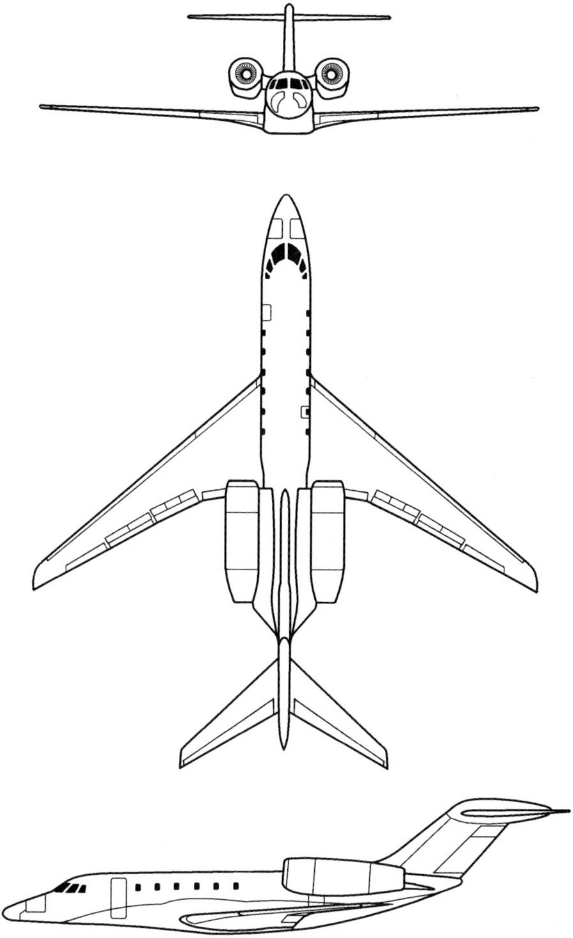

CHENGDU FC-1

Ursprungsland: Volksrepublik China.
Kategorie: Einsitziger Luftüberlegenheitsjäger und Erdkampfflugzeug.
Triebwerke: Ein Mantelstromtriebwerk Klimow RD-93 von 5040 kp (49,4 kN) ohne und 8300 kp (81,4 kN) Standschub mit Nachverbrennung.
Leistungen (geschätzt): Höchstgeschwindigkeit ohne Aussenlasten Mach 1,8; Dienstgipfelhöhe 15850 m; Aktionsradius als Jäger 1000 km, als Erdkämpfer 700 km; Reichweite mit internem Kraftstoff 1600 km; Überführungsreichweite 3000 km.
Gewichte: Startgewicht normal beladen ohne Aussenlasten 9100 kg; max. Startgewicht 12500 kg.
Bewaffnung: Eine doppelläufige 23-mm-Kanone GSh-223-2 unter dem Rumpf und Luft-Luft- bzw. Luft-Boden-Lenkwaffen sowie Bomben an vier Stationen unter den Flügeln und zwei an den Flügelspitzen. Max. Waffenladung 3600 kg.
Entwicklungsstand: Das erste Erprobungsmuster hätte 2001 erstmals fliegen sollen. Bisher wurde aber nur eine Attrappe vorgestellt (siehe Foto). Der Erstflug wird daher für 2002 erwartet. Offenbar sind mehrere Prototypen im Bau. Bei einem Bedarf von mehreren hundert Einheiten, plant die Luftwaffe der VR China ab 2005 jährlich 50 FC-1 zu beschaffen. Pakistan soll 150 Einheiten erhalten.
Bemerkungen: Die FC-1 wird in enger Zusammenarbeit mit der russischen MAPO entwickelt. Sie basiert auf der nie fertig gestellten einmotorigen Variante der MiG-29, der MiG-33. Die Auslegung des Musters ist recht konventionell. Rumpf wie Flügel bestehen aus Aluminium. Die Steuerung ist noch vollständig servogesteuert. Spätere Ausführungen sollen ein Fly-by-Wire-System erhalten. Noch offen ist, welche Avionik eingebaut wird. Geprüft werden die westlichen Mehrzweckradars Grifo S7 und RC400. Eine zweisitzige Ausführung ist ebenfalls geplant.
Hersteller: Chengdu Aircraft Industrial Corp., Chengdu, Sichuan, VR China.

Abmessungen: Spannweite 9,50 m, Länge 13,95 m, Höhe 5,01 m.

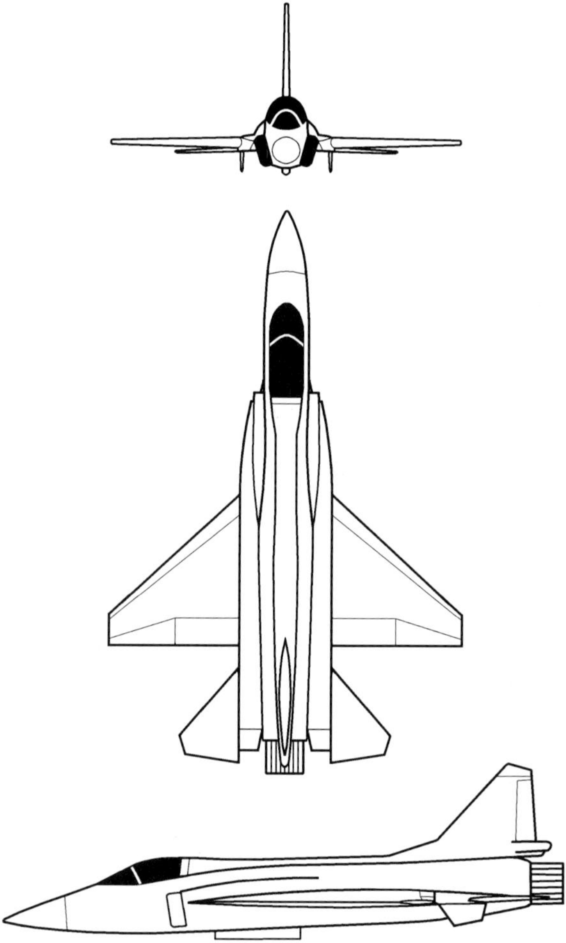

CIRRUS SR22

Ursprungsland: USA.
Kategorie: Sport- und Reiseflugzeug.
Triebwerke: Ein luftgekühlter Vierzylinder-Boxermotor Teledyne Continental IO-550-N von 310 PS (230 kW) Leistung.
Leistungen: Höchstgeschwindigkeit 378 km/h; max. Reisegeschwindigkeit 335 km/h; Anfangssteiggeschwindigkeit 7 m/Sek; Dienstgipfelhöhe 5180 m; max. Reichweite mit IFR-Reserven 1600 km.
Gewichte: Leergewicht 1021 kg; max. Startgewicht 1542 kg.
Zuladung: Pilot und drei Passagiere, max. Nutzlast 522 kg.
Entwicklungsstand: Der Prototyp der Weiterentwicklung SR22 fliegt seit Mitte 2000. Bisher sind mehr als 210 SR22 bestellt. Die ersten Exemplare wurden im Februar 2001 abgeliefert. Vom Ausgangsmuster SR20 sind bis Ende 2001 etwa 450 Einheiten bestellt und mehr als die Hälfte davon abgeliefert.
Bemerkungen: Die Cirrus SR22 ist eine Weiterentwicklung der Cirrus SR20 (siehe Ausgabe 2001). Sie weist die wesentlichen Merkmale des Ausgangsmusters auf: Einsatz neuester Technologien, Zelle und Flügel mit Festfahrwerk ganz aus Verbundwerkstoff (Epoxyd-Fiberglas) in Sandwichbauweise hergestellt, umfassende Avionik, bestehend u.a. aus einem ICDS 2000-Multifunktionscockpit mit Autopilot und GPS für Flüge unter IFR-Bedingungen. Die sonst üblichen zwei Steuerhörner sind durch «Sidesticks» ersetzt worden. Auch das bisher einmalige sog. «Ballistic Recovery System», welches die Maschine bei Absturzgefahr mittels Fallschirm sicher auf den Boden bringen soll, wurde übernommen. Dagegen ist die SR22 mit einem deutlich stärkeren Triebwerk und einem Flügel grösserer Spannweite, der weitgehend neu konzipiert wurde, ausgerüstet. Der Treibstofftank nimmt 320 l auf, was entsprechend grössere Reichweiten ermöglicht. Schliesslich sind wegen des höheren Abfluggewichts Teile der Zelle wie auch das Fahrwerk verstärkt. Neu wird die SR22 auch mit dem Diesel-Triebwerk SMA SR21tdi von 230 PS (170 kW) angeboten.
Hersteller: Cirrus Design Corp., Duluth, Minnesota, USA.

Abmessungen: Spannweite 11,73 m, Länge 7,92 m, Höhe 2,80 m, Flügelfläche 13,46 m^2.

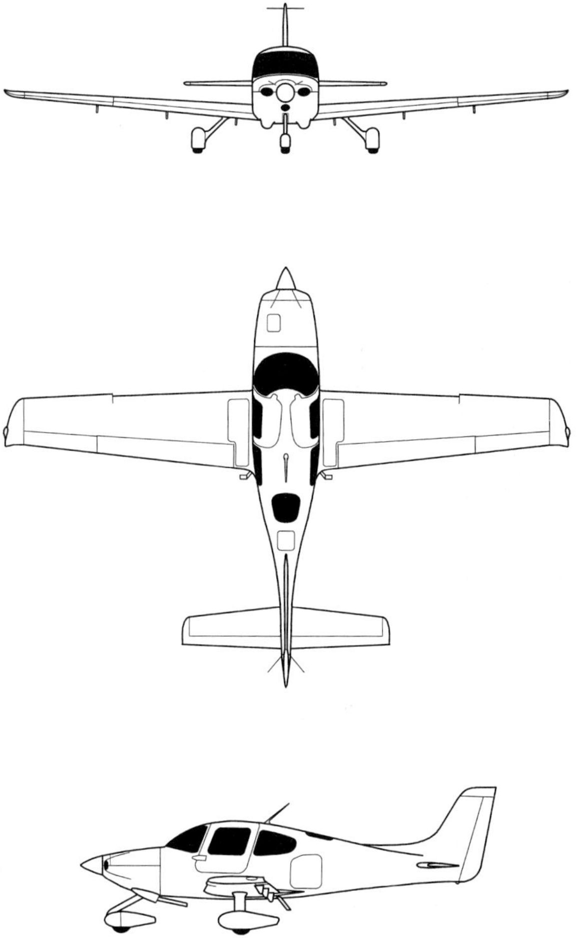

DASSAULT FALCON 900C

Ursprungsland: Frankreich.
Kategorie: Firmenflugzeug.
Triebwerke: Drei Mantelstromtriebwerke AlliedSignal TFE731-SBR von je 2165 kp (21,24 kN) Standschub.
Leistungen: Höchstgeschwindigkeit bei 12250 kg 924 km/h auf 10975 m (Mach 0,87); max. Reisegeschwindigkeit 893 km/h auf 11890 m (Mach 0,84); Langstrecken-Reisegeschwindigkeit 797 km/h auf 11275 m (Mach 0,75); Dienstgipfelhöhe 15550 m; Reichweite mit fünf Passagieren und maximaler Treibstoffzuladung 7410 km, mit 15 Passagieren 6968 km.
Gewichte: Rüstgewicht 10255 kg; max. Startgewicht 20640 kg.
Zuladung: Zwei Piloten und je nach Innenausstattung 8 bis 15 Passagiere. Maximale Passagierkapazität 19 Personen in Dreierreihen; max. Nutzlast 2170 kg.
Entwicklungsstand: Erstflug des ersten Prototypen der Falcon 900 am 21. September 1984, gefolgt vom ersten Serienflugzeug im März 1986. Die Version 900C flog erstmals am 17. Dezember 1998. Zugelassen wurde sie am 26. August 1999. Mit den Auslieferungen dieser Ausführungen begann Dassault anfangs 2000. Von allen Varianten sind bisher rund 200 Falcons 900 abgeliefert worden. 30 davon sind von Regierungen bestellt worden. Neuester Grossauftrag: United Bizjet (Tochter von United Airlines) 10 900ER (+ 10 Optionen).
Bemerkungen: Als Ersatz der Falcon 900/900B bietet Dassault neu die Falcon 900C an. Von der -EX (siehe Ausgabe 1999) übernimmt sie die Avionik Honeywell Primus 2000 sowie das EFIS-Cockpit, weist aber im übrigen die gleichen Leistungen der 900/900B (siehe Ausgabe 1994) auf. Gegenüber der -EX ist die 900C etwas leichter und wirtschaftlicher zu betreiben. Dafür werden nicht die gleichen Reichweitenleistungen erzielt. Derzeit baut Dassault nur noch die Ausführungen 900EX und 900C. Alle weisen eine sehr komfortable Kabine von 11,90 m Länge, 1,87 m Höhe und 2,34 m Breite auf.
Hersteller: Dassault Falcon Jet Corporation, Vaucresson, Frankreich.

Abmessungen: Spannweite 19,33 m, Länge 20,21 m, Höhe 7,55 m, Flügelfläche 49,03 m^2.

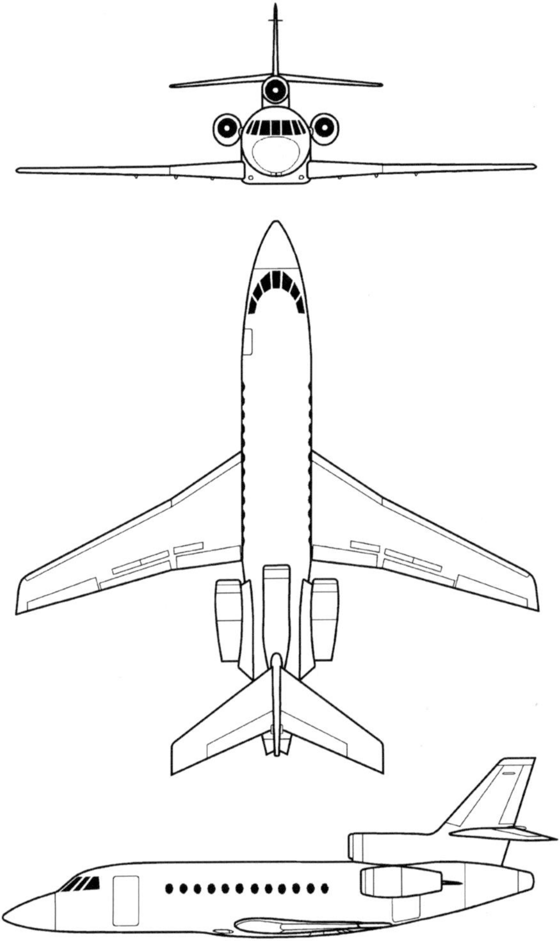

DASSAULT FALCON 2000

Ursprungsland: Frankreich.
Kategorie: Firmenflugzeug.
Triebwerke: Zwei Mantelstromtriebwerke General Electric/Garrett CFE 738-1-1B von je 2596 kp (25,46 kN) Standschub.
Leistungen: Max. Reisegeschwindigkeit auf 11890 m 903 km/h (Mach 0,85); Anfangssteiggeschwindigkeit 17,4 m/Sek; Dienstgipfelhöhe 14300 m; Reichweite mit acht Passagieren, max. Treibstoffzuladung und NBAA-Reserven 5555 km, mit max. Nutzlast rund 1850 km.
Gewichte: Rüstgewicht 9405 kg; max. Startgewicht 16240 kg.
Zuladung: Zwei Piloten im Cockpit und je nach Innenausstattung acht bis zwölf Passagiere in der Kabine, bei enger Bestuhlung sogar 19 Passagiere.
Entwicklungsstand: Erstflug des Erprobungsmusters am 4. März 1993. Zulassung und Beginn der Ablieferungen an Kunden im Februar 1995. Bis Ende 2001 sind rund 370 Falcon 2000 bestellt, etwa 150 davon abgeliefert worden. Neueste Grossaufträge: Executive Jet Aviation 25 (+ 25 Optionen), United Bizjet 30 (+ 50 Optionen). Die Monatsproduktion der Modelle 900 und 2000 zusammen wird auf acht Einheiten erhöht.
Bemerkungen: Die Falcon 2000 verfügt über den gleichen komfortablen Rumpfquerschnitt mit durchgehender Stehhöhe wie die Falcon 900C/900EX (siehe Seiten 138/139). Die Kabine ist aber mit 9,46 m Länge etwas kürzer. Dank nur zwei Triebwerken kann die Falcon 2000 deutlich wirtschaftlicher betrieben werden. Das Cockpit ist mit vier CRT EFIS-Displays des Typs Collins Pro Line 4 ausgerüstet. Als Option ist ein HUD erhältlich. Seit 1999 werden alle Falcon 2000 mit Schubumkehr ausgerüstet. Am 25. Oktober 2001 hatte die verbesserte Ausführung 2000EX ihren Erstflug. Sie verfügt über wesentlich leistungsstärkere Triebwerke Pratt & Whitney PW308C von je 3175 kp (31,3 kN) Standschub. Dank einer um 31 % erhöhten Treibstoffkapazität werden Reichweiten bis zu 7000 km erzielt. Angesichts des höheren Gewichts sind punktuelle Verstärkungen erforderlich gewesen, u.a. am Fahrwerk. Ab 2004 wird serienmässig das interaktive Cockpit «EASy» eingebaut. Das erste Muster soll 2002 fliegen.
Hersteller: Dassault Falcon Jet Corporation, Vaucresson, Frankreich.

Abmessungen: Spannweite 19,33 m, Länge 20,23 m, Höhe 7,06 m, Flügelfläche 49,02 m².

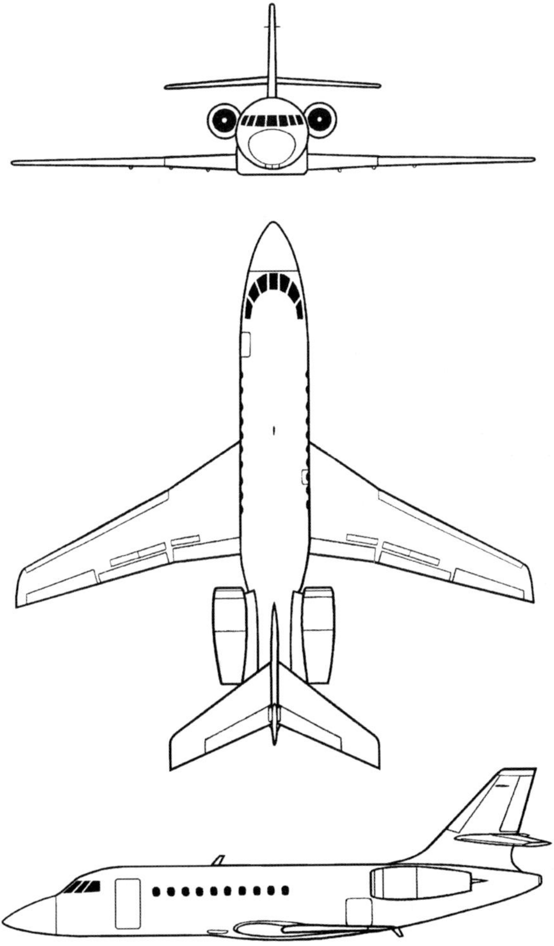

DASSAULT MIRAGE 2000-5Mk.II/-9

Ursprungsland: Frankreich.
Kategorie: Ein- oder zweisitziges Mehrzweckkampfflugzeug.
Triebwerke: Ein Mantelstromtriebwerk SNECMA M53-P2 von 6558 kp (64,3 kN) Standschub ohne und 9700 kp (95,1 kN) mit Nachbrenner.
Leistungen: Kurzzeitig erreichbare Spitzengeschwindigkeit 2390 km/h oder Mach 2,25 auf über 11000 m; Höchstgeschwindigkeit über längere Zeit 2230 km/h oder Mach 2,1, bzw. 1118 km/h oder Mach 0,91 ohne Nachbrenner; max. Anfangssteiggeschwindigkeit 305 m/Sek; Steigzeit auf 15000 m und Beschleunigung auf Mach 2,0 4 Min; Reichweite mit max. interner und externer Treibstoffzuladung 3355 km; taktischer Einsatzradius mit zwei 1700-l-Zusatztanks und 1000 kg Waffen 1500 km.
Gewichte: Leergewicht 7500 kg; Startgewicht ohne Aussenlasten 9500 kg; max. Startgewicht 17500 kg.
Bewaffnung: Als Abfangjäger zwei 30-mm-DEFA-Kanonen, zwei Kurzstrecken-Luft-Luft-Lenkwaffen Magic und vier mit einem Aktivradar ausgerüstete Mittelstrecken-Luft-Luft-Lenkwaffen Mica. Als Erdkämpfer Waffenlasten bis zu 6500 kg, verteilt auf fünf Rumpf- und vier Flügelstationen.
Entwicklungsstand: Die neueste Ausführung Mirage 2000-9 flog erstmals am 14. Dezember 2001. Als Erstbesteller kauft die Vereinigte Arabische Republik 30 Maschinen dieser Variante. Von allen Mirage 2000-Varianten sind bisher 612 Einheiten bestellt worden.
Bemerkungen: Die 2000-9 (teilweise auch als -5Mk.II bezeichnet) ist eine verbesserte Ausführung der Mirage 2000-5 (siehe Ausgabe 2001) und verfügt dank weiter entwickelter Elektronik über stark verbesserte Nachtkampftauglichkeit. Zudem wird ein leistungsstärkeres RDY-2-Radar und ein umfassendes System für die elektronische Kampfführung (IMEWS) eingebaut. Schliesslich ist das maximale Startgewicht leicht angehoben. Ausgehend vom Doppelsitzer wird neu die Mirage 2000AT als Fortgeschrittenentrainer angeboten. Diese hätte das gleiche Cockpit wie die Mirage 2000-9, auf die gesamte Kampfelektronik würde verzichtet.
Hersteller: Dassault Défense, Vaucresson, Frankreich.

Abmessungen: Spannweite 9,13 m, Länge 14,36 m, Höhe 5,02 m, Flügelfläche 41,00 m².

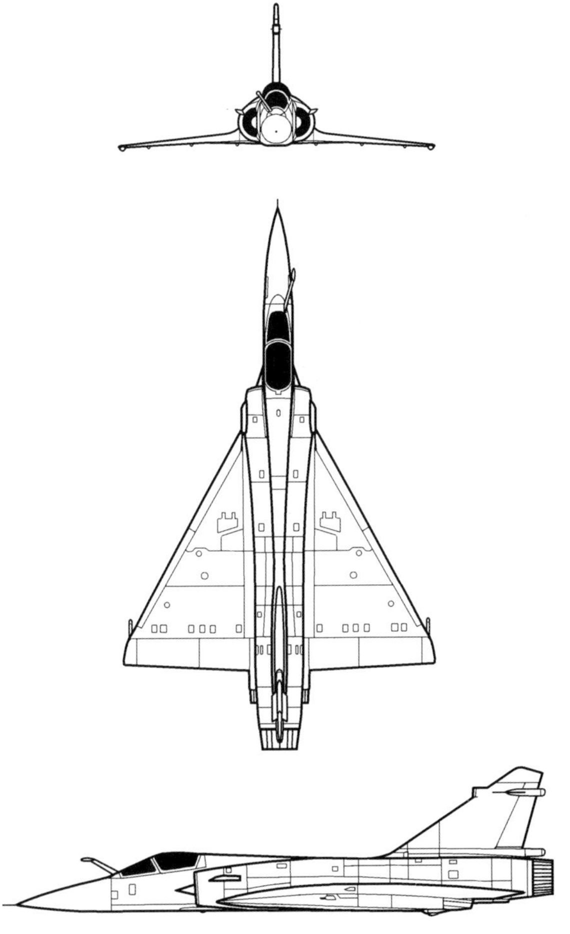

DASSAULT RAFALE F1/F2

Ursprungsland: Frankreich.
Kategorie: Zweisitziges Mehrzweckkampfflugzeug F2, einsitziger, bordgestützter Abfangjäger und Mehrzweckkampfflugzeug F1.
Triebwerke: Zwei Mantelstromtriebwerke SNECMA M88-2 von je 4966 kp (48,7 kN) Standschub ohne und 7438 kp (72,9 kN) mit Nachbrenner.
Leistungen: Höchstgeschwindigkeit 2124 km/h über 10975 m (Mach 2,0), 1390 km/h im Tiefflug (Mach 1,15); Anfangssteiggeschwindigkeit 305 m/Sek; Dienstgipfelhöhe 16775 m; taktischer Einsatzradius in Abfangmission mit acht Mica Luft-Luft-Lenkwaffen, einem Zusatztank von 1700 l unter dem Rumpf und je einem von 1300 l unter den Flügeln 1853 km, bei einem Einsatzprofil hoch-tief-tief-hoch mit 12 250-kg-Bomben, vier Mica-Lenkwaffen und Zusatztanks von insgesamt 4300 l 1093 km.
Gewichte: Rüstgewicht (F2) 8600, (F1) 9800 kg; max. Startgewicht 19500 bis 22500 kg.
Bewaffnung: Eine 30-mm-GIAT-DEFA-Kanone und eine Waffenlast von max. 9500 kg, verteilt auf 13 Aufhängepunkte unter Rumpf und Flügeln sowie an den Flügelenden.
Entwicklungsstand: Erstflug des ersten von vier Prototypen (Rafale C) am 19. Mai 1991. Die französische Luftwaffe erhält 235 Rafale F2 (33 bestellt), die französische Marine 60 Rafale F1 (bisher 28 bestellt, 12 geliefert). Das erste Serienflugzeug, eine F1, wurde der Marine am 7. Juli 1999 übergeben. Die Luftwaffe erhielt ihre ersten Einsatzflugzeuge in 2001.
Bemerkungen: Sowohl die Landversion Rafale F2 wie auch die Marineausführung Rafale F1 sind mit dem neuesten zweidimensionalen Bordradar GIE RBE2 mit elektronisch scannender Antenne ausgerüstet. Fast die gesamte Zelle ist aus Verbundwerkstoffen hergestellt, Rumpfspitze und Heck bestehen aus Kevlar. In besonders beanspruchten Bereichen gelangt Titan zum Einsatz. Die Steuerung erfolgt nach dem Fly-by-Wire-Prinzip. Derzeit fliegt ein Erprobungsmuster, welches im oberen Teil des Rumpfes mit integrierten (sog. conformalen) Treibstofftanks für je 1150 l ausgerüstet ist. Auch die Marine wird ab dem 21. Exemplar auf die zweisitzige Rafale umstellen, welche für den Erdkampf optimiert sein wird.
Hersteller: Dassault Défense, Vaucresson, Frankreich.

Abmessungen: Spannweite inkl. Lenkwaffen an den Flügelspitzen 10,90 m, Länge 15,30 m, Höhe 5,34 m, Flügelfläche 45,70 m^2.

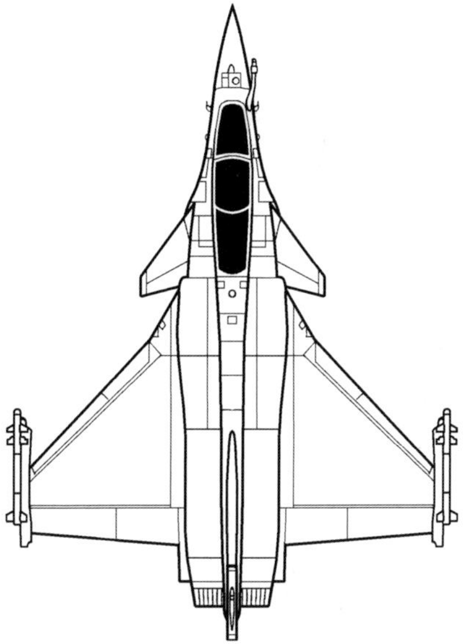

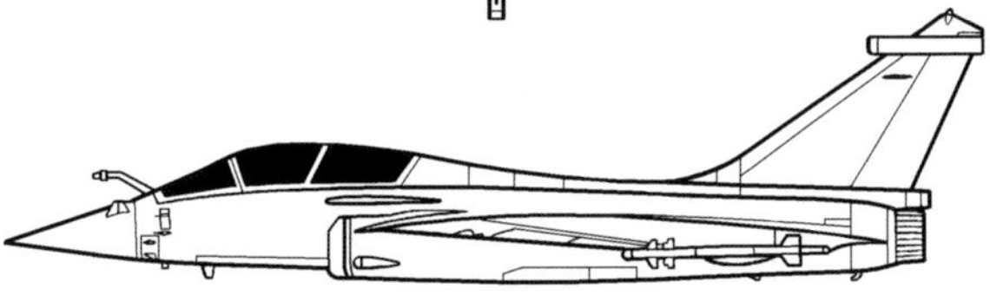

DOUGLAS A-4 SKYHAWK

Ursprungsland: USA.
Kategorie: Einsitziges Erdkampfflugzeug, zweisitziger Einsatztrainer.
Triebwerke (-M): Ein Strahltriebwerk Pratt & Whitney J52-P-408A von 5080 kp Standschub.
Leistungen (-M): Höchstgeschwindigkeit ohne Aussenlasten 1102 km/h oder Mach 0,9 auf Meereshöhe, 1030 km/h auf 7620 m, mit Aussenlasten 1030 km/h auf Meereshöhe; Anfangssteiggeschwindigkeit 80,5 m/Sek; Dienstgipfelhöhe 12000 m; Aktionsradiums mit 1814 kg Aussenlasten 547 km (Einsatzprofil hoch-tief-hoch); Überführungsreichweite 3300 km.
Gewichte (-M): Leergewicht 4808 kg; max. Startgewicht 11110 kg.
Bewaffnung: Zwei 30-mm-DEFA-Kanonen und bis zu 3720 kg Aussenlasten.
Entwicklungsstand: Das Ausgangsmuster A-4D-2 flog erstmals am 22. Juni 1954. Bis 1979 sind insgesamt 2960 Skyhawks der verschiedensten Varianten für die USN, das USMC sowie für Australien, Israel, Kuwait und Neuseeland hergestellt worden. Aus zweiter Hand beschafften folgende Länder verschiedene Versionen: Argentinien, Indonesien, Malaysia, Singapur. Brasilien erwarb 20 A-4KU bzw. 3 TA-4KU Skyhawks von Kuwait für Einsätze ab Flugzeugträger (siehe Foto).
Bemerkungen: Die aktuellste Umbauvariante ist die A-4RA/TA-4RA für die argentinische Luftwaffe. 36 ex. USN A-4M werden durch Lockheed Martin Aircraft Services wie folgt modifiziert: Westinghouse ARG-1-Radar, HOTAS, HUD, zwei CRT-Bildschirme im Cockpit. Weitere Anpassungen ermöglichen das Mitführen von AIM-9L-Luft-Luft-Lenkwaffen Sidewinder und AGM-45 Luft-Boden-Lenkwaffen Maverick. Vorher hatte bereits Singapur etwa 50 Einheiten ähnlich aufgewertet, zusätzlich aber mit Mantelstromtriebwerk General Electric F404 mit 5000 kp (48,04 kN) Standschub in die Version T/A-4SU umgebaut.
Hersteller: Douglas Corporation, Werk El Segundo, Long Beach, Kalifornien, USA.

Abmessungen: Spannweite 8,38 m, Länge 12,27 m, Höhe 4,57 m, Flügelfläche 24,2 m^2.

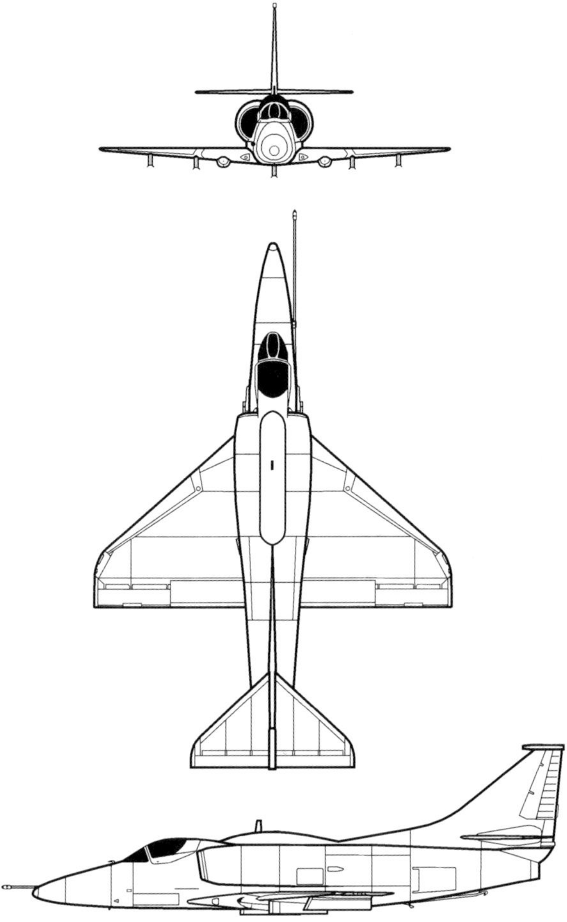

EMBRAER EMB-314/A-29 SUPER TUCANO

Ursprungsland: Brasilien.
Kategorie (EMB-314): Zweisitziger Basis- und Fortgeschrittenentrainer bzw. leichtes einsitziges (A-29) bzw. zweisitziges (AT-29) Erdkampf- und Überwachungsflugzeug.
Triebwerke: Eine Propellerturbine Pratt & Whitney Canada PT6A-68/1 von 1600 WPS (1190 kW) Leistung.
Leistungen: Höchstgeschwindigkeit 590 km/h; max. Reisegeschwindigkeit 535 km/h; Anfangssteiggeschwindigkeit 24 m/Sek; Dienstgipfelhöhe 10600 m; Aktionsradius bei voller Bewaffnung 540 km.
Gewichte: Leergewicht 3150 kg; normales Startgewicht 3600 kg, mit Waffenlast 4918 kg.
Bewaffnung (AT-29): Zwei in den Flügeln fest eingebaute 12,7 mm-Maschinengewehre sowie an fünf Aufhängestationen unter dem Rumpf und unter den Flügeln eine Vielzahl von verschiedenen Waffenlasten bis zu 1500 kg.
Entwicklungsstand: Der erste, bereits dem Serienstandard entsprechende Prototyp YA-29 (siehe Foto) nahm die Flugerprobung am 2. Juni 1999 auf. Die brasilianische Luftwaffe erhält ab 2003 25 A-29 und 51 AT-29 (+ 23 Optionen). Neuester Besteller: Domenikanische Republik (10).
Bemerkungen: Die A-29/AT-29 sind die Erdkampf- bzw. COIN-Ausführungen des Trainers EMB-314 Super Tucano. Sie unterscheiden sich von ihr hauptsächlich durch eine missionsbezogene Ausrüstung: Elbit-Angriffs- und Navigationselektronik, GPS, Head-up-Display, Multifunktionsbildschirme, punktuell verstärkte Zellen- und Flügelstruktur. Das Cockpit ist gepanzert und druckbelüftet. Die Besatzung kann für Nachteinsätze mit **N**ight-**V**ision-**G**oggles (NVG) ausgestattet werden. Der Zweisitzer AT-29 verfügt zusätzlich über ein nach vorne gerichtetes FLIR-Gerät. So ausgerüstet, soll die A-29 primär zur Bekämpfung von Drogenschmugglern und Guerillas in der Amazonasregion eingesetzt werden. Dabei wird sie mit der AEW-Version der EMB-145SA (siehe Ausgabe 2000) zusammenarbeiten.
Hersteller: EMBRAER, Sao José dos Campos, Brasilien.

Abmessungen: Spannweite 11,14 m, Länge 11,30 m, Höhe 3,97 m, Flügelfläche 19,40 m².

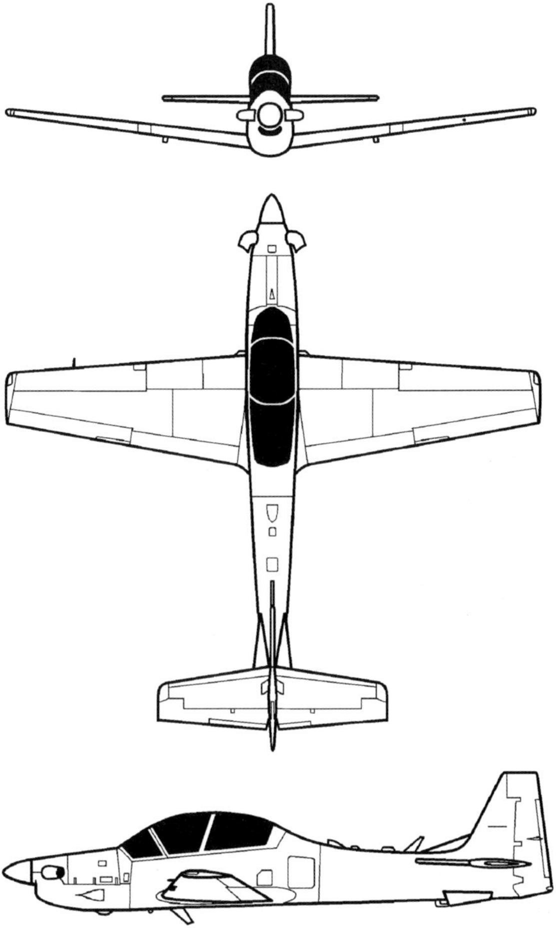

EMBRAER ERJ-145 AMAZON

Ursprungsland: Brasilien.
Kategorie: Regionalverkehrsflugzeug.
Triebwerke: Zwei Mantelstromtriebwerke Allison AE3007A von 3391 kp (33,00 kN) Standschub.
Leistungen: Max. Reisegeschwindigkeit 811 km/h auf 10668 m; Dienstgipfelhöhe 11270 m; Zeit um 9100 m zu erreichen 16 Min; Reichweite mit max. Treibstoffzuladung 2648 km, mit max. Passagierzuladung 1612 km; Version -ER mit 50 Passagieren bis zu 2220 km, Version -LR bis zu 3000 km.
Gewichte: Leergewicht 11585 kg; max. Startgewicht 19300 kg, (-ER 20600 kg, -LR 22000 kg).
Zuladung: Zwei Piloten und je nach Innenausstattung bis zu 50 Passagiere in Dreierreihen mit Mittelgang. Max. Nutzlast 5515 kg.
Entwicklungsstand: Der erste Prototyp nahm die Flugerprobung am 11. August 1995 auf. Nach Erteilen der Zulassung begann die Einsatzbereitschaft im Dezember 1996. Bisher sind rund 550 Bestellungen (+ Optionen) eingegangen (rund 370 davon ausgeliefert). Die monatliche Produktion beträgt etwa neun Einheiten.
Bemerkungen: Die ERJ-145 ist dafür ausgelegt, längere Streckenabschnitte, beispielsweise in dünnerbesiedelten Regionen, schneller und komfortabler bedienen zu können. Die Rumpfgrundkonstruktion sowie andere Elemente sind von der EMB-120 (siehe Ausgabe 1997) übernommen, während es sich in den anderen Bereichen um eine völlige Neukonstruktion handelt. Generell wurde auf einfache, kostengünstige Auslegung geachtet, um den Verkaufspreis niedrig zu halten. Mehrere Varianten werden angeboten: ERJ-145ER (**E**xtended **R**ange) und ERJ-145LR (**L**ong **R**ange, mit AE3007A1-Triebwerken, Erstflug im April 1998). Ganz neu ist die ERJ-145XR (Erstflug 29. Juni 2001) mit noch grösserer Reichweite von 3775 km. Dazu wurden der Rumpf verstärkt, die Flügel mit Winglets versehen und die Treibstoffkapazität um 800 kg erhöht. Das Abfluggewicht ist auf 24000 kg angehoben und es gelangen stärkere Triebwerke AE1007-A1E mit einer Leistung von 4041 kp (41,20 kN) in Einbau.
Hersteller: EMBRAER, Sao José dos Campos, Brasilien.

Abmessungen: Spannweite 20,04 m, Länge 29,87 m, Höhe 6,71 m, Flügelfläche 51,18 m^2.

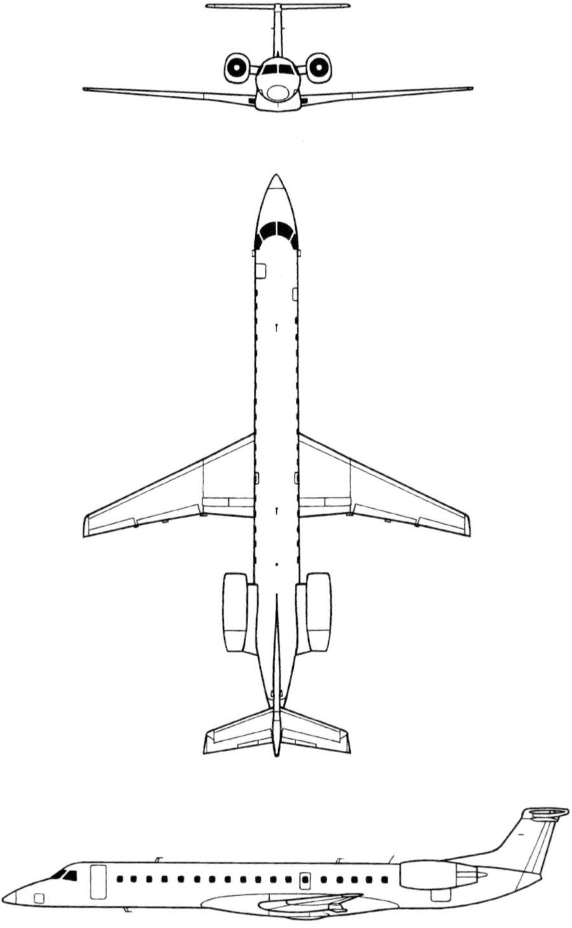

EMBRAER ERJ-135/ERJ-140

Ursprungsland: Brasilien.
Kategorie: Regionalverkehrsflugzeug.
Triebwerke: Zwei Mantelstromtriebwerke Allison AE3007A von je 3391 kp (33,00 kN) Standschub.
Leistungen (ERJ-135): Max. Reisegeschwindigkeit 833 km/h (Mach 0,78); Dienstgipfelhöhe 10700 m; Reichweite mit 37 Passagieren 2200 km (-ER 2930 km).
Gewichte (ERJ-135): Max. Startgewicht (-ER) 19000 kg, (-LR) 20000 kg.
Zuladung: Zwei Piloten und bis zu (ERJ-135) 37 (ERJ-140) 44 Passagiere in Dreierreihen mit Mittelgang. Max. Nutzlast 4770 kg.
Entwicklungsstand: Die erste ERJ-135 begann die Flugerprobung am 4. Juli 1998. Bisher sind etwa 150 Bestellungen (+ Optionen) eingegangen. Die ersten Ablieferungen begannen Mitte 1999. Die ERJ-140 startete am 27. Juni 2000 zum Erstflug (140 Bestellungen + Optionen). Angesichts der nachlassenden Nachfrage ist die monatliche Produktionsrate von ERJ-135/-140 und -145 mittlerweile auf etwa 10 Einheiten reduziert worden.
Bemerkungen: Die ERJ-135 (siehe Silhouette) ist etwa 3,50 m kürzer als die ERJ-145. Im übrigen ist sie mit dem Ausgangsmuster zu 90 % baugleich, was bei Einsatz beider Muster deutliche Kostenvorteile mit sich bringt. Auch von der ERJ-135 wird es verschiedene Ausführungen geben, die sich vorwiegend durch die Reichweitenleistungen unterscheiden. Die ERJ-135ER ist die Basisversion, während die ERJ-135LR dank grösserer Treibstoffzuladung und damit höherem Abfluggewicht mit voller Passagierzahl bis 2930 km weit fliegen kann. Analog zur ERJ-145 wird auch von der ERJ-135 eine Geschäftsreiseversion ECJ-135 Legacy angeboten (73 bestellt + 94 Optionen). Mit 10 Passagieren kann sie bis zu 5550 km weit fliegen. Als Modell zwischen der ERJ-135 und der ERJ-145 entwickelte EMBRAER neu die ERJ-140 (siehe Foto). Gegenüber der ERJ-135 wird der Rumpf etwas verlängert, im übrigen besteht zu 95 % Teilegleichheit.
Hersteller: EMBRAER (Emprêsa Brasileira de Aeronautica SA), Sao José dos Campos, Brasilien.

Abmessungen: Spannweite 20,04 m, Länge 26,33 m, Höhe 6,71 m, Flügelfläche 51,18 m².

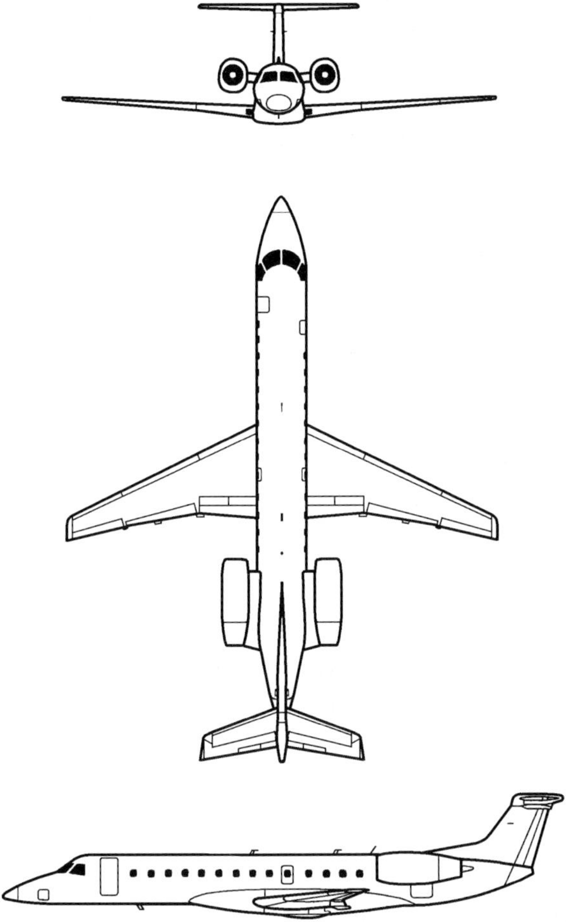

EMBRAER 170

Ursprungsland: Brasilien.
Kategorie: Regionalverkehrsflugzeug.
Triebwerke: Zwei Mantelstromtriebwerke General Electric CF34-8E von 6350 kp (62,3 kN) Standschub.
Leistungen: Max. Reisegeschwindigkeit 870 km/h (Mach 0,80); Reichweite bei voller Passagierzahl (170STD) 3334 km, (170LR) 3889 km, (175STD) 2400 km (175LR) 2960 km .
Gewichte: Leergewicht (170) 20150 kg, (175) 21180 kg; max. Startgewicht (170STD) 35450 kg, (170LR) 36850 kg, (175STD) 36020 kg, (175LR) 37450 kg.
Zuladung: Zwei Piloten und bis zu (170) 70 bzw. (175) normal 78, max. 86 Passagiere in Viererreihen mit Mittelgang. Max. Nutzlast (170) 9100 kg, (175) 10210 kg.
Entwicklungsstand: Der erste Prototyp verliess am 29. Oktober 2001 die Montagehalle. Im Februar 2002 soll die Flugerprobung beginnen. Der Auftragsbestand der 170 beläuft sich Ende 2001 auf etwa 90 Bestellungen und 105 Optionen, darunter von Swiss (ex. Crossair) 30+, GE Capital 50 (+ 100 Optionen). Den Kunden werden die ersten Muster im zweiten Semester 2002 übergeben.
Bemerkungen: Zur Abrundung des Angebots am oberen Ende des Regionalflugzeugmarktes lancierte EMBRAER die neu als 170 bezeichnete und später auch die etwas längere 175. Letztere wird anfangs 2003 erstmals fliegen. Bei beiden hervorzuheben sind der «Double bubble-Rumpfquerschnitt», der einer «Acht» gleicht. Dies bringt für den Passagier erhebliche Komfortverbesserungen. Bei vier Sitzen nebeneinander sind Kopf- und Ellenbogenfreiheit wesentlich grösser. Im übrigen entspricht die Konstruktion dem heute üblichen technischen Stand: Cockpit mit farbigen Flüssigkristall-Bildschirmen, digitale, elektronische Triebwerkkontrolle, Fly-by-Wire-Steuerung usw. Dank vier Türen sollen extrem kurze Bodenzeiten möglich sein. Auch bei der 170/175 werden zwei Ausführungen (STD und LR) angeboten, die sich durch verschiedene Reichweitenleistungen unterscheiden. Im 2004 folgt die grössere Version 190/195 (früher als EMB-190-100 bzw. -200 bezeichnet).
Hersteller: EMBRAER, Sao José dos Campos, Brasilien.

Abmessungen: Spannweite einschliesslich Winglets 26,00 m, Länge (170) 29,90 m, (175) 31,67 m, Höhe 9,67 m.

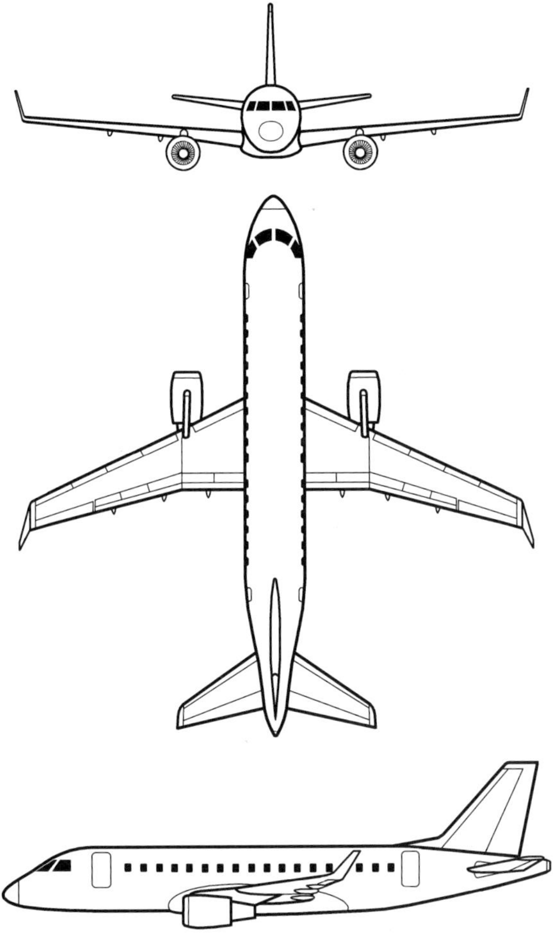

EUROCOPTER EC 225 SUPER PUMA / EC 725 COUGAR

Ursprungsland: Frankreich.
Kategorie: Mittelschwerer ziviler (EC 225) und militärischer (EC 725) Mehrzweckhubschrauber.
Triebwerke: Zwei Gasturbinen Turboméca Makila 1A2 von je 1959 WPS (1461 kW) Leistung.
Leistungen (EC 225): Höchstgeschwindigkeit 315 km/h; Reisegeschwindigkeit 276 km/h auf Meereshöhe; max. Schrägsteiggeschwindigkeit 6,5 m/Sek; Schwebehöhe mit Bodeneffekt 2500 m, ohne Bodeneffekt 1600 m; Reichweite mit Standardtreibstoffzuladung 647 km.
Gewichte: Leer 4650 kg; max. Startgewicht 9300 kg, mit Aussenlast 10000 kg.
Zuladung: Zwei Piloten und 24 Passagiere oder 29 Soldaten (AS 532). Max. Nutzlast 4140 kg.
Entwicklungsstand: Erstflug des Prototyps am 6. Februar 1987. Von allen Super Puma-Varianten sind bis heute rund 540 Maschinen in Auftrag gegeben worden, davon rund zwei Drittel durch 33 militärische bzw. paramilitärische Organisationen. Die EC 725 fliegt seit 27. November 2000. 14 Einheiten soll die Armée de l'Air erhalten (vier bisher bestellt).
Bemerkungen: Die verschiedenen derzeit angebotenen Ausführungen sind in der Ausgabe 1998 beschrieben. Neu hinzugekommen ist die EC 725 Cougar Mk.II+ Combat SAR (früher als AS 532Mk.II+ bezeichnet). Nebst Rettungsgeräten ist sie mit Suchscheinwerfer, FLIR und Wetterradar ausgerüstet. Eurocopter entwickelte als Konkurrenz zur S-92 (siehe Seiten 286/287) eine Weiterentwicklung EC 225 Super Puma Mk.III, die seit Ende 2001 verfügbar ist. Sie weist dank leistungsfähigeren Makila 1A4-Triebwerken (2100 WPS bzw. 1566 kW) ein höheres max. Startgewicht auf. Das Kabinenvolumen nahm durch Vergrösserung des Rumpfes (Länge + 70 cm, Breite + 25 cm, Innenhöhe + 35 cm) um rund einen Viertel zu. Neu ist auch der fünfblättrige Rotor. Diese Ausführung wird für zivile wie auch für militärische Zwecke angeboten.
Hersteller: Eurocopter, Werk Marignane, La Courneuve, Frankreich.

Abmessungen: Rotordurchmesser 16,20 m, Rumpflänge inkl. Heckrotor 16,79 m, Höhe inkl. Rotorkopf 4,60 m.

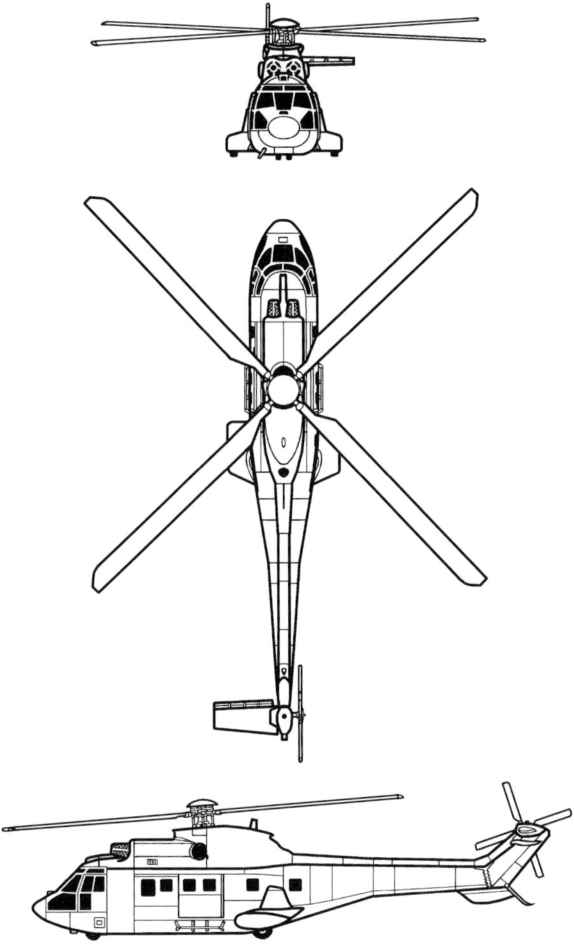

EUROCOPTER TIGER/UHU

Ursprungsland: Frankreich und Deutschland.
Kategorie: Zweisitziger Panzerabwehr- und Erdkampfunterstützungs-Hubschrauber.
Triebwerke: Zwei Gasturbinen MTU/Rolls-Royce/Turboméca MTR 390 von je 1285 WPS (958 kW) Leistung.
Leistungen (HAP): Höchstgeschwindigkeit 322 km/h; max. Reisegeschwindigkeit 287 km/h; normale Reisegeschwindigkeit 250 km/h; max. Schrägsteiggeschwindigkeit 11,5 m/Sek; Dienstgipfelhöhe 3960 m; Schwebehöhe ohne Bodeneffekt 3500 m; Flugdauer 2,85 Std.
Gewichte: Leer 3400 kg; max. Startgewicht mit Überlast 6100 kg.
Bewaffnung (HAP): 30-mm-Kanone, bis zu 68 ungelenkte Raketen und vier Mistral-Luft-Luft-Lenkwaffen; (HAC): Acht Panzerabwehrlenkwaffen HOT/Trigat und zwei Luft-Luft-Lenkwaffen Mistral; (UHU): Zwei Behälter für je 22 ungelenkte 67-mm-Lenkwaffen, zwei starre 12,7-mm-Kanonen unter den Flügeln und Stinger-Luft-Luft-Lenkwaffen.
Entwicklungsstand: Fünf Prototypen wurden gebaut, wovon der erste am 27. April 1991 erstmals flog. Die französische Luftwaffe erhält 215 Maschinen (115 HAP und 100 HAC), die deutsche Armee 212 Uhu's. Vorerst wurden Mittel für die Beschaffung von 160 Maschinen (je 80 pro Land) freigegeben. 22 Tiger erhält die australische Armee ab 2004.
Bemerkungen: Drei Versionen werden gebaut: HAP (**H**élicoptère d'**A**ppui **P**rotection = Feuerunterstützung, mit Schützenoptik mittels TV-/Infrarotkamera, Laser-Entfernungsmesser) und HAC (**H**élicoptère **A**nti-**C**har = Panzerabwehrhubschrauber zusätzlich mit Osiris-Sichtsystem) für die französische Armee und UHU (**U**nterstützungs**hu**bschrauber, Ausrüstung weitgehend baugleich mit der HAC-Version) für die deutsche Armee. Die Zelle besteht zu über 75 % aus Verbundwerkstoffen. Zur Abschirmung von elektromagnetischen Einflüssen und zum Blitzschutz sind grosse Teile des Rumpfes mit einem Kupfer-Bronze-Gitter versehen. Die Panzerabwehrversion erhält ein auf dem Rotormast montiertes Visier mit Kamera.
Hersteller: Eurocopter Hubschrauber GmbH, München, Deutschland.

Abmessungen: Rotordurchmesser 13,00 m, Rumpflänge (HAP mit Kanone) 15,00 m, (UHT) 14,08 m, Höhe inkl. Rotorkopf 3,83 m, inkl. Mastvisier 5,20 m.

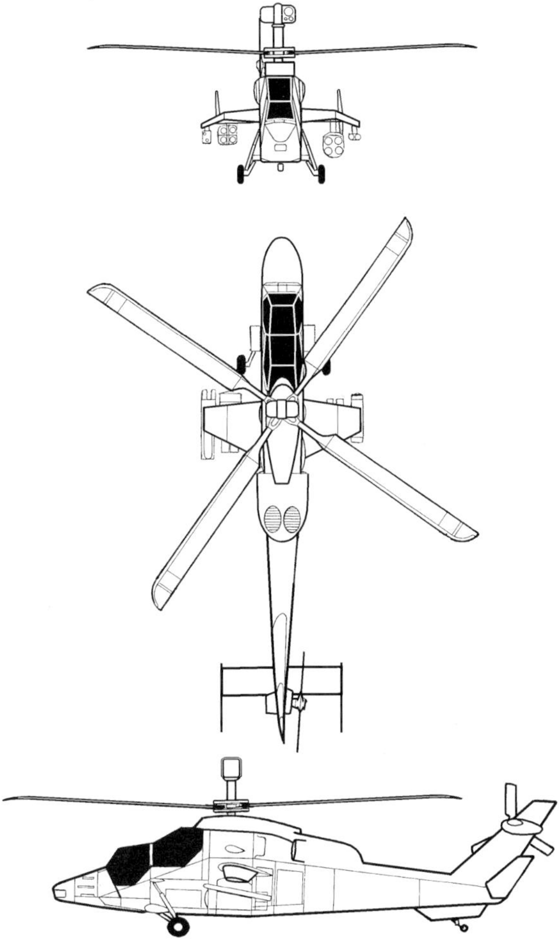

EUROCOPTER AS 350B3 ECUREUIL/AS 550C3 FENNEC

Ursprungsland: Frankreich.
Kategorie: Leichter ziviler und militärischer Mehrzweckhubschrauber.
Triebwerke: Eine Gasturbine Turboméca Arriel 2B von 848 WPS (632 kW) Leistung.
Leistungen (AS 350B3): Höchstgeschwindigkeit 287 km/h; Reisegeschwindigkeit 248 km/h auf Meereshöhe; max. Schrägsteiggeschwindigkeit 10,1 m/Sek; Dienstgipfelhöhe 5250 m; Schwebehöhe mit Bodeneffekt 4140 m, ohne Bodeneffekt 3720 m; Reichweite 616 km.
Gewichte: Leer 1175 kg; max. Startgewicht 2250 kg, mit Aussenlast 2750 kg.
Zuladung: Sieben Personen. Max. Nutzlast extern 1400 kg.
Bewaffnung (AS 550A2): 20-mm-GIAT-Kanone, zwei 7,62-mm-Maschinengewehr- bzw. 68-mm-Raketenbehälter; (AS 550C2): HeliTow-Antitank-Lenkwaffensystem Saab/Emerson.
Entwicklungsstand: Am 4. März 1997 absolvierte die leistungsfähigere Ausführung AS350B3 den Erstflug. Von den früheren Varianten sind über 2300 Exemplare (davon mehr als 100 B3) bestellt und zum grössten Teil ausgeliefert worden. Lizenzbau in Brasilien bei Helibras als HB 350 (200+). Die zweimotorige AS355, von der weitere 800 Einheiten gebaut wurden, ist in der Ausgabe 1995 beschrieben. Neueste Bestellung dieser Ausführung: Marine von Malaysia 6 AS 355 SN.
Bemerkungen: Die verschiedenen Ausführungen der Ecureuil wurden in Ausgabe 2001 vorgestellt. Das neueste Produkt AS 350B3 unterscheidet sich von der Vorversion B2 durch verstärktes Getriebe, digitale Triebwerksteuerung und Heckrotor mit vergrösserten Flächen zur Verbesserung der Steuerung. Dank ihrer grösseren Leistungsfähigkeit ist die B3 für Einsätze in grossen Höhen optimiert.
Hersteller: Eurocopter, Werk Marignane, La Courneuve, Frankreich.

Abmessungen: Rotordurchmesser 10,69 m, Rumpflänge inkl. Heckrotor 12,94 m, Höhe inkl. Rotorkopf 3,14 m.

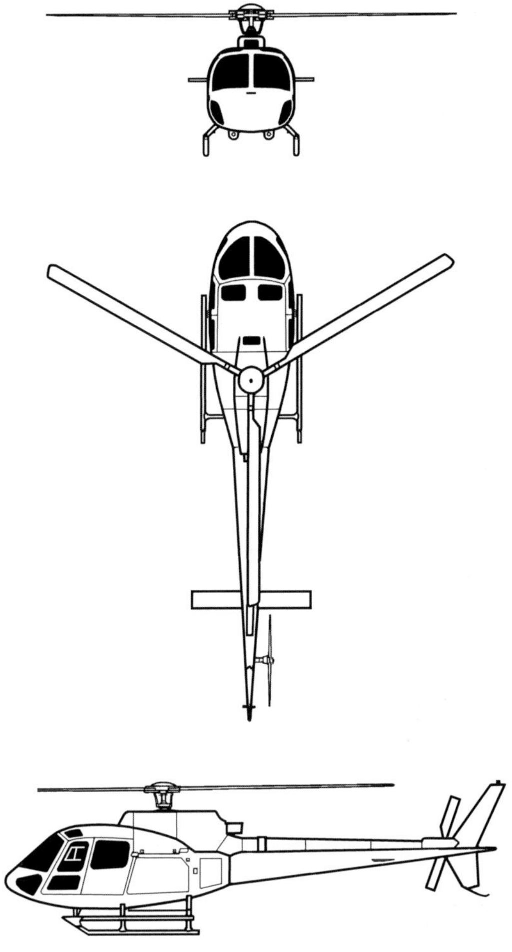

EUROCOPTER EC 120B COLIBRI

Ursprungsland: Frankreich, Volksrepublik China und Singapur.
Kategorie: Leichter ziviler Mehrzweckhubschrauber.
Triebwerke: Eine Gasturbine Turboméca Arrius 2F von 504 WPS (375 kW) Leistung.
Leistungen: Höchstgeschwindigkeit 278 km/h; max. Reisegeschwindigkeit 231 km/h; max. Steiggeschwindigkeit 7,49 m/Sek; Dienstgipfelhöhe 6100 m; Schwebehöhe mit Bodeneffekt 4145 m, ohne Bodeneffekt 3413 m; Reichweite 750 km.
Gewichte: Leergewicht 895 kg; max. Startgewicht 1680 kg.
Zuladung: Pilot und vier Passagiere. Max. Nutzlast 750 kg.
Entwicklungsstand: Der erste von drei Prototypen ging am 9. Juni 1995 in die Luft. Aktuell beläuft sich der Bestellungsstand auf etwa 260 Einheiten, darunter 15 für die spanische Luftwaffe und 12 bzw. 3 für die Luftwaffe und Marine Indonesiens. Im März 2001 wurde die 200. Einheit hergestellt. Die Monatsproduktion beträgt derzeit sechs EC 120.
Bemerkungen: An der Gemeinschaftsentwicklung EC 120 nehmen teil: Eurocopter als technischer Leiter mit 61 % Anteil (Konzeption, Elektronik, dynamische Komponenten, Endmontage und Zertifizierung), CATIC/HAMC 24 % (ganze Rumpfstruktur) und Singapore Technologies 15 % (Rotorheck, Verbundwerkstoffstruktur, Kabinentüren). Die Zelle dieses nach neuesten Erkenntnissen konstruierten Hubschraubers besteht weitgehend aus Verbundwerkstoffen. Dank des Spheriflex-Hauptrotors und des neu entwickelten ummantelten Fenestron-Heckrotors werden ausgezeichnete Flugleistungen bei geringem Geräuschpegel erreicht. Die hohen Sicherheitsanforderungen werden u.a. durch bruchsichere Sitze und Kraftstofftanks erfüllt. Mit der EC 120 will man das untere Ende des Hubschraubermarktes abdecken und erhofft sich dank tiefem Anschaffungspreis von rund US$ 800.000.-- und sehr günstigen Betriebskosten eine grosse Abnehmerzahl. Im englischsprachigen Raum wird die EC 120 statt Colibri als Hummingbird bezeichnet.
Hersteller: Eurocopter, CATIC/HAMC (China) und Singapore Aerospace, Paris, Frankreich.

Abmessungen: Rotordurchmesser 10,20 m, Rumpflänge inkl. Rotor 11,52 m, Höhe 3,40 m.

EUROCOPTER EC130

Ursprungsland: Frankreich.
Kategorie: Leichter ziviler Mehrzweckhubschrauber.
Triebwerke: Eine Gasturbine Turboméca Arriel 2B1 von 848 WPS (632 kW) Leistung.
Leistungen: Höchstgeschwindigkeit 287 km/h; Reisegeschwindigkeit 259 km/h auf Meereshöhe; max. Schrägsteiggeschwindigkeit 11,6 m/Sek; Dienstgipfelhöhe 5029 m; Schwebehöhe bei max. Nutzlast mit Bodeneffekt 3267 m, ohne Bodeneffekt 2663 m; Reichweite etwa 600 km.
Gewichte: Leer 1360 kg; max. Startgewicht 2400 kg, mit externer Last 2800 kg.
Zuladung: Normal Pilot und sechs, maximal sieben Passagiere. Als EMS-Hubschrauber bis zu zwei liegende Patienten und zwei Pfleger. Max. Nutzlast extern 1160 kg.
Entwicklungsstand: Völlig überraschend wurde im Februar 2001 die EC 130 der Öffentlichkeit vorgestellt. Dabei hatte die Flugerprobung bereits im Juni 1999 begonnen. Die ersten Ablieferungen erfolgten Ende 2001. Bisher sollen rund 100 Einheiten bestellt worden sein.
Bemerkungen: Obwohl von der AS 350B3 (siehe Seiten 160/161) abgeleitet, erscheint die EC 130 als neue Konstruktion. Am augenfälligsten ist der um 25 cm verbreiterte und etwas flachere Rumpf, welcher mehr Innenraum für Passagiere und Gepäck zulässt. Neu ist auch der Fenestron-Heckrotor. Dank diesem und anderen Massnahmen soll die EC 130 im Betrieb besonders lärmarm sein. Die Triebwerksfunktionen werden durch ein digitales Zweikanal-Kontrollsystem überwacht, was die Arbeit des Piloten erleichtert. Eurocopter gibt als Grundpreis US$ 1,6 Mio. an.
Hersteller: Eurocopter, Werk Marignane, La Courneuve, Frankreich.

Abmessungen: Rotordurchmesser 10,69 m, Rumpflänge inkl. Heckrotor 10,68 m, Höhe inkl. Rotorkopf 3,34 m, Höhe über Heckleitwerk 3,61 m.

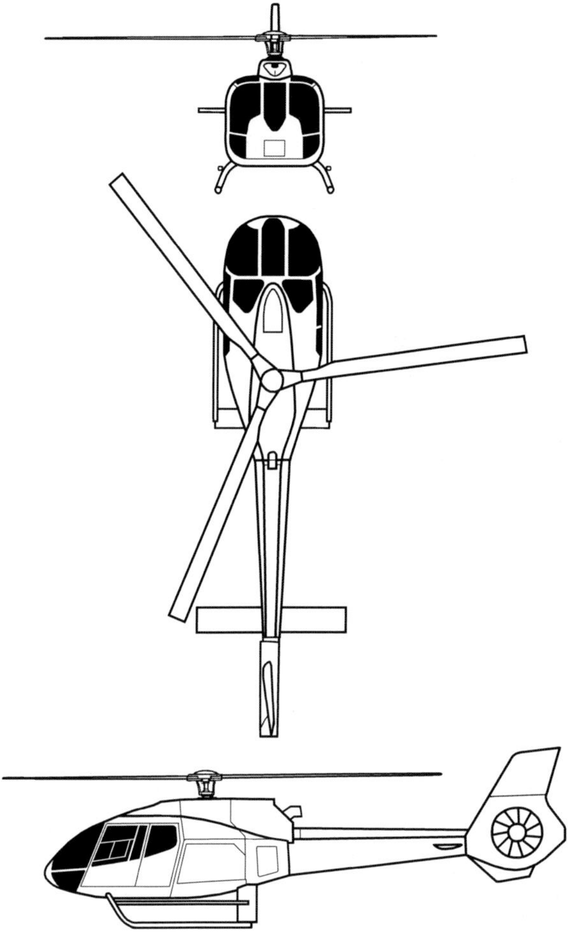

EUROCOPTER (MBB) EC 135

Ursprungsland: Deutschland.
Kategorie: Leichter Mehrzweckhubschrauber.
Triebwerke: Zwei Gasturbinen Turboméca Arrius 2B1A-1 von je 606 WPS (452 kW) oder Pratt & Whitney Canada PW206B2 von je 621 WPS (463 kW) Leistung.
Leistungen (PW206B2): Höchstgeschwindigkeit 278 km/h; max. Reisegeschwindigkeit 256 km/h auf Meereshöhe; ökonom. Reisegeschwindigkeit 226 km/h; max. Schrägsteiggeschwindigkeit 8,4 m/Sek; Dienstgipfelhöhe 5180 m; Schwebehöhe mit Bodeneffekt 4140, ohne 3260 m; max. Reichweite 630 km.
Gewichte: Leer 1490 kg; max. Startgewicht mit Aussenlast 2900 kg.
Zuladung: Sechs bis sieben Personen; bei Rettungseinsätzen zwei Tragbahren und zwei Helfer; max. Nutzlast 1250 kg.
Entwicklungsstand: Der erste Prototyp EC 135 fliegt seit 15. Februar 1994; Beginn der Ablieferungen am 31. Juli 1996. Bisher sind rund 220 Bestellungen eingegangen (davon ca. 160 abgeliefert), darunter von 16 Polizeicorps in Deutschland, Schweden und England. Der Bundesgrenzschutz erhält 9, die Bundeswehr ab 2000 15 EC 135.
Bemerkungen: Die EC 135 folgt neuesten Technologieprinzipien: Haupt- und Heckrotor aus Faserverbundwerkstoffen ohne jegliche Gelenke; Übertragungswelle mit speziellen Vibrationsdämpfern, Zellenstruktur aus Kunststoff, Fenestron-Heckrotor usw. Der Rotorkopf besitzt keine Blattlager mehr. Die Verstellung der einzelnen Rotorblätter geschieht durch elastische Verformung der Kunststoff-Blattwurzel. Rotornabe und Rotormast sind aus einem einzigen Stück geschmiedet. EC 135 für Polizeiaufgaben sind meistens wie folgt ausgerüstet: Suchscheinwerfer, Nachtsichtausrüstung, TV-Kamera und spezielle Navigationsmittel. Neu ist auch eine Version EC 635 für militärische Einsätze im Angebot (9 durch portugiesische Armee bestellt). Neue EC 135 werden mit Pratt & Whitney-Triebwerken PW206B2 von je 815 WPS (607 kW) ausgerüstet.
Hersteller: Eurocopter Hubschrauber, München, Deutschland.

Abmessungen: Rotordurchmesser 10,20 m, Rumpflänge 10,17 m, Höhe inkl. Rotorkopf 3,35 m, Höhe über alles 3,55 m.

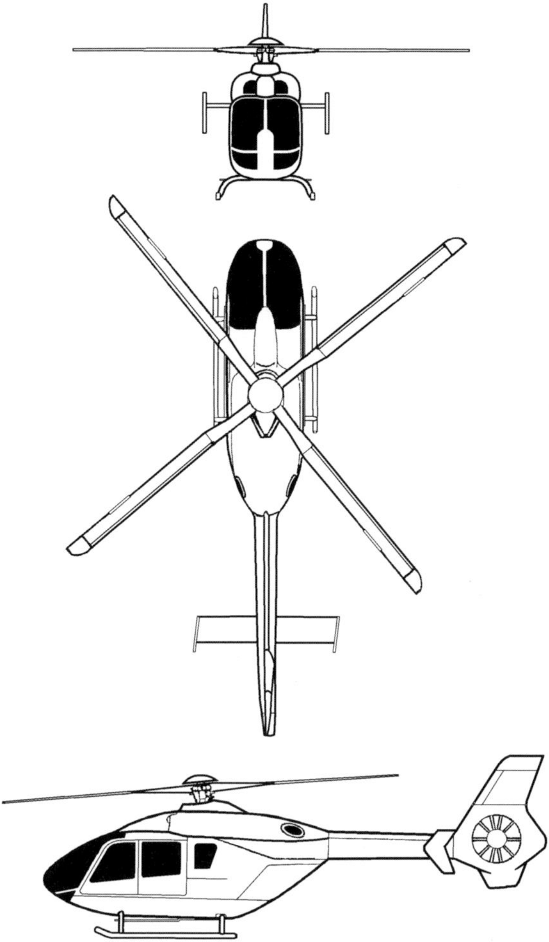

EUROCOPTER (MBB/KAWASAKI) EC 145

Ursprungsland: Deutschland und Japan.
Kategorie: Mehrzweckhubschrauber.
Triebwerke: Zwei Gasturbinen Turboméca Arriel 1E2 von je 750 WPS (550 kW) Leistung.
Leistungen: Höchstgeschwindigkeit 270 km/h auf Meereshöhe; max. Reisegeschwindigkeit 245 km/h; max. Schrägsteiggeschwindigkeit 8,4 m/Sek; Dienstgipfelhöhe 5300 m, Schwebehöhe mit und ohne Bodeneffekt 2130 m; Reichweite mit normaler Treibstoffzuladung 670 km; Einsatzdauer 3,30 Std.
Gewichte: Leergewicht 1742 kg; norm. Startgewicht 3350 kg; max. Startgewicht 3550 kg.
Zuladung: Acht bis zwölf Personen inkl. Piloten; bei EMS-Einsätzen zwei liegende Verletzte und zwei Pfleger; max. Nutzlast 1500 kg.
Entwicklungsstand: Erstflug der EC 145 am 12. Juni 1999. Bisherige Bestellungen: Französische Sécurité Civile 32, Gendarmerie 8, ADAC 2, REGA 4. Die Ablieferungen begannen Mitte 2001. Von den früheren Varianten sind bisher über 300 Exemplare weltweit in Einsatz gelangt.
Bemerkungen: Die vorerst als BK117 C-2, später aber in EC 145 umbezeichnete neueste Ausführung weist wesentliche Verbesserungen auf. Völlig neu sind die Avionik, das Cockpit mit NVG-Ausrüstung und der Heckrotor vom Typ Fenestron. Die Innengrösse der Kabine nahm durch Verlängerung des Rumpfes um 40 cm und Verbreiterung um 10 cm deutlich zu. Damit und wegen der einfachen Lademöglichkeit via Hecktüren eignet sich diese Version besonders für Rettungseinsätze. Dank höherem Abfluggewicht sind bessere Reichweitenleistungen erzielbar. Das Cockpit übernimmt wesentliche Elemente der EC 135 (siehe Seiten 166/167). Auch formal ist besonders der Frontbereich diesem Muster sehr ähnlich.
Hersteller: Eurocopter Hubschrauber, MBB Division, München, Deutschland, sowie Kawasaki Heavy Industries Ltd., Gifu, Japan.

Abmessungen: Rotordurchmesser 11,00 m, Rumpflänge 10,19 m, Höhe inkl. Rotorkopf 3,95 m.

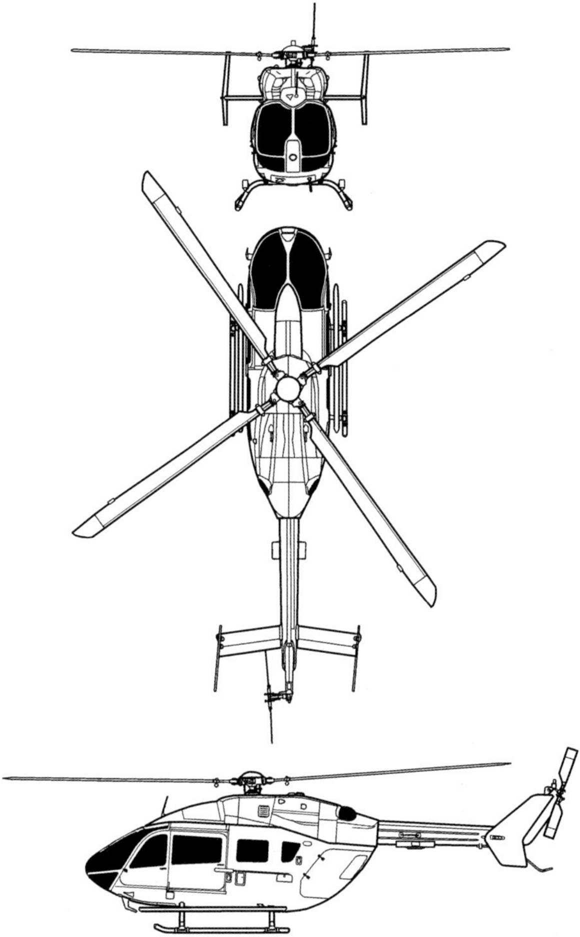

EUROCOPTER EC 155B

Ursprungsland: Frankreich.
Kategorie: Ziviler und militärischer Mehrzweckhubschrauber.
Triebwerke: Zwei Gasturbinen Turboméca Arriel 2C von je 851 WPS (635 kW) Leistung.
Leistungen: Höchste Reisegeschwindigkeit auf Meereshöhe 264 km/h; max. Durchschnittsreisegeschwindigkeit 252 km/h auf Meereshöhe; ökonom. Reisegeschwindigkeit 260 km/h; max. Schrägsteiggeschwindigkeit 7,0 m/Sek; Schwebehöhe mit Bodeneffekt 2550 m, ohne Bodeneffekt 1800 m; Reichweite 830 km auf Meereshöhe.
Gewichte: Leer 2523 kg; max. Startgewicht intern 4800 kg, extern 5000 kg.
Zuladung: Ein bis zwei Piloten und max. 13 Passagiere bzw. 14 Soldaten; max. Nutzlast 1994 kg.
Entwicklungsstand: Die EC 155 fliegt seit 17. Juni 1997. Bisher sind etwa 40 Einheiten bestellt worden, darunter vom Bundesgrenzschutz 13, Baden-Würtemberg 2, Ablieferung ab Ende 1998.
Bemerkungen: Die EC 155 ist eine wesentlich weiterentwickelte Ausführung der AS 365N2 (siehe Ausgabe 1997). Sie zeichnet sich vor allem durch eine um 30 cm verlängerte Kabine aus, die zudem 18 cm höher ist. Das Innenvolumen nahm sogar um 40 % zu. Ebenfalls deutlich grösser wurde der Gepäckraum. Als Antrieb dienen zwei leistungsgesteigerte Arriel 2C-Triebwerke mit einem neuen Spheriflex-Fünfblattrotor, welcher einen um 60 cm grösseren Durchmesser aufweist. Der Zehnblatt-Fenestron-Heckrotor wurde zur Lärmreduktion ebenfalls modifiziert. Das Cockpit ist vollständig digitalisiert. Die Grundausführung soll etwa US$ 5,5 Mio. kosten. Von der EC 155 soll eine Militärausführung für Truppentransporte entwickelt werden.
Hersteller: Eurocopter (Aérospatiale), Werk Marignane, La Courneuve, Frankreich.

Abmessungen: Rotordurchmesser 12,60 m, Rumpflänge inkl. Heckrotor 12,83 m, Höhe inkl. Rotorkopf 3,52 m, inkl. Seitenleitwerk 4,35 m.

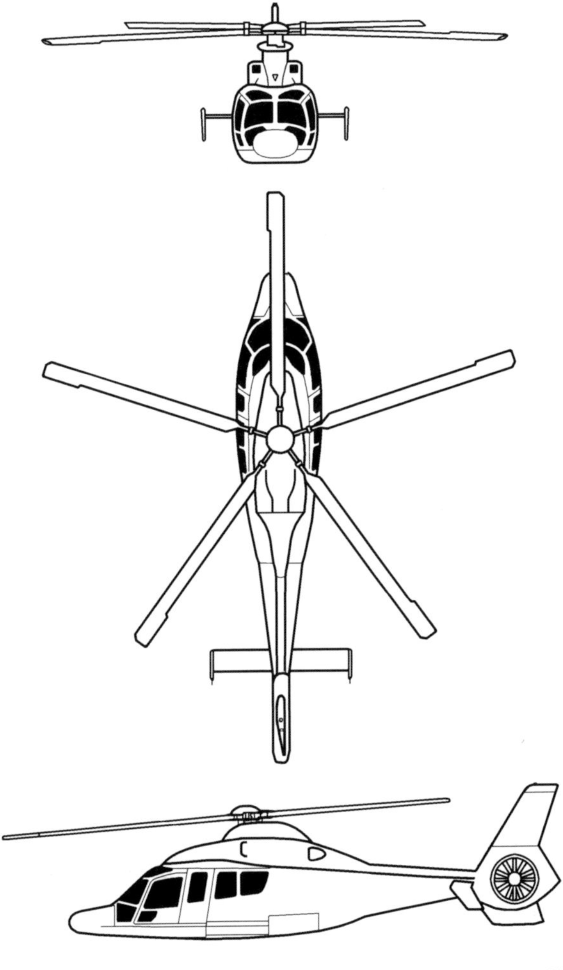

EUROFIGHTER EJ2000 TYPHOON

Ursprungsland: Grossbritannien, Deutschland, Italien und Spanien.
Kategorie: Einsitziger Abfang- und Luftüberlegenheitsjäger.
Triebwerke: Zwei Mantelstromtriebwerke Eurojet EJ200 von je rund 6100 kp (60 kN) Standschub ohne und 9185 kp (90 kN) mit Nachbrenner.
Leistungen: Höchstgeschwindigkeit in grosser Höhe Mach 2,0+, in Bodennähe 1390 km/h; Steigzeit auf 10000 m ca. 2 Min; Dienstgipfelhöhe 16765 m; Aktionsradius mit je zwei Luft-Luft-Lenkwaffen AIM-120 und AIM-132 inkl. Aussentanks 1390+ km; Überführungsreichweite mit zwei Aussentanks 3700 km.
Gewichte: Leer 10995 kg; max. Startgewicht 23000 kg.
Bewaffnung: Eine 27-mm-Mauser-Kanone im Rumpf und beispielsweise eine Zusammensetzung von sechs Kurzstrecken-Luft-Luft-Lenkwaffen AIM-132 und vier Mittelstrecken-Luft-Luft-Lenkwaffen AIM-120. Max. Waffenlast 6500 - 8000 kg an 13 Waffenstationen.
Entwicklungsstand: Der erste von sieben Prototypen nahm am 27. März 1994 die Flugerprobung auf. 620 Einheiten sind derzeit für folgende Länder geplant: Grossbritannien 232, Bundesrepublik Deutschland 180, Italien 121, Spanien 87. Ein erstes Los von 148 Maschinen wurde freigegeben, Ablieferung ab 2002. Griechenland beschafft voraussichtlich 60 Einheiten (+ 30 Optionen).
Bemerkungen: Die EJ2000 Typhoon wird als Ein- wie als Doppelsitzer angeboten. Derzeit werden fünf dem Serienstandard entsprechende Muster hergestellt. Sie sind mit der gesamten Avionik ausgerüstet, u.a. dem ECR90-Bordradar. Die ersten Einheiten sind vorerst für Abfangaufgaben konfiguriert. Erst ab 2004 steht der gesamte Leistungsumfang zur Verfügung. Für den Exportmarkt prüft Eurofighter derzeit eine Ausführung mit sog. konformen Zusatztanks links und rechts am Rumpf oberhalb des Flügels. Damit liesse sich die Einsatzreichweite erheblich vergrössern. Das Zusatzgewicht würde durch um 15 % leistungsstärkere Triebwerke ausgeglichen. Als weitere Optionen erwägt man schwenkbare Austrittsdüsen und ein überarbeitetes Cockpit mit Voice-Control (= sprachgesteuerte Flugzeugführung).
Hersteller: Eurofighter, München, Deutschland.

Abmessungen: Spannweite 10,95 m, Länge 15,96 m, Höhe 5,28 m, Flügelfläche 50,00 m².

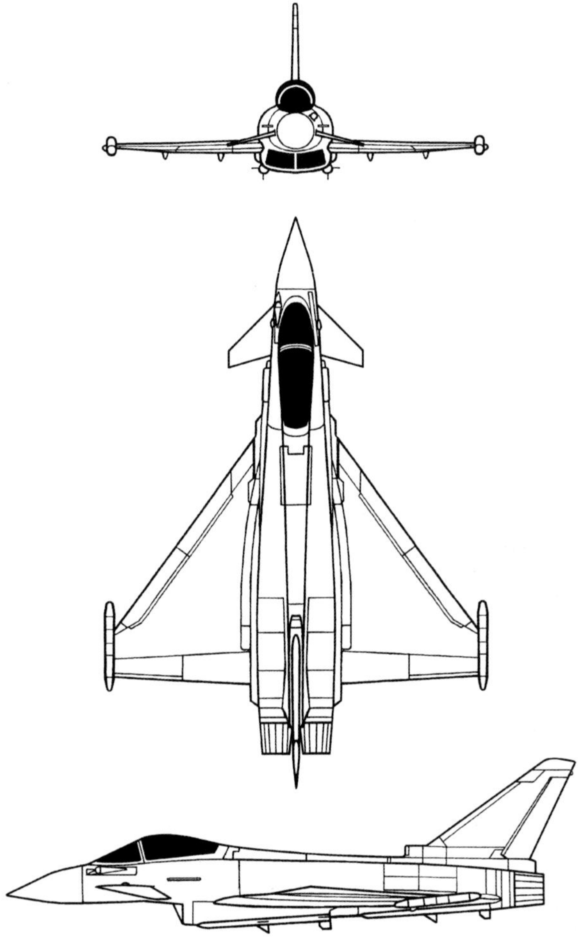

EXTRA 400

Ursprungsland: Deutschland.
Kategorie: Leichtes Geschäftsreise- und Sportflugzeug.
Triebwerke: Ein flüssigkeitsgekühlter Sechszylinder-Boxermotor mit Turbolader Teledyne Continental TSIOL 550-C von 350 PS (260 kW).
Leistungen: Max. Reisegeschwindigkeit 425 km/h; max. Steiggeschwindigkeit 7 m/Sek; Dienstgipfelhöhe 7500 m; Reichweite mit sechs Personen und übliches Gepäck 1450 km, mit fünf Personen 1900 km.
Gewichte: Leergewicht 1389 kg; max. Startgewicht 1999 kg.
Zuladung: Pilot und fünf Passagiere; max. Zuladung 611 kg.
Entwicklungsstand: Der Prototyp flog erstmals am 4. April 1996 und erhielt die Zulassung im April 1997. Bei einem aktuellen Bestellungsstand von 25 Extra 400 sind bisher rund deren 20 abgeliefert worden.
Bemerkungen: Die Extra 400 ist ein Sportflugzeug der Luxusklasse und kann auch für Geschäftsreisen eingesetzt werden. Dazu ist sie mit einigen für diese Klasse ungewöhnlichen Features ausgerüstet: Druckkabine und luxuriöses Interieur, umfangreiche Avionik (EFIS, GPS, Auto-Pilot usw.), Einziehfahrwerk. Dank des leistungsstarken Triebwerks soll nach Werksangaben die Extra 400 das schnellste Flugzeug in seiner Klasse sein. Der Rumpf ist weitgehend aus Verbundwerkstoffen hergestellt. Damit wurde im Verhältnis zum Gesamtgewicht eine sehr leichte Konstruktion erreicht. Der Kaufpreis beträgt rund DM 1,3 Mio.
Hersteller: Extra-Flugzeugbau GmbH, Flugplatz Dinslaken, Schwarze Heide, Hünxe, Deutschland.

Abmessungen: Spannweite 11,50 m, Länge 9,57 m, Höhe 3,09 m, Flügelfläche 14,21 m^2.

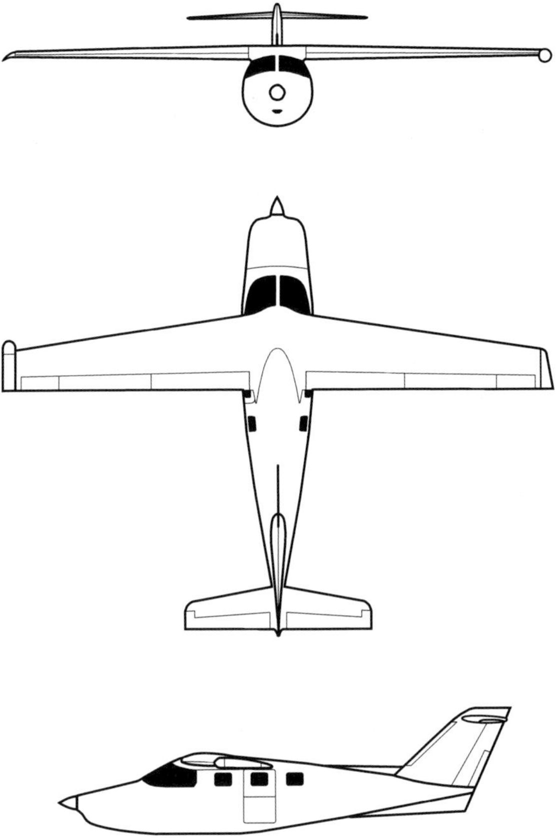

FAIRCHILD DORNIER 328JET

Ursprungsland: Deutschland/USA.
Kategorie: Regionalverkehrsflugzeug.
Triebwerke: Zwei Mantelstromtriebwerke Pratt & Whitney Canada PW306B von je 2742 kp (26,9 kN) Leistung.
Leistungen: Max. Reisegeschwindigkeit 756 km/h; Zeit um 9450 m zu erreichen 14,2 Min; Dienstgipfelhöhe 10670 m; Reichweite mit 34 Passagieren bis zu 1480 km, als Option 1650 km, mit max. Treibstoffzuladung 3700 km.
Gewichte: Rüstgewicht 9345 kg; max. Startgewicht 15200 kg, als Option 15700 kg.
Zuladung: Zwei Piloten und zwischen 32 und 34 Passagiere in Dreierreihen; max. Nutzlast 3260 kg.
Entwicklungsstand: Die Flugerprobung wurde am 20. Januar 1998 aufgenommen. Nach Zulassung im Juli 1999 begann man mit den Auslieferungen. Die Aufträge belaufen sich Ende 2001 auf etwa 140 Exemplare (+ ca. 90 Optionen), davon etwa 15 für die Geschäftsreiseversion Envoy 3. Monatlich werden rund vier Einheiten hergestellt.
Bemerkungen: Mit der 328JET wird eine schnellere Ausführung der 328 (siehe Ausgabe 2000) angeboten, um in diesem Sektor der Regionalflugzeuge konkurrenzfähig zu bleiben. Die Grundkonstruktion bleibt weitgehend gleich. Nur die Systeme im Zusammenhang mit dem Düsenantrieb (neue Triebwerksgondeln, Software) sind entsprechend angepasst worden. Das Fahrwerk ist verstärkt. Von der 328JET wird auch eine Geschäftsreiseversion Envoy 3 mit einer auf 4400 km erhöhten Reichweite angeboten. Normalerweise ist die Kabine für zwölf bis 14 Passagiere ausgelegt. Neu wird eine Seeüberwachungsversion, besonders geeignet für Küstenwachen, angeboten.
Hersteller: Fairchild Dornier Corp., Wessling, Deutschland und San Antonio, Texas, USA.

Abmessungen: Spannweite 20,98 m, Länge 21,28 m, Höhe 7,24 m, Flügelfläche 40,00 m².

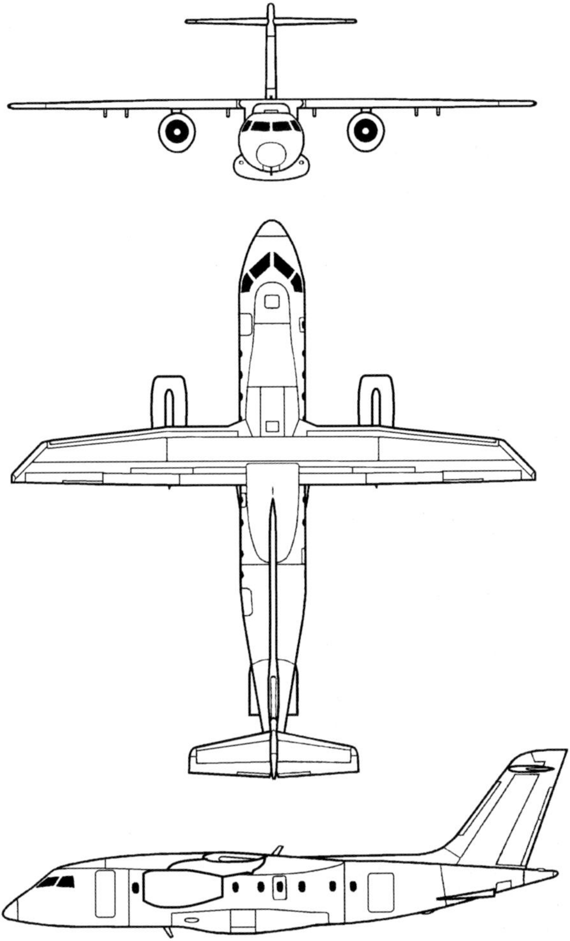

FAIRCHILD DORNIER 728JET

Ursprungsland: Deutschland/USA.
Kategorie: Regionalverkehrs- und Geschäftsreiseflugzeug.
Triebwerke: Zwei Mantelstromtriebwerke General Electric CF34-8D3 von je 5700 kp (55,9 kN) Leistung.
Leistungen (nach Angaben des Herstellers): Max. Reisegeschwindigkeit 860 km/h (Mach 0,81); normale Reisegeschwindigkeit Mach 0,78; Dienstgipfelhöhe 12500 m; Reichweite mit 70 Passagieren 3300 km.
Gewichte: Rüstgewicht 20900 kg; max. Startgewicht 35200 kg, (Envoy) 39500 kg.
Zuladung: Zwei Piloten und zwischen 70 und 80 Passagiere in Fünferreihen; max. Nutzlast 9420 kg.
Entwicklungsstand: Nach neuesten Plänen soll der erste Prototyp anfangs 2002 die Flugerprobung aufnehmen. Der Beginn der Auslieferungen an Kunden ist für Mitte 2003 geplant. Erste Auftraggeber: Lufthansa CityLine (60 Bestellungen und 60 Optionen) und GE Capital (50 Bestellungen + 100 Optionen).
Bemerkungen: Bei der 728JET handelt es sich um eine völlige Neukonstruktion. Von den Konkurrenzmustern EMBRAER 170/175 und CRJ-900 unterscheidet sie sich insbesondere durch den breiteren Rumpfquerschnitt, welcher eine Fünferbestuhlung zulässt. Die Geschäftsreiseausführung Envoy 7 (bisher 30 bestellt) soll Ende 2003 erstmals fliegen. Sie erhält zur Erhöhung der Reichweitenleistung Zusatztanks von insgesamt 5000 l am vorderen und hinteren Ende des Rumpfes. Sie wird deutlich schwerer sein als das Ausgangsmuster. Die Flügel erhalten Winglets. Bei einer Nutzlast von rund 5000 kg sollen Reichweiten von bis zu 7400 km erzielbar sein. Zusammen mit Northrop Grumman plant man, auch eine AEW&C-Version mit einem Tellerradar über dem Rumpf anzubieten. Von der 728JET abgeleitet, baut der Hersteller eine verlängerte und wesentlich schwerere Ausführung 928JET für 95 bis 110 Passagiere (Erstflug voraussichtlich 2004, bisher 4 Einheiten bestellt).
Hersteller: Fairchild Dornier Corp., Wessling, Deutschland und San Antonio, Texas, USA.

Abmessungen: Spannweite 27,12 m, Länge 27,40 m, Höhe 9,05 m, Flügelfläche 75 m².

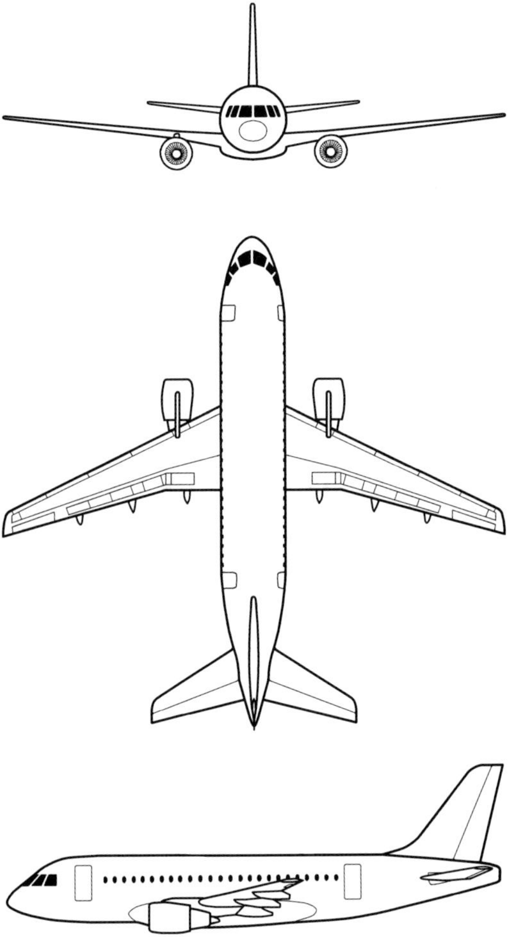

GENERAL ATOMICS RQ-1A PREDATOR

Ursprungsland: USA.
Kategorie: Unbemannte Drone für Aufklärungs- und ELINT-Aufgaben in mittleren Höhen.
Triebwerke: Ein Kolbenmotor mit Schubpropeller Rotax 914 TC von 106 PS (79 kW) Leistung.
Leistungen: Höchstgeschwindigkeit ca. 225 km/h; Dienstgipfelhöhe 7600 m; Flugdauer 500 km von der Basis entfernt 24 Std.; max. Flugdauer 40 bis 60 Std.
Gewichte: Normales Startgewicht 850 kg, max. Startgewicht 1040 kg.
Zuladung: Aufklärungssysteme im Gesamtgewicht von 204 kg.
Entwicklungsstand: Die erste Einheit wurde im August 1994 vorgestellt. Seit mehreren Jahren befindet sich eine unbekannte Anzahl von Systemen beim 11. Reconnaissance Wing der USAF im Einsatz. Einschliesslich der USN, sollen insgesamt rund 90 Einheiten beschafft werden. Italien hat fünf (+ drei Optionen) Systeme bestellt.
Bemerkungen: Die RQ-1A ist eine verbesserte Version des Ausgangsmusters GNAT-750, welches nur vereinzelt für Spionage-Aufgaben der CIA Verwendung findet. Das eingebaute «Synthetische Breitband-Aufklärungsradar» ist mit einer Datenverbindung via Satellit ausgerüstet. Ein hoch auflösliches Videoaufnahmegerät ermöglicht zudem den Kommandanten von Bodentruppen, via Data-link Real Time-Informationen vom Feindgebiet zu beschaffen. Die Predator kann unter allen Wetterbedingungen Einsätze fliegen. Von der Auslegung ist sie besonders für den Langsamflug auf mittleren Höhen optimiert. Die RQ-1A wurde im Bosnienkrieg und in Afghanistan sehr intensiv für Aufklärungseinsätze verwendet. Eine Ausführung dieses Typs verfügt über spezialisierte Radio-Frequenz-Systeme, um ELINT-Aufgaben zu erfüllen. Weiter wird derzeit eine bewaffnete Ausführung erprobt, welche u.a. AGM-114 Hellfire-Panzerabwehr-Lenkwaffen an zwei Flügelstationen mitführen kann. Drei als Predator B bezeichnete leistungsstärkere Exemplare erhält die NASA für Aufgaben im Bereich Umweltschutz (Erstflug am 2. Februar 2001).
Hersteller: General Atomics Aeronautical Systems Inc., San Diego, USA.

Abmessungen: Spannweite 14,60 m, Länge 8,23 m.

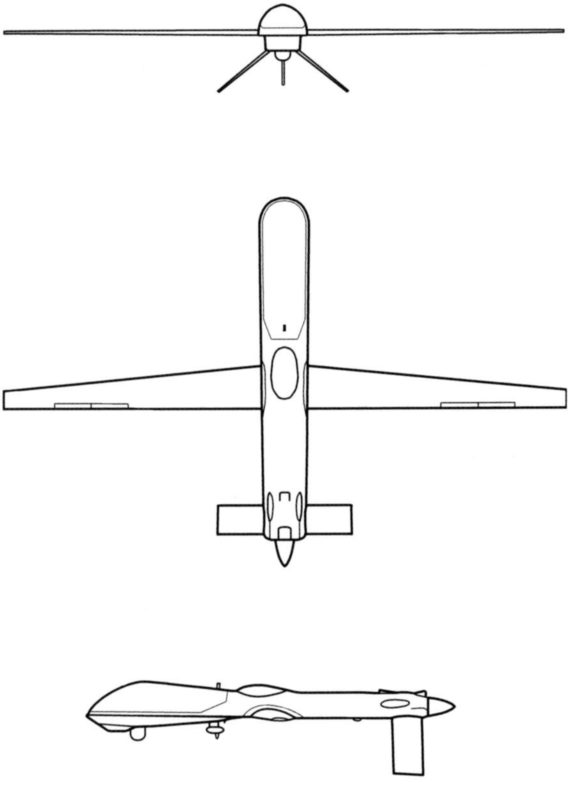

GROB G 140TP

Ursprungsland: Deutschland.
Kategorie: Leichtes Mehrzweckflugzeug.
Triebwerke: Eine Propellerturbine Rolls Royce 250 B17F von 450 WPS (335 kW) Leistung.
Leistungen: Max. Reisegeschwindigkeit 395 km/h auf 3050 m; Reichweite mit vier Passagieren und 30 Min. Reserve 925 km, maximal 2130 km.
Gewichte: Noch keine Angaben erhältlich.
Zuladung (nach Angaben des Herstellers): Höchstgeschwindigkeit 395 km/h.
Entwicklungsstand: Der erste Prototyp wurde an der Luftfahrtausstellung von Paris im Juni 2001 erstmals vorgestellt. Noch steht der Erstflug aus. Über die Auftragslage sind noch keine Angaben verfügbar.
Bemerkungen: Die 140TP ist vorwiegend für folgende zwei Aufgaben gedacht: Trainer für zivile oder militärische Betreiber. Dazu ist die Maschine voll kunstflugtauglich. Aber auch als leichtes Geschäftsreiseflugzeug ist dieses Muster geeignet und in dieser Aufgabe besonders wirtschaftlich zu betreiben. Die Kabine ist für vier Personen sehr grosszügig konzipiert, um auch längere Trips angenehm zu gestalten. Rumpf und Flügel sind vollständig aus Verbundwerkstoffen. Die 140TP verfügt über ein Einziehfahrwerk sowie einen Fünfblattpropeller Mühlbauer MTV-5. Je nach Kundenwunsch kann die 140TP mit oder ohne Druckkabine bestellt werden. Der Kaufpreis soll ab US$ 890.000.-- betragen.
Hersteller: Grob Luft- und Raumfahrt GmbH & Co. KG., Mindelheim, BRD.

Abmessungen: Noch keine Angaben erhältlich.

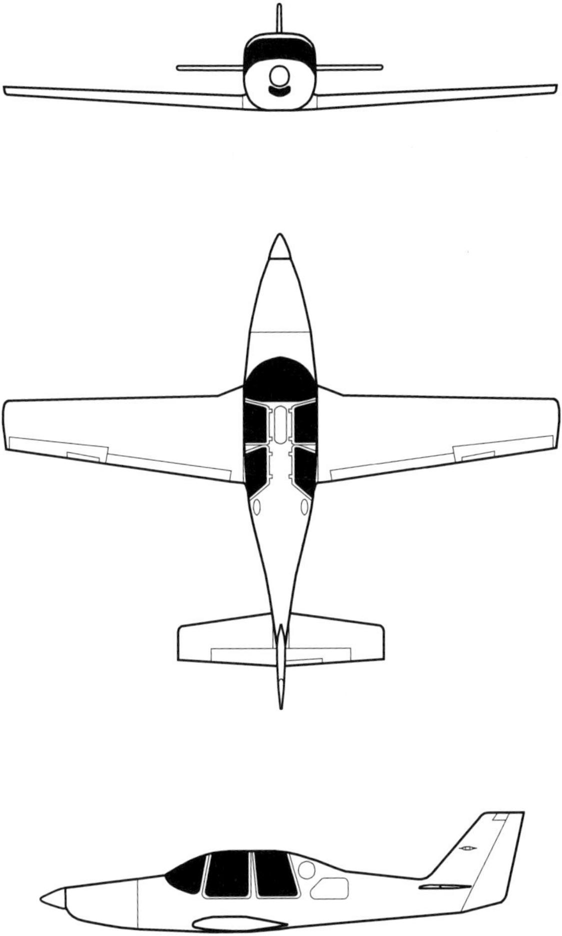

GULFSTREAM G 100

Ursprungsland: Israel/USA.
Kategorie: Firmenflugzeug.
Triebwerke: Zwei Mantelstromtriebwerke AlliedSignal TFE731-40R von je 1930 kp (18,90 kN) Standschub.
Leistungen: Max. Reisegeschwindigkeit 867 km/h (Mach 0,84); Langstrecken-Reisegeschwindigkeit 796 km/h; Anfangssteiggeschwindigkeit 18,8 m/Sek; Dienstgipfelhöhe 12500 m; Reichweite mit max. Treibstoffzuladung, vier Passagieren und IFR-Reserven (SP) 5053 km, (SPX) 5500 km.
Gewichte: Leergewicht (SP) 5998 kg, (SPX) 6214 kg; max. Startgewicht (SP) 10659 kg, (SPX) 11179 kg.
Zuladung: Zwei Mann Cockpitbesatzung und je nach Inneneinrichtung normal sechs bis maximal neun Passagiere; max. Nutzlast 1510 kg.
Entwicklungsstand: Der Prototyp des noch als IAI Astra SP bezeichneten Typs fliegt seit 1989, jener der SPX seit 16. August 1994. Bisher sind rund 180 Exemplare bestellt worden. Die US Nationalgarde von Maryland hat zwei als C-38A bezeichnete SPX (+ 2 Optionen) als schnelle Verbindungstransporter erhalten. Die indische Luftwaffe soll bis zu neun für ELINT- und Seeüberwachungs-Aufgaben erhalten. Jährlich werden rund 12 G 100 hergestellt.
Bemerkungen: Die SP (= **S**pecial **P**erformance) verfügt über eine überarbeitete Inneneinrichtung und aerodynamische Verbesserungen zur Erhöhung der Dienstgipfelhöhe und der Reichweitenleistung. Zudem ist das Cockpit vollständig überarbeitet und mit EFIS-Anzeigen ausgerüstet worden. Sie verfügt über TFE731-3A-Triebwerke von je 1680 kp (16,46 kN) Leistung. Die Version SPX erreicht dank eines neuen Flügels und leistungsfähigeren Triebwerken eine mit Mach 0,82 wesentlich höhere Reisegeschwindigkeit und grössere Reichweiten. Durch Übernahme von IAI/Galaxy durch Gulfstream Aerospace erhielt die Astra nun die Bezeichnung Gulfstream 100
Hersteller: Gulfstream Aerospace Corp., Savannah, Georgia, Werk Israel Aircraft Industries Ltd., Israel.

Abmessungen: Spannweite 16,64 m, Länge 16,94 m, Höhe 5,54 m, Flügelfläche 29,40 m^2.

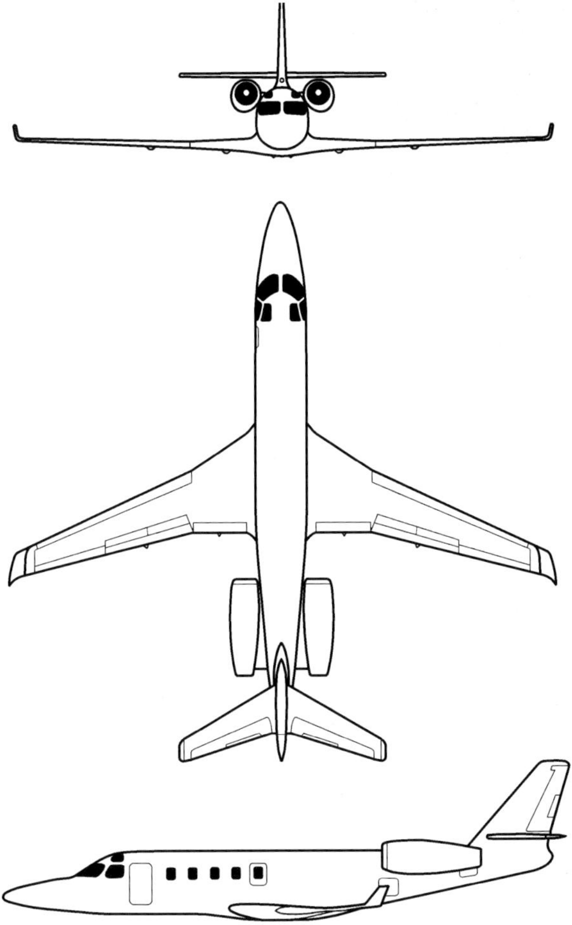

GULFSTREAM G 200

Ursprungsland: Israel/USA.
Kategorie: Firmenflugzeug.
Triebwerke: Zwei Mantelstromtriebwerke Pratt & Whitney Canada PW306A von je 2850 kp (25,34 kN) Leistung.
Leistungen: Höchstgeschwindigkeit 870 km/h oder Mach 0,85; Langstrecken-Reisegeschwindigkeit 800 km/h (Mach 0,82); Dienstgipfelhöhe 13716 m; Reichweite mit vier Passagieren 6660 km.
Gewichte: Leergewicht 8480 kg; max. Startgewicht 15800 kg.
Zuladung: Zwei Piloten und normalerweise acht Passagiere in Komfortausführung oder bis zu 18 Personen in enger Dreierbestuhlung mit Mittelgang; max. Nutzlast 2400 kg.
Entwicklungsstand: Der erste von vier Prototypen fliegt seit 25. Dezember 1997. Die Ablieferungen begannen Anfang 1999. Bis Ende 2001 sind Bestellungen für über 100 Einheiten (+ Optionen) eingegangen. Jährlich werden 24 Maschinen in Israel hergestellt, welche die Innenausstattung in den USA erhalten.
Bemerkungen: Die frühere Galaxy, neu als Gulfstream G 200 bezeichnet, ist das Resultat einer Zusammenarbeit zwischen der israelischen IAI und einer amerikanischen Finanzgruppe und wurde aus der Astra SPX/G 100 (siehe Seiten 184/185) weiterentwickelt. Während der Flügel weitgehend von ihr übernommen wurde, verfügt die Galaxy über einen völlig neu konstruierten, wesentlich grösseren Rumpf. Mit einer Länge von 7,44 m, einer Breite von 2,18 m und einer Höhe von 1,91 m (Innenmasse) wird sie wesentlich höheren Ansprüchen gerecht. Wie bei den meisten Geschäftsflugzeugen neuester Generation ist das Cockpit mit Multifunktionsdisplays ausgerüstet; Lieferant ist Rockwell Collins. Der Verkaufspreis einer voll ausgerüsteten Galaxy beträgt rund US$ 17 Mio. Der Hersteller prüft derzeit eine verlängerte Variante mit neuem Flügel und stärkeren Triebwerken, die Reichweiten bis zu 7400 km erzielen könnte. Ein Entwicklungsentscheid steht noch aus.
Hersteller: Gulfstream Aerospace Corp., Savannah, Georgia, Werk Israel Aircraft Industries Ltd., Israel.

Abmessungen: Spannweite 17,71 m, Länge 18,97 m, Höhe 6,53 m, Flügelfläche 34,28 m².

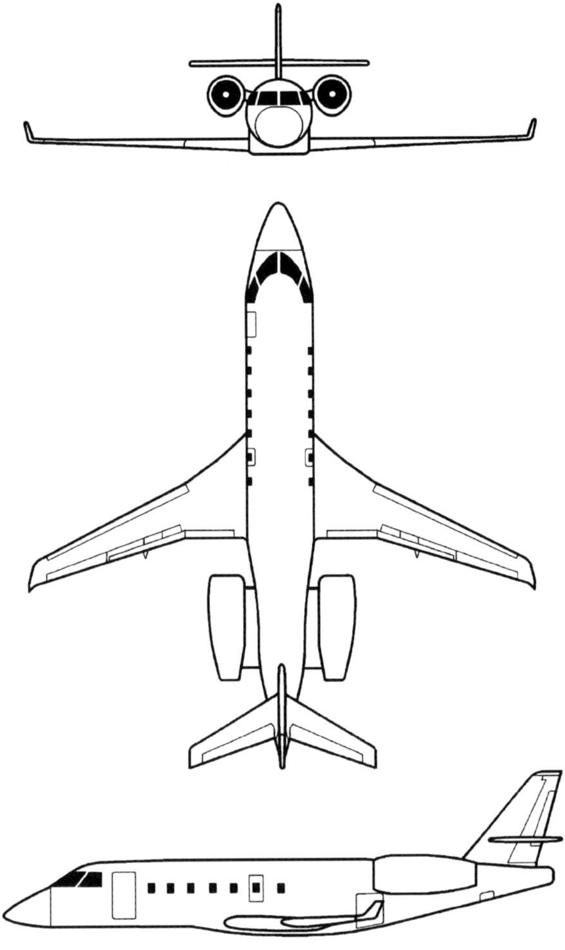

GULFSTREAM AEROSPACE GULFSTREAM V

Ursprungsland: USA.
Kategorie: Langstrecken-Firmenflugzeug.
Triebwerke: Zwei Mantelstromtriebwerke BMW/Rolls-Royce BR 710-48 von je 6690 kp (65,6 kN) Standschub.
Leistungen: Max. Reisegeschwindigkeit 904 km/h; Langstrecken-Reisegeschwindigkeit 851 km/h; Anfangssteiggeschwindigkeit 21,3 m/Sek; Dienstgipfelhöhe 15500 m; Reichweite mit max. Treibstoffzuladung und acht Passagieren und IFR-Reserven 12046 km.
Gewichte: Rüstgewicht 21228 kg; max. Startgewicht 41050 kg.
Zuladung: Zwei Piloten im Cockpit und normalerweise 13 bis 15, max. 19 Passagiere. Max. Nutzlast 2950 kg.
Entwicklungsstand: Der erste Prototyp fliegt seit 28. November 1995. Die Auslieferungen begannen Mitte 1997. Bis Ende 2001 sind rund 200 Einheiten (ca. 140 hergestellt) bestellt worden. Die USAF erhält elf als C-37A (+ eine Option) bezeichnete VIP-Transporter, die US Army und die US Coast Guard je eine. Jährlich werden etwa 30 Maschinen gebaut.
Bemerkungen: Gulfstreams neuestes Modell ist das erste Firmenflugzeug, welches unter Normalbetrieb Reichweitenleistungen von über 10000 km anbietet. Dazu wurde das Ausgangsmuster Gulfstream IV vollständig überarbeitet. Der Rumpf weist eine Streckung von 2,40 m auf und bietet somit einen wesentlich höheren Passagierkomfort mit grösserer Gepäckzuladung. Die Kabine misst nun 15,30 m. Die Höhe mit 1,90 m und die Breite mit 2,20 m bleiben gegenüber der Gulfstream IV hingegen gleich. Völlig neu wurde der Flügel konstruiert, um ihn für die erforderlichen Reichweiten zu optimieren. Es gelangt das digitale Avionik-System Honeywell SPZ-8000 mit sechs Multifunktionsbildschirmen zum Einbau. Eine weiter verbesserte Variante V-SP mit etwa 500 km grösserer Reichweite und neuem Cockpit startete am 30. August 2001 zum Erstflug (bisher rund 40 bestellt). Zudem wird derzeit geprüft, eine militärische Ausführung für Spezialeinsätze unter der Bezeichnung EC-37SM zu entwickeln.
Hersteller: Gulfstream Aerospace Corp. (Tochterfirma von Daimler-Chrysler Corp.), Savannah, Georgia, USA.

Abmessungen: Spannweite 28,50 m, Länge 29,40 m, Höhe 7,70 m, Flügelfläche 105,63 m².

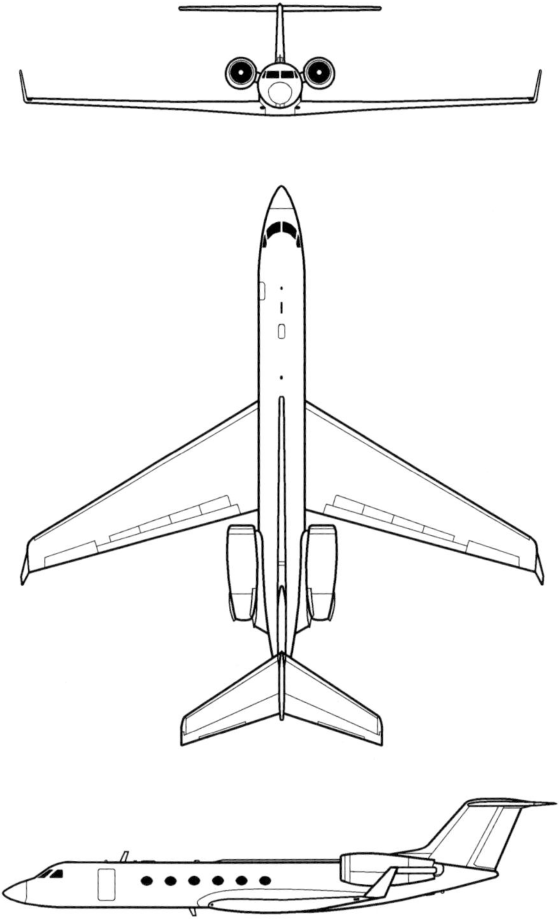

HAL SHAMSHER IM

Ursprungsland: Indien (Frankreich, Grossbritannien).
Kategorie: Einsitziges taktisches Kampfflugzeug, Aufklärer und zweisitziger Einsatztrainer; zweisitzige Allwetter-Erdkämpfer.
Triebwerke: Zwei Mantelstromtriebwerke Rolls-Royce Turboméca Adour Mk. 811 (Lizenzbau HAL) von je 2550 kp (25,0 kN) Standschub ohne und 33810 kp (37,4 kN) mit Nachbrenner.
Leistungen: Höchstgeschwindigkeit auf Meereshöhe 1350 km/h (Mach 1,1), 1700 km/h auf 11000 m (Mach 1,6); normaler Einsatzradius mit internem Treibstoff 850 km, mit externen Zusatztanks 1400 km; Überführungsreichweite 3500 km.
Gewichte: Rüstgewicht 7000 kg; max. Startgewicht mit Aussenlasten 15700 kg.
Bewaffnung: Zwei 30-mm-Kanonen Aden und an fünf Waffenstationen eine Nutzlast bis zu 4700 kg. Nebst Luft-Luft- und Luft-Boden-Lenkwaffen sowie frei fallende Bomben können nun auch laser-gesteuerte Bomben und weitere Präzisionswaffen mitgeführt werden.
Entwicklungsstand: Zwischen 1967 und 1985 sind insgesamt 457 Jaguars der verschiedenen Versionen für die Luftwaffen von Frankreich 200, Grossbritannien 203, Ecuador 12, Nigeria 18 und Oman 24 gebaut worden. Indien erhielt bisher rund 131 Maschinen von total 168 bestellten Einheiten. Zusätzlich wurden vorübergehend 18 Jaguar von der RAF übernommen.
Bemerkungen: Drei Ausführungen der Shamsher (Angriffsschwert) werden seit 1982 in Indien in Lizenz gebaut und auch weiter entwickelt: Die einsitzige Erdkampfversion IS, der zweisitzige Einsatztrainer IB sowie die Marineausführung IM mit einem Agave-Kampfradar in der Rumpfnase. Die neu bestellten 17 Doppelsitzer sind für Nachtkampfeinsätze optimiert. Letztere verfügen über Multifunktions-Anzeigen im Cockpit, digitalem Autopiloten, INS-Avionik, MIL-STD-1553B Databus und einem HUD. Zudem sind bei dieser Ausführung ein Laser-Entfernungsmesser und ein Laser-Zielbezeichnungsgerät eingebaut. Vor kurzem wurden nochmals 20 Shamsher IS in Auftrag gegeben.
Hersteller: HAL Hindustan Aeronautics Ltd., Bangalore, Indien.

Abmessungen: Spannweite 8,69 m, Länge (Einsitzer) 15,52 m, (Doppelsitzer) 17,53 m, Höhe 4,89 m, Flügelfläche 24,18 m^2.

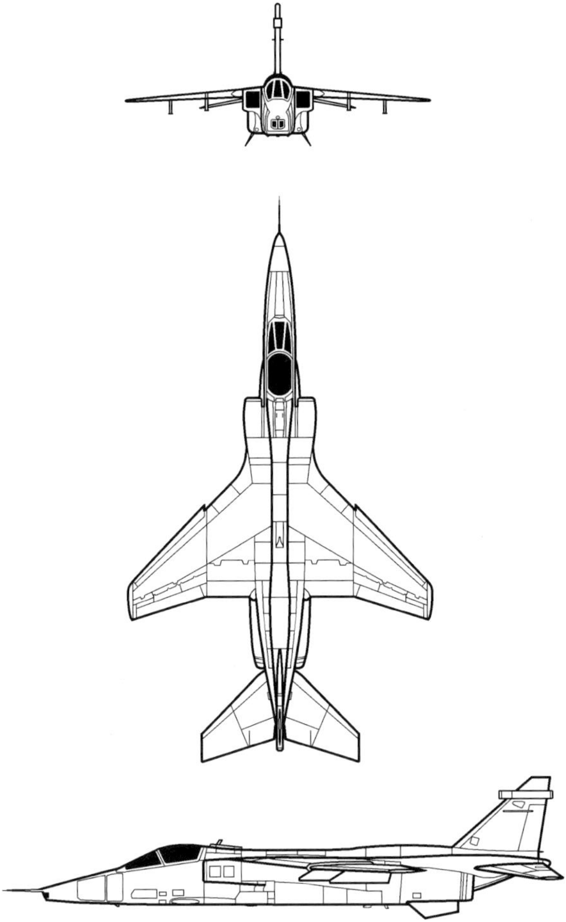

HAL CHEETAH

Ursprungsland: Indien.
Kategorie: Leichter Mehrzweckhubschrauber für Hochgebirgseinsätze.
Triebwerke: Eine Gasturbine Turboméca Artouste IIIB (Lizenzbau HAL) mit einer auf 542 WPS (404 kW) reduzierten Leistung.
Leistungen: Höchstgeschwindigkeit 210 km/h, max. Reisegeschwindigkeit 192 km/h; max. Schrägsteiggeschwindigkeit 5,5 m/Sek; Dienstgipfelhöhe 6400 m; Reichweite mit max. Treibstoff 550 km; Flugdauer 3,5 Std.
Gewichte: Leergewicht 995 kg; normales Startgewicht 1750 kg, mit externer Nutzlast 1850 kg.
Zuladung: Pilot und drei Passagiere; max. Aussenlast von 1000 kg.
Entwicklungsstand: Erstflug der indischen Ausführung am 17. März 1969. Die Produktion läuft in einer kleinen Serie weiter. Jährlich werden etwa sechs Einheiten hergestellt, bisher insgesamt etwa 250. Die meisten gingen an die indische Armee, einige wurden exportiert. Kürzlich bestellte Nepal 10 Einheiten. Vom französischen Ausgangsmuster sind bis 1992 407 Lamas gebaut worden.
Bemerkungen: Die Lama/Cheetah ist ein für den Einsatz im Hochgebirge optimierter Hubschrauber, welcher sehr robust, leistungsstark und möglichst leicht gebaut wurde. Er ist in der Lage, Lasten in für andere Hubschrauber immer noch unerreichten Höhen zu transportieren. Das französische Ausgangsmuster hält immer noch den Höhenweltrekord mit 12442 m. Zu seinen militärischen und zivilen Aufgaben gehören u.a. Verbindungs- und Beobachtungsflüge, Transporte aller Art, Einsätze für die Landwirtschaft. Für Rettungsaufgaben ist der Lama mit einer Rettungswinde mit einer Tragkraft von 160 kg und zwei Liegenkojen ausserhalb der Kabine über den Kufen ausgerüstet. Eine als Lancer bezeichnete leichte Angriffsvariante wird derzeit ausgeliefert. Die indische Armee hat bisher 12 Einheiten bestellt.
Hersteller: HAL Hindustan Aeronautics Ltd. Bangalore, Indien.

Abmessungen: Rotordurchmesser 11,02 m, Rumpflänge 10,23 m, Höhe inkl. Rotorkopf 3,09 m.

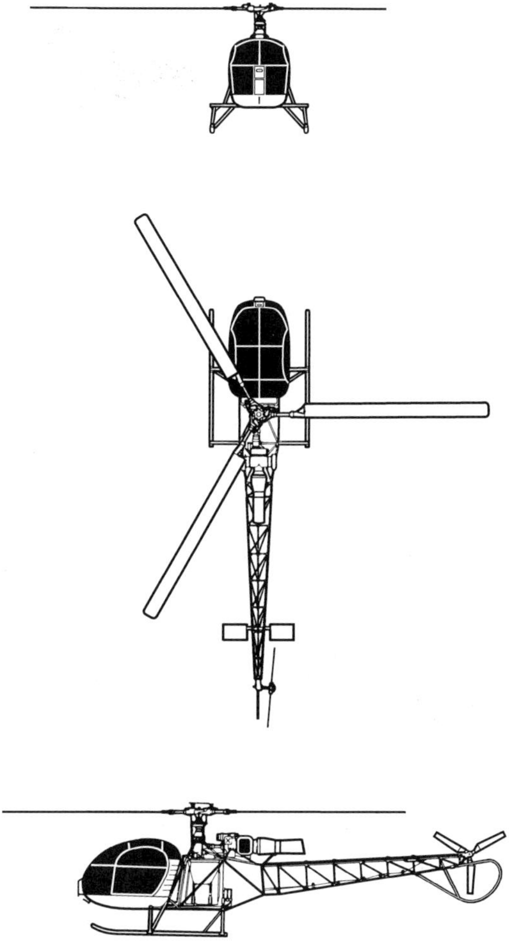

HAL (DORNIER) 228

Ursprungsland: Indien (Deutschland).
Kategorie: Leichter STOL-Mehrzwecktransporter und Marine-Überwachungsflugzeug.
Triebwerke: Zwei Propellerturbinen AlliedSignal TPE331-5-252D (Lizenz HAL) von je 715 WPS (533 kW) Leistung.
Leistungen (228-201): Höchstgeschwindigkeit 472 km/h; max. Reisegeschwindigkeit 411 km/h; Anfangssteiggeschwindigkeit 9,7 m/Sek; Dienstgipfelhöhe 8535 m; Reichweite mit 19 Passagieren inkl. Reserven 1000 km; max. 2445 km.
Gewichte (228-201): Rüstgewicht 3687 kg; max. Startgewicht 6400 kg.
Zuladung: Zwei Piloten und (Regionalflugzeug) bis zu 19 Passagiere, (Transporter) 21 Soldaten.
Entwicklungsstand: Der deutsche Prototyp flog erstmals am 28. März 1981. Das erste Lizenzmuster von HAL begann die Flugerprobung am 31. Januar 1986. Bisher sind rund 90 Einheiten bestellt und zum grössten Teil abgeliefert worden und zwar u.a. an: Indische Luftwaffe 25, Indische Marine 15, Küstenwache 36, diverse Regierungsagenturen und zivile Betreiber.
Bemerkungen: Vier verschiedene Ausführungen produziert HAL in Lizenz: Das Regionalverkehrsflugzeug 228-201 sowie den Militärtransporter der 228-201, die Seeüberwachungsausführung 228-101, ausgerüstet u.a. mit einem 360°-Suchradar Marec 2 unter dem Rumpf, Navigationssystem von Litton Omega, Infrarot/Ultraviolett-Scanner für Umweltschutzaufgaben usw. Zudem ist eine Schiffsbekämpfungsversion der 228-201 im Einsatz, welche Antischiffslenkwaffen mitführen kann. Das deutsche Grundmuster (siehe Ausgabe 1989/90, rund 280 Einheiten gebaut) wurde in der Konstruktion bewusst sehr einfach und robust gehalten. Nebst grosser Zuverlässigkeit sind die Betriebskosten entsprechend niedrig. Zusammen mit IAI aus Israel plant HAL eine neue Seepatrouillien-Version zu entwickeln, welche mit besonders kostengünstigen Systemen ausgerüstet wäre.
Hersteller: HAL Hindustan Aeronautics Ltd., Bangalore, Indien.

Abmessungen: Spannweite 16,97 m, Länge 16,56 m, Höhe 4,86 m, Flügelfläche 32,00 m².

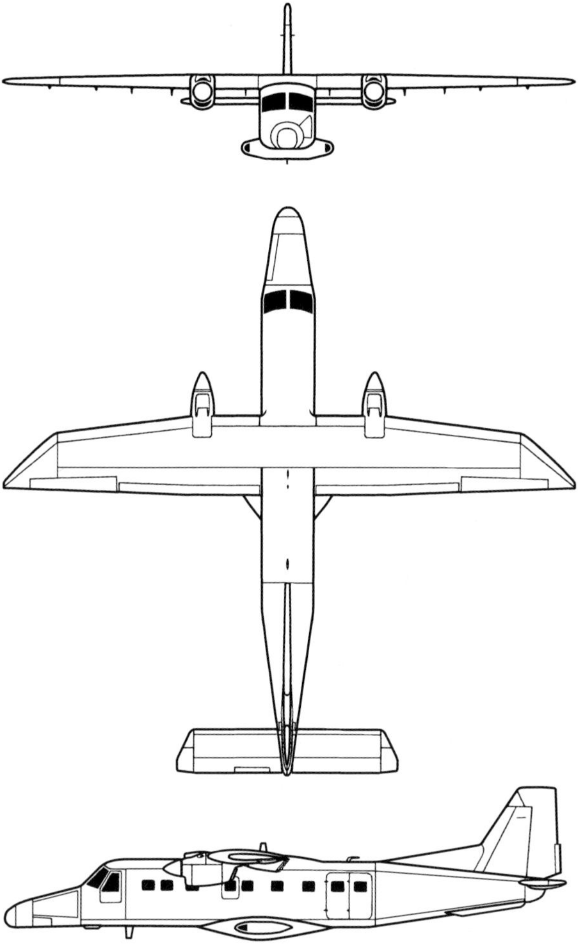

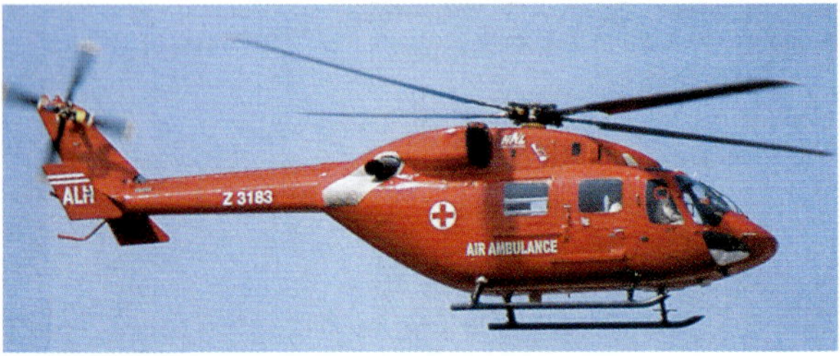

HAL ALH

Ursprungsland: Indien.
Kategorie: Ziviler und militärischer Mehrzweckhubschrauber.
Triebwerke: Zwei Gasturbinen Turboméca TM 333-2B von je 1000 WPS (746 kW) Leistung.
Leistungen: Höchstgeschwindigkeit 280 km/h auf Meereshöhe; Reisegeschwindigkeit 245 km/h; max. Schrägsteiggeschwindigkeit 9,0 m/Sek; Dienstgipfelhöhe 6000 m; Schwebehöhe ohne Bodeneffekt 3000 m+; Reichweite mit einer Nutzlast von 700 kg 400 km auf Meereshöhe, max. Reichweite 800 km.
Gewichte: Leer (Luftwaffenversion) 2216 kg, (Marineversion) 2352 kg; max. Startgewicht (Armeeversion) 5500 kg, (Luftwaffenversion) 4000 kg, (Marineversion) 5000 kg.
Zuladung: Zwei Piloten und bis zu 14 Passagiere. Max. Nutzlast als Aussenlast 1500 kg.
Entwicklungsstand: Der erste von vier Prototypen nahm die Flugerprobung im August 1992 auf. Die indischen Streitkräfte haben einen Bedarf von 300 ALH's (Armee 120, Luftwaffe 60, Marine 120). Zwölf Einheiten von verschiedenen Versionen sind bestellt, welche alle ab März 2001 abgeliefert wurden. Für 20 weitere wird der Auftrag bald erwartet. Vorerst sollen jährlich 24, später rund 36 Maschinen gebaut werden.
Bemerkungen: Verschiedene Varianten sind vorgesehen: (Armee) Truppentransporter und Nachschubhubschrauber, Antitank- und Minenlegemissionen, alle ausgerüstet mit einem Kufenfahrwerk; (Marine) Verbindungs- und Evakuationsaufgaben sowie SAR- und ASW-Aufträge, ausgerüstet mit einem einziehbaren Dreipunkt-Radfahrwerk, faltbarem Haupt- und Heckrotor und Sonar; (Luftwaffe) Rettungshubschrauber, Mehrzwecktransporter. Auch eine Zivilversion für normalerweise bis zu 12 Passagiere wird angeboten (Erstflug 1999). Haupt- wie Heckrotor sind gelenklos aus Faserverbundwerkstoffen, der Rumpf besteht nebst Aluminium aus Karbon und Kevlar. Derzeit wird geprüft, die Marineausführung mit den stärkeren Triebwerken TM332C2 von je 1200 WPS (895 kW) auszurüsten.
Hersteller: HAL Hindustan Aeronautics Ltd., Bangalore, Indien.

Abmessungen: Rotordurchmesser 13,20 m, Rumpflänge 12,89 m, Höhe inkl. Rotorkopf 3,76 m.

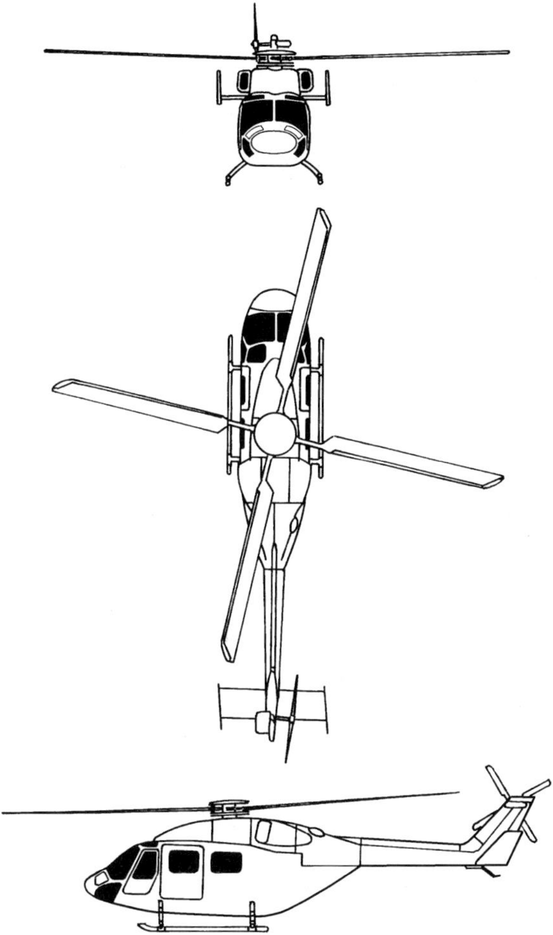

HAL HJT-36

Ursprungsland: Indien.
Kategorie: Zweisitziger Trainer und leichter Erdkämpfer.
Triebwerke: Zwei Mantelstromtriebwerke SNECMA/Turboméca Larzac 04 von je1435 kp kp (14,12 kN) Standschub.
Leistungen (geschätzt): Höchstgeschwindigkeit horizontal 740 km/h + (Mach 0,8); Dienstgipfelhöhe 12000 m; Reichweite mit max. Treibstofffüllung 1000 km, max. Flugdauer 2 Std.
Gewichte: Norm. Startgewicht 3500, max. Startgewicht 4500 kg.
Bewaffnung: Max. Nutzlast von 1000 kg an externen Waffenlasten, verteilt auf fünf Waffenstationen unter den Flügeln und unter dem Rumpf.
Entwicklungsstand: Der Erstflug des ersten von zwei Prototypen ist für Ende 2002 vorgesehen. Die indische Luftwaffe und Marine haben gemeinsam einen Bedarf von 225 Einheiten. Mit der Auslieferung soll ab 2004 oder 2005 begonnen werden.
Bemerkungen: Mit der HJT-36 soll die seit vielen Jahren in Einsatz stehende HJT-16 Kiran (siehe Ausgabe 1985/86) ersetzt werden. Im Vergleich zu diesem Muster, ist die HJT-36 eine wesentlich höher entwickelte, robustere und konstruktiv einfachere Maschine. Was für eine Avionik eingebaut wird, ist derzeit noch nicht entschieden. Als sog. «Intermediate Jet Trainer» soll er vorwiegend die Anfängerausbildung auf Jetflugzeuge sicherstellen.
Hersteller: Hindustan Aeronautics Ltd., Bangalore, Indien.

Abmessungen: Spannweite 9,50 m, Länge 11,00 m, Höhe 4,13 m, Flügelfläche 17,00 m^2.

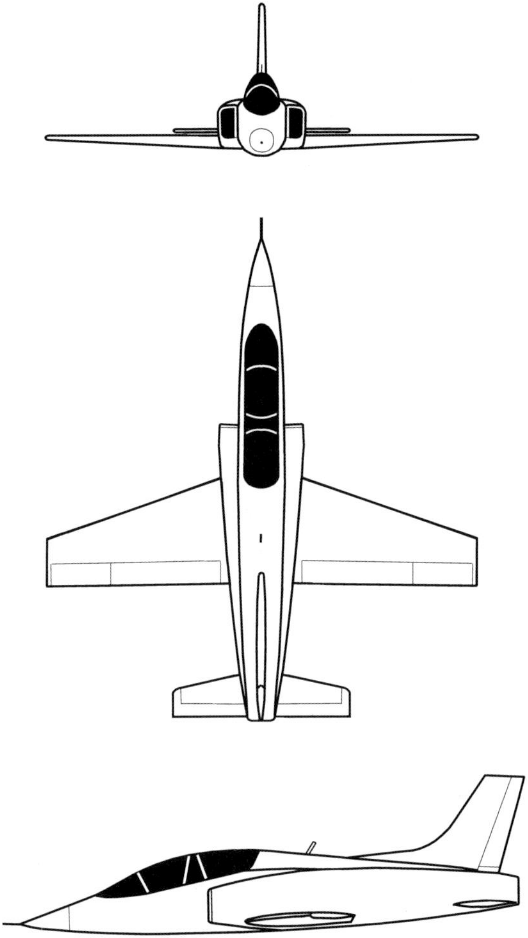

HARBIN Z-9 HAITUN

Ursprungsland: Volksrepublik China/Frankreich.
Kategorie: Militärischer und ziviler Mehrzweckhubschrauber.
Triebwerke: Zwei Gasturbinen Turboméca Arriel 1C bzw. 1C1 (Lizenzbau SAEC WZ8 bzw. WZ8A) von je 733 WPS (547 kW) Leistung.
Leistungen: Höchstgeschwindigkeit auf Meereshöhe 285 km/h; max. Schrägsteiggeschwindigkeit 4,10 m/Sek; Dienstgipfelhöhe 6000 m; Schwebehöhe mit Bodeneffekt 2600 m, ohne Bodeneffekt 1600 m; Reichweite normal 860 km, mit Zusatztanks 1000 km.
Gewichte: Leergewicht 2050 kg; max. Startgewicht 4100 kg.
Zuladung: Ein bis zwei Piloten und bis zu 13 Passagiere; max. Nutzlast 2038 kg.
Bewaffnung (Z-9G): Bis zu acht Panzerabwehrlenkwaffen Norinco HJ-8 und eine doppelläufige 23-mm-Kanone.
Entwicklungsstand: Das erste in der VR China gebaute Exemplar begann die Flugerprobung am 6. Februar 1982. Die chinesische Luftwaffe verfügt über 50 Einheiten, die Marine sowie die Armee über deren je 25. Eine weitere unbekannte Zahl ist durch zivile Unternehmen beschafft worden. Die Produktion läuft weiter.
Bemerkungen: Die Z-9 entspricht weitgehend der französischen Eurocopter AS 365N (siehe Ausgabe 1997). Bisher sind drei Ausführungen gebaut worden: Die Z-9A, welche der französischen Ausführung AS 365N1 entspricht, die Z-9B mit überarbeitetem Fenestron-Heckrotor mit 13 Rotorblättern wie die AS 365N2 und die bewaffnete Z-9G. Bei letzterer handelt es sich um eine chinesische Eigenentwicklung.
Hersteller: Harbin Aircraft Manufacturing Corp., Harbin, Volksrepublik China.

Abmessungen: Rotordurchmesser 11,94 m, Rumpflänge 11,63 m, Höhe inkl. Rotorkopf 3,52 m, inkl. Seitenleitwerk 3,98 m.

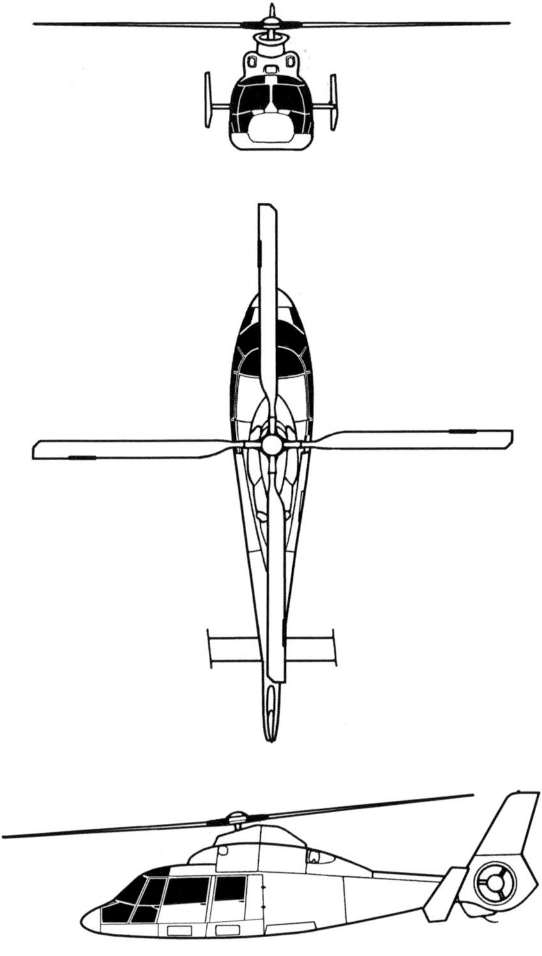

ILJUSCHIN IL-76MF

Ursprungsland: Russland.
Kategorie: Schwerer ziviler wie militärischer Mittel- und Langstreckentransporter, Radarfrühwarnflugzeug.
Triebwerke: Vier Mantelstromtriebwerke Aviadvigatel/Perm PS-90A-76 von je rund 16000 kp (157,8 kN) Standschub.
Leistungen (geschätzt): Höchstgeschwindigkeit 850 km/h auf 10000 m; max. Reisegeschwindigkeit 800 km/h; Langstrecken-Reisegeschwindigkeit 750 km/h; Anfangssteiggeschwindigkeit 9,0 m/Sek; Dienstgipfelhöhe ca. 15500 m; Reichweite mit max. Nutzlast von 52000 kg 4500 km, mit 40000 kg 5200 km.
Gewichte: Rüstgewicht 101000 kg; max. Startgewicht 210000 kg.
Zuladung: Bis zu sechs Mann Besatzung, einschliesslich zwei Lademeister und einem Navigator. Max. Nutzlast je nach Einsatzzweck zwischen 40000 und 52000 kg.
Entwicklungsstand: Die neueste Version Il-76MF hat den Erstflug am 1. August 1995 absolviert. Die russische Luftwaffe will 120 Einheiten beschaffen. Bisher sind vier Maschinen hergestellt worden, weitere 10 sollen im Bau sein. East Line hat kürzlich zwei Il-76TF bestellt. Von den früheren Varianten der Il-76 sind bisher rund 860 Maschinen hergestellt worden. Offenbar hat die VR China weitere 36 Einheiten in Auftrag gegeben.
Bemerkungen: Die Il-76MF wurde in der Ausgabe 2001 beschrieben. Neuesten Meldungen zufolge sollen fünf Il-76MF mit CFM-56-Triebwerken ausgerüstet werden. Der zivile Frachter wird als Il-76TF bezeichnet. Weiterhin angeboten und gebaut werden die Ursprungsvariante Il-76TD sowie der Tanker Il-78. Indien hat kürzlich sechs Einheiten bestellt. Eine AEW-Version, basierend auf der IL-76TD, wird definitiv von Beriew zusammen mit der israelischen IAI entwickelt. Als Iljuschin A-50Ehl bezeichnet, verfügt sie über ein AEW-Radar Phalcon über dem Rumpf (ähnlich jenem der russischen A-50, siehe Foto). Indien wird drei Einheiten beschaffen.
Hersteller: Iljuschin Design Bureau, Moskau, Russland und Chkalow Werk, Taschkent, Usbekistan.

Abmessungen: Spannweite 50,50 m, Länge 53,19 m, Höhe 14,76 m, Flügelfläche 300 m^2.

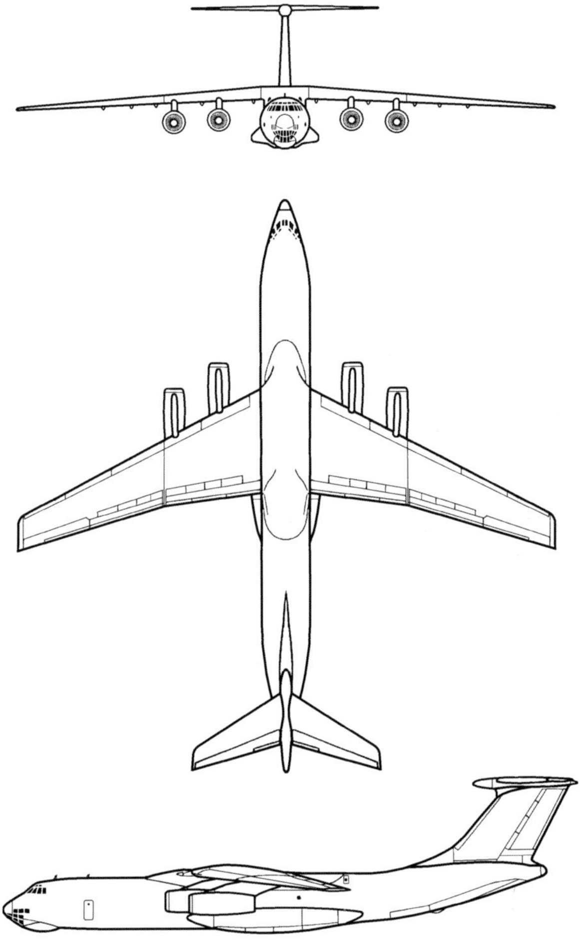

ILJUSCHIN IL-96M/IL-96T/-300

Ursprungsland: Russland.
Kategorie: Langstrecken-Verkehrsflugzeug.
Triebwerke: Vier Mantelstromtriebwerke (Il-96M) Pratt & Whitney PW2337 von je 17350 kp (170,1 kN) bzw. (Il-96-300) Aviadvigatel/Perm PS-90A von je 16000 kp (156,90 kN) Standschub.
Leistungen (Schätzung): Max. Reisegeschwindigkeit 900 km/h; normale Reisegeschwindigkeit 850 bis 870 km/h; Dienstgipfelhöhe 13100 m; Reichweite mit max. Nutzlast (Il-96-300) 7500 km, (Il-96M) 11482 km, mit 30000 kg (Il-96-300) 9000 km.
Gewichte: Rüstgewicht (Il-96-300) 117000 kg, (Il-96M) 132400 kg; max. Startgewicht (Il-96-300) 216000 kg, (Il-96M) 270000 kg.
Zuladung (Il-96-300/Il-96M): Drei/zwei Mann Cockpitbesatzung und drei verschiedene Inneneinrichtungen z.B. für 22/18 Erstklasse-, 40/44 Businessklasse- und 173/250 Zweitklassepassagiere oder in Einheitsklasse 300/375 Passagiere. Max. Nutzlast (Il-96-300) 40000 kg, (Il-96T) 92000 kg.
Entwicklungsstand: Der Prototyp der Ausführung Il-96M (Umbau der ersten Il-96-300) flog erstmals am 6. April 1993. Die Auftragslage der Passagierausführung wie auch der davon abgeleiteten Frachtversion Il-96T (Erstflug 16. Mai 1997) ist derzeit völlig unklar. Das erste und bisher einzige Serienflugzeug der Il-96M fliegt seit Dezember 1995. Für die Il-96-300 gingen etwa 20 Aufträge (+ 10 Optionen) ein. Rund ein Dutzend davon sind bisher ausgeliefert worden.
Bemerkungen: Die Il-96M bzw. T (siehe Silhouette) ist eine mit westlichen Triebwerken und Rockwell-Collins-Avionik versehene Ausführung für den internationalen Markt. Der Rumpf wurde gegenüber der Il-96-300 um 9,35 m verlängert, das Seitenleitwerk dafür etwas verkleinert. Das Cockpit ist voll digitalisiert und für Zweimannbetrieb eingerichtet. Von ihr abgeleitet, soll unter der Bezeichnung Il-96-400(T) eine gleich grosse Variante, ausgerüstet mit russischen Triebwerken und russischer Avionik, gebaut werden. Die preisgünstigere Vorgängerversion Il-96-300 bleibt weiterhin im Angebot, vorwiegend für den östlichen Markt. Von dieser Ausführung soll nun auch eine Frachtversion für bis zu 70 t Fracht gebaut werden.
Hersteller: Iljuschin Design Bureau, Moskau, Werk Woronesch, Russland.

Abmessungen (Il-96M/T): Spannweite inkl. Winglets 60,11 m, Länge 63,94 m, Höhe 15,72 m, Flügelfläche 391,6 m^2.

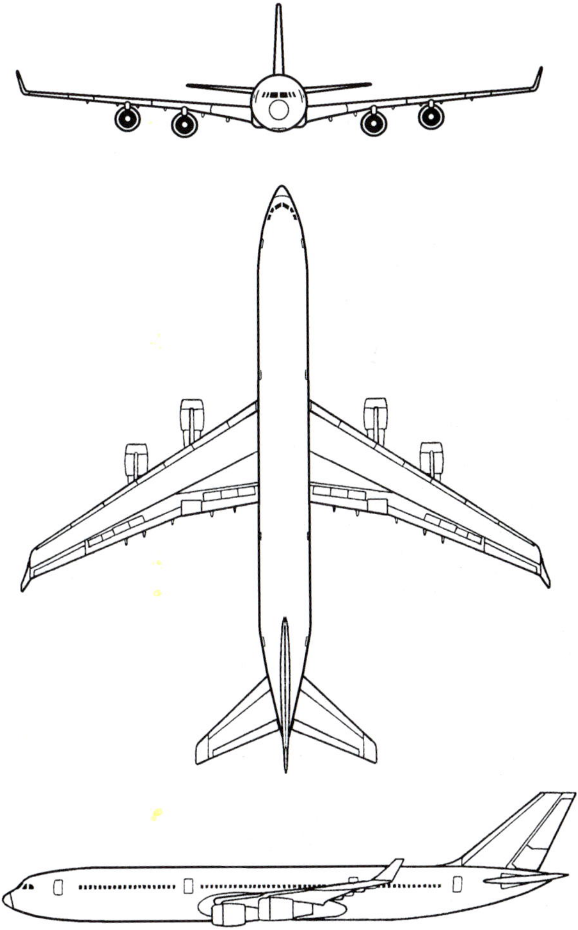

KAMAN K-MAX

Ursprungsland: USA.
Kategorie: Einsitziger Lastenhubschrauber.
Triebwerke: Eine Gasturbine Textron Lycoming T5317A-1 mit einer reduzierten Leistung von 1500 WPS (1119 kW).
Leistungen: Höchstgeschwindigkeit ohne Aussenlasten 185 km/h, mit Aussenlasten 148 km/h; Dienstgipfelhöhe 7620 m; Schwebehöhe mit Bodeneffekt und einer Nutzlast von 2268 kg und Treibstoff für 1,5 Std. 2440 m.
Gewichte: Leer 2132 kg; max. Startgewicht 5216 kg.
Zuladung: Ein Pilot und Aussenlasten ohne Bodeneffekt bis zu 2300 kg, mit Bodeneffekt 2700 kg.
Entwicklungsstand: Der erste von zwei Prototypen startete am 23. Dezember 1991 zum Erstflug. Die Auslieferungen begannen unmittelbar nach der Zulassung vom 30. August 1994. Bis Ende 2001 hat Kaman rund 40 K-Max abgeliefert. Neueste Bestellung: Peruanische Polizei 5.
Bemerkungen: Die K-Max ist ein aussergewöhnlicher, speziell für den Lastentransport ausgelegter Hubschrauber, insbesondere für den Transport von Baumstämmen in unwirtlichen Gegenden. Dazu ist sie sehr einfach und robust konstruiert und die Kabine besonders crash-resistent ausgelegt. Wie bei fast allen bisherigen Kaman-Konstruktionen, gelangt auch hier das Rotorsystem mit zwei gegenläufig ineinandergreifenden gelenklosen Zweiblattrotoren zur Anwendung. Damit kann auf einen Heckrotor verzichtet werden. Dank der ungewöhnlichen Kabinenauslegung geniesst der Pilot eine ausgezeichnete Aussicht nach unten. Die K-Max soll auch als Feuerwehr- bzw. Landwirtschaftshubschrauber mit einem 2500-l-Tank ausgerüstet werden können. Neu wird für einen Flugbegleiter ein zweiter Sitz ausserhalb! des Hubschraubers angeboten. Die USN erprobt die K-Max als Versorgungshubschrauber sowie für Minensucheinsätze in flachen Gewässern. Dazu rüstete man einen Erprobungsträger mit dem Magic Lantern Minen-Spürsystem auf. Für das USMC wird zudem eine als K-Max/UAV bezeichnete Drone ohne Piloten entwickelt.
Hersteller: Kaman Aerospace Corp., Bloomfield, Connecticut, USA.

Abmessungen: Rotordurchmesser je 14,70 m, Rumpflänge 15,80 m, Höhe inkl. Rotorkopf 4,14 m.

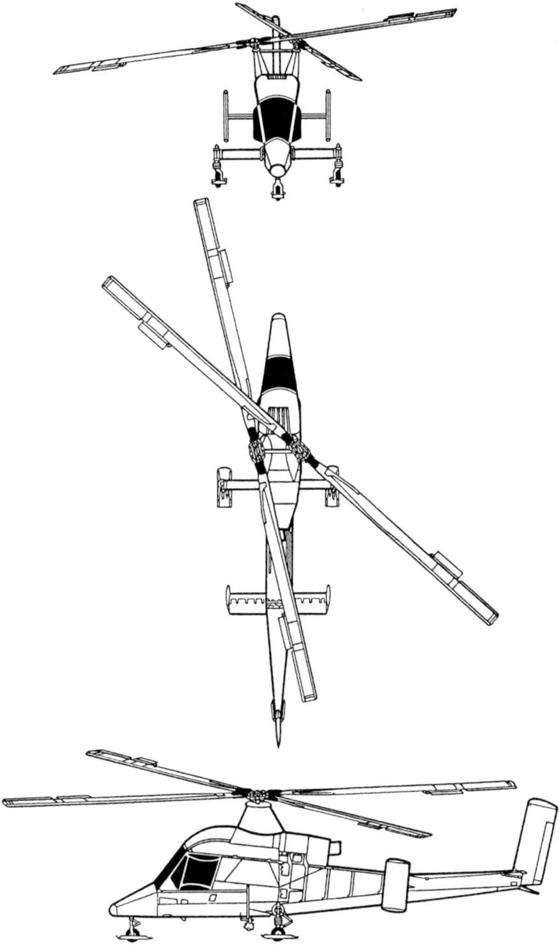

KAMOW KA-60/62

Ursprungsland: Russland.
Kategorie: Ziviler Mehrzweckhubschrauber.
Triebwerke: Zwei Gasturbinen RKBM/Rybinsk RD-600V von je 1282 WPS (959 kW) Leistung.
Leistungen (nach Angaben des Herstellers): Höchstgeschwindigkeit bei normaler Zuladung 290 km/h; Reisegeschwindigkeit 245 km/h; max. Schrägsteiggeschwindigkeit 13 m/Sek; Dienstgipfelhöhe 5200 m; Schwebehöhe mit Bodeneffekt 2900 m, ohne 2100 m; Reichweite mit max. Nutzlast 345 km, mit 14 Passagieren auf 1220 m 700 km; Reichweite mit 390-l-Zusatztanks 1065 km.
Gewichte: Max. Startgewicht 6500 kg.
Zuladung: Ein bis zwei Piloten und bis zu 16 Passagiere in vier Reihen. Max. Nutzlast intern 2000 kg, extern 2770 kg.
Entwicklungsstand: Der erste Prototyp Ka-60 fliegt seit dem 24. Dezember 1998, ein zweiter ist im Bau. Bisher ist erst ein Auftrag für fünf Einheiten vom türkischen Gesundheitsministerium eingegangen. Die russische Armee plant ab 2003 die Ka-60 zu beschaffen. Der Erstflug der zivilen Ka-62 steht noch aus.
Bemerkungen: Die Ka-60 stellt die militärische, die Ka-62 die zivile Ausführung dar. In der Auslegung gleicht die Ka-60/-62 der Eurocopter EC 155 (siehe Seiten 170/171), ist aber etwas schwerer. Rund 50 Prozent der Struktur einschliesslich der Rotorblätter sind aus verschiedenen Verbundwerkstoffen. Das Fahrwerk ist einziehbar. Nebst dem Transport von Passagieren wurde die Ka-62 auch für Sanitäts- und Frachteinsätze ausgelegt. Die beiden grossen Gleittüren erleichtern das Ein- und Ausladen. Der Prototyp ist noch mit einem Vierblattrotor ausgerüstet, allfällige Serienmodelle sollen aber Fünfblattrotoren erhalten. Der Heckrotor entspricht etwa dem Fenestron-Modell von Eurocopter und weist elf Blätter auf. Die Ka-60 verfügt zum Selbstschutz über ein Pastel-Abwehrradar sowie ein Laser-Warnsystem Otklik. Die russische Marine ist an einer bordgestützten Ausführung Ka-60K interessiert.
Hersteller: OKB Nikolai I. Kamow, Werk Komsomolsk, Russland.

Abmessungen: Rotordurchmesser 13,50 m, Rumpflänge 12,80 m, Höhe inkl. Rotorkopf 3,70 m.

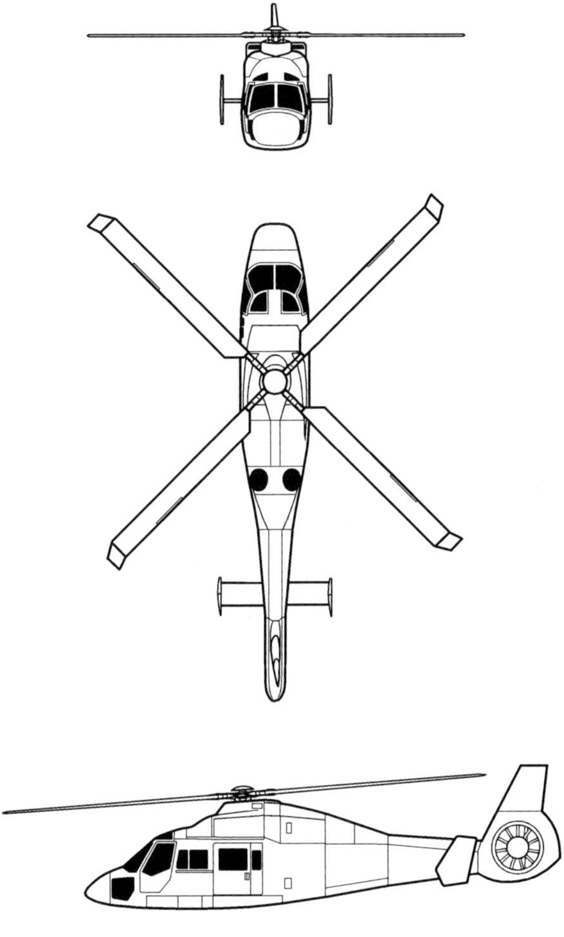

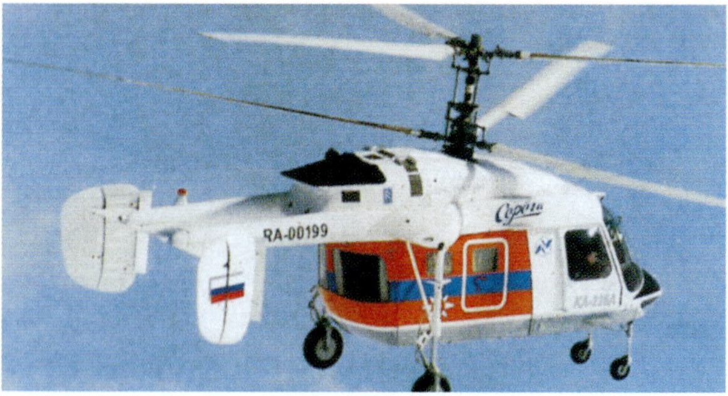

KAMOW KA-226

Ursprungsland: Russland.
Kategorie: Leichter Mehrzweckhubschrauber.
Triebwerke: Zwei Gasturbinen Allison 250-C20B von je 420 WPS (313 kW) Leistung.
Leistungen (geschätzt): Höchstgeschwindigkeit 205 km/h; ökonom. Reisegeschwindigkeit 185 km/h; max. Schrägsteiggeschwindigkeit 2,8 m/Sek; Dienstgipfelhöhe 5050 m; Reichweite mit max. Nutzlast 40 km, mit max. Treibstoffzuladung 600 km.
Gewichte: Leergewicht 1952 kg; max. Startgewicht 3400 kg.
Zuladung: Ein bis zwei Piloten und bis zu acht Passagiere; max. Nutzlast 1300 kg.
Entwicklungsstand: Erstflug dieser Variante am 4. September 1997. Zwei weitere Prototypen sollen mittlerweile die Flugerprobung ebenfalls aufgenommen haben. Das russische Ministerium für Zivilschutz hat vorerst 5 Einheiten bestellt (+ 20 Optionen). Weitere Interessenten sind neben der Stadt Moskau auch der Gasproduzent Gazprom (50 Optionen) für Patrouilleneinsätze entlang von Gaspipelines.
Bemerkungen: Die Ka-226 ist eine zweimotorige stark verbesserte Ausführung der früheren Ka-26/126-Modelle. Wie bei den meisten russischen Weiterentwicklungen, wurde in wichtigen Komponenten auf westliche Produkte zurückgegriffen. In diesem Fall sind es die Triebwerke von Allison sowie die gesamte Avionik. Das Besondere an der Ka-226 ist, dass die gesamte Passagierkabine als separater «Behälter» an den Hubschrauber befestigt und bei anderer Verwendung des Hubschraubers durch mehrere andere angebotene Module ausgewechselt werden kann. Dadurch ist die Ka-226 ausgesprochen flexibel einsetzbar, wie als Passagiertransporter, Frachter, für Ambulanz- und Sprüheinsätze mit Behältern mit bis zu 1000 l Inhalt usw. Die Ka-226 ist sehr einfach und robust ausgelegt.
Hersteller: OKB Nikolai I. Kamow, Werk Orenburg, Russland.

Abmessungen: Rotordurchmesser (jeder einzelne) 13,00 m, Rumpflänge 8,10 m, Höhe inkl. Rotorkopf 4,25 m.

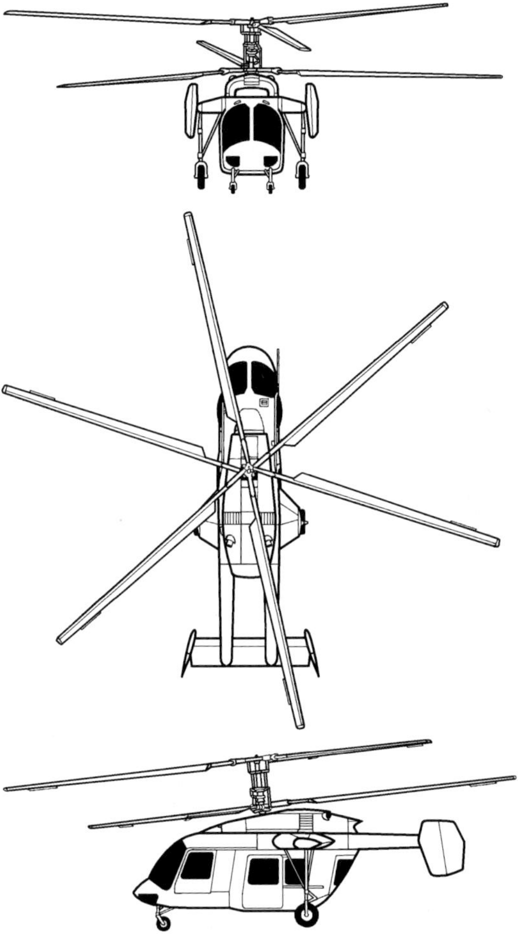

KAWASAKI T-4

Ursprungsland: Japan.
Kategorie: Zweisitziger Trainer.
Triebwerke: Zwei Mantelstromtriebwerke Jshikawajima-Harima F3-IHI-30 von je 1670 kp (16,37 kN) Standschub.
Leistungen: Höchstgeschwindigkeit bei 4700 kg 1038 km/h auf Meereshöhe, 956 km/h auf 10975 m; max. Dauergeschwindigkeit bei 5500 kg 797 km/h; Anfangssteiggeschwindigkeit bei 5500 kg 51 m/Sek; Dienstgipfelhöhe 12200 m; Reichweite ohne Zusatztanks 1297 km, mit zwei 450-l-Zusatztanks 1668 km.
Gewichte: Leer 3700 kg; max. Startgewicht 7500 kg.
Bewaffnung (als Waffentrainer): Ein 7,6-mm-MG-Behälter unter dem Rumpf und zwei Luft-Luft-Lenkwaffen AIM-9L Sidewinder an den beiden Flügelstationen oder bis zu vier 227-kg-Übungsbomben.
Entwicklungsstand: Der erste von vier XT-4-Prototypen begann die Flugerprobung am 29. Juli 1985, gefolgt vom ersten Serienflugzeug T-4 am 28. Juni 1988. Bei einem Gesamtbedarf der japanischen Luftstreitkräfte von 200 T-4 sind bisher deren 192 beschafft worden. Im Fiskaljahr 2001 stossen voraussichtlich die restlichen acht dazu.
Bemerkungen: Für die Produktion der T-4 zeichnet Kawasaki als Hauptauftragnehmer verantwortlich. Mitsubishi ist Lieferant von Rumpfmittelteil und -heck, Triebwerkeinläufen und Seitenflosse und Fuji von Rumpfnase und Flügel. Die T-4 ersetzt die Fuji T-1 und die Lockheed T-33 als Schulflugzeug. Sie kann aber auch für eine Reihe anderer Missionen eingesetzt werden, wie z.B. Verbindungs- und Zielschleppaufgaben. Die T-4 ist die erste japanische Eigenentwicklung mit einheimischem Triebwerk seit 25 Jahren. Der japanischen Luftwaffe wird zurzeit eine verbesserte Version der T-4 angeboten, welche auch die Aufgaben des Fortgeschrittenentrainers Mitsubishi T-2 übernehmen könnte.
Hersteller: Kawasaki Heavy Industrie Ltd., Werk Gifu, Japan.

Abmessungen: Spannweite 9,94 m, Länge 13,00 m, Höhe 4,60 m, Flügelfläche 21,00 m².

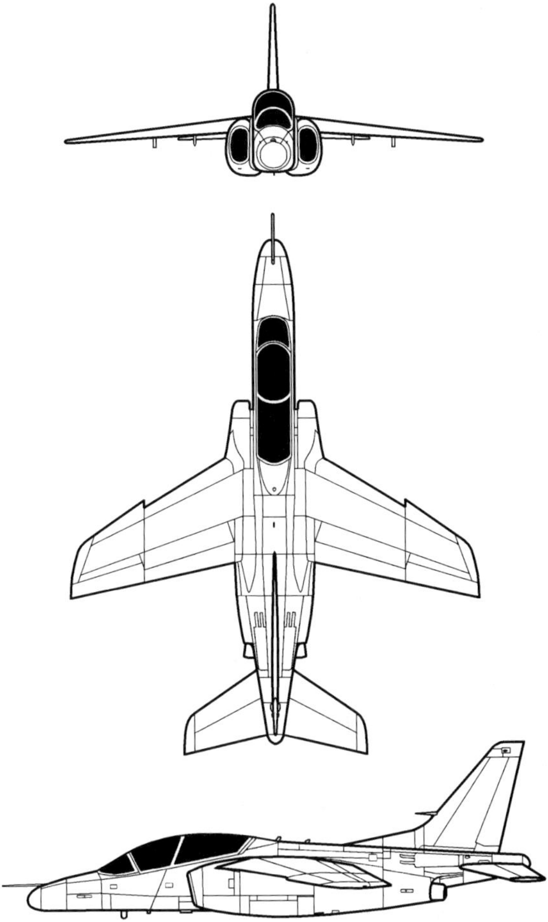

KAWASAKI OH-1

Ursprungsland: Japan.
Kategorie: Zweisitziger leichter Kampf- und Beobachtungshubschrauber.
Triebwerke: Zwei Gasturbinen Mitsubishi TS1-10 von je 888 WPS (663 kW) Leistung.
Leistungen (nach provisorischen Angaben des Herstellers): Maximalgeschwindigkeit im Horizontalflug 270 km/h; Aktionsradius ohne Aussentanks 200 km, Reichweite 550 km.
Gewichte: Leergewicht 2450 kg; max. Startgewicht rund 4000 kg.
Bewaffnung: An zwei Auslegern seitlich am Rumpf vier Kurzstrecken-Luft-Luft-Infrarot-Lenkwaffen Toshiba Type 91 sowie zwei Zusatztanks von je 160 l.
Entwicklungsstand: Der erste von sechs Prototypen (davon zwei nicht fliegende Muster zur statischen Erprobung) absolvierte den Erstflug am 6. August 1996. Die Auslieferungen begannen im Januar 2000. Die japanischen Bodenstreitkräfte haben einen Bedarf von etwa 150 OH-1 als Ersatz der Kawasaki/MDD OH-6D angemeldet, die ersten 14 sind bestellt, 2002 soll ein Auftrag für weitere vier folgen.
Bemerkungen: Nebst Kawasaki beteiligen sich auch Fuji und Mitsubishi mit je 20 % an der Entwicklung der OH-1. Die Konzeption des ursprünglich als OH-X bezeichneten Entwurfs folgt dem heute üblichen Muster eines schlanken Tandemzweisitzers, wobei der Pilot im Frontcockpit und der Beobachter/Systemoperateur hinten sitzt. Die Zelle ist weitgehend aus Verbundwerkstoffen, das Cockpit gepanzert. Auch der gelenklose Hauptrotor ist aus Kunststoff und der Heckrotor aus Sicherheitsgründen ummantelt. Die Kampfelektronik umfasst u.a. TV, FLIR und Laser-Entfernungsmesser. Alle Systeme sind durch einen MIL-STD-1553B-Databus gesteuert. Mit dieser Ausrüstung ist die OH-1 vollständig nacht- und allwettertauglich.
Hersteller: Kawasaki Heavy Industries Ltd., Tokio, Japan.

Abmessungen: Rotordurchmesser 11,60 m, Rumpflänge 12,00 m, Höhe 3,80 m.

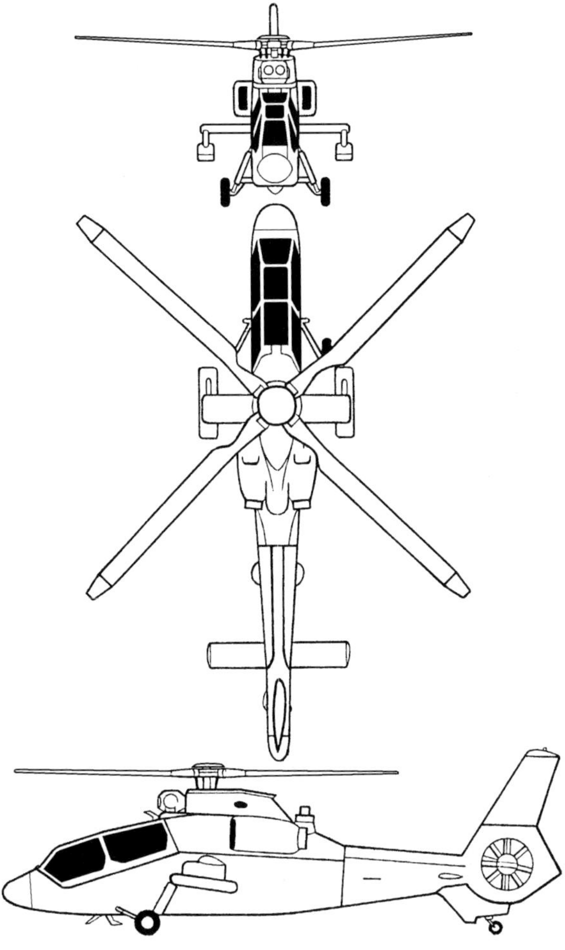

KAZAN ANSAT

Ursprungsland: Russland.
Kategorie: Leichter ziviler und militärischer Mehrzweckhubschrauber.
Triebwerke: Zwei Gasturbinen Pratt & Whitney Canada (Serie) PW206K (Lizenzbau Klimow) von je 650 WPS (480 kW) Leistung.
Leistungen (nach Angaben des Herstellers): Max. Reisegeschwindigkeit 290 km/h, normal 238 km/h; Schwebehöhe ohne Bodeneffekt 2700 m; Dienstgipfelhöhe 6000 m; Reichweite mit einer Nutzlast von 1300 kg 520 km, max. ohne Zusatztanks 620 km; max. Flugdauer 3 Std.
Gewichte: Max. Startgewicht 3300 kg.
Zuladung: Neun Personen einschliesslich Pilot; als Ambulanzhubschrauber bis zu zwei liegende Patienten und zwei Pfleger; als Frachter normale Zuladung 1300 kg, maximal aber 1650 kg.
Entwicklungsstand: Der erste nur für statische Zwecke vorgesehene Prototyp 01 wurde im Juni 1997 der Öffentlichkeit erstmals präsentiert. Die für die Flugerprobung vorgesehene Nummer 02 fliegt seit 17. August 1999. Mit der Zulassung wird im dritten Quartal 2002 gerechnet. Die russische Grenzwacht will offenbar bis zu 100 Ansat bestellen, während die russische Luftwaffe diesen Typ als zukünftigen Trainingshubschrauber ausgewählt hat.
Bemerkungen: Mit der Ansat will die neu aus der ehemaligen Mil entstandene Kazan Helicopter einen Hubschrauber anbieten, welcher sämtliche internationalen Vorschriften erfüllt und sich somit in alle Länder verkaufen lässt. Er ist für die verschiedensten Einsatzzwecke geeignet und kann dafür eine Vielfalt von Zusatzgeräten mitführen. Dabei wurde auf kostengünstige Konstruktion und wirtschaftlichen Betrieb besonders geachtet. Die Ansat steht in direkter Konkurrenz zur EC145 (siehe Seiten 168/169), soll aber nur etwa ein Drittel soviel kosten. Je nach Kundenwunsch kann westliche oder russische Avionik bestellt werden. Der Hubschrauber ist mit einem Fly-By-Wire-System ausgerüstet, weite Teile der Struktur bestehen aus Verbundwerkstoffen. Auch eine bewaffnete Variante wird derzeit in Betracht gezogen.
Hersteller: Kazan Helicopter Plant, Kazan, Russland.

Abmessungen: Rotordurchmesser 11,50 m, Rumpflänge einschliesslich drehendem Heckrotor 11,54 m, Höhe inkl. Rotor 3,44 m.

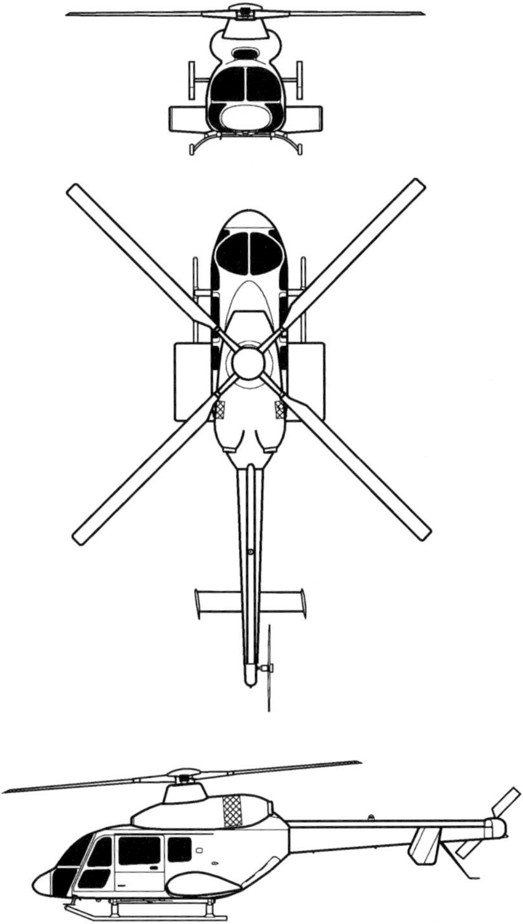

KOREA AEROSPACE INDUSTRIES (DAEWOO) KT-1 WOONG BEE

Ursprungsland: Südkorea.
Kategorie: Zweisitziger Basistrainer.
Triebwerke: Eine Propellerturbine Pratt & Whitney Canada PT6A-62 von 950 WPS (710 kW) Leistung.
Leistungen: Höchstgeschwindigkeit 650 km/h; Dienstgipfelhöhe 11580 m; max. Flugzeit 2,5 Std; Reichweite 1700 km.
Gewichte: Rüstgewicht 1818 kg; max. Startgewicht 2830 kg.
Bewaffnung: Verschiedene Waffen für Trainingseinsätze an zwei Aufhängepunkten unter den Flügeln bis max. 520 kg; (KOX) vier Aufhängestationen für Maschinengewehrbehälter, Zusatztanks und Markierraketen.
Entwicklungsstand: Der erste von vier noch als KTX-1 bezeichneten Prototypen ist seit Dezember 1991 in Flugerprobung, der letzte seit Mai 1996. Ein Vorserienmodell folgte 1998. Die koreanische Luftwaffe hat 85 Einheiten bestellt, welche seit Frühjahr 2001 zur Auslieferung gelangen. Indonesien beschafft sieben KT-1.
Bemerkungen: Die Woong Bee ist die Siegerin des einheimischen «KORINT»-Programms für einen leichten Trainer, welches 1988 initialisiert wurde. Zuerst entstand das Erprobungsmuster KTX-1, das Daewoo nun als KT-1 verfeinerte. Gegenüber den Prototypen zeichnet sich die Serienausführung durch strukturelle Verstärkungen und aerodynamische Verbesserungen an Rumpf und Flügeln aus, welche die Stabilität und die Manövrierfähigkeit optimieren. Die KT-1 verfügt über zwei Martin Baker Mk.16-Schleudersitze. Unter der Bezeichnung KOX wird eine Beobachtungsvariante (FAC, **F**orward **A**ir **C**ontrol) entwickelt, welche über eine leichte Bewaffnung verfügt. Ab 2003 will die koreanische Armee 25 Einheiten beschaffen.
Hersteller: Korea Aerospace Industries (KAI), Inchon, Werk Sachon, Republik Südkorea.

Abmessungen: Spannweite 10,26 m, Länge 10,60 m, Höhe 3,40 m, Flügelfläche 15,50 m^2.

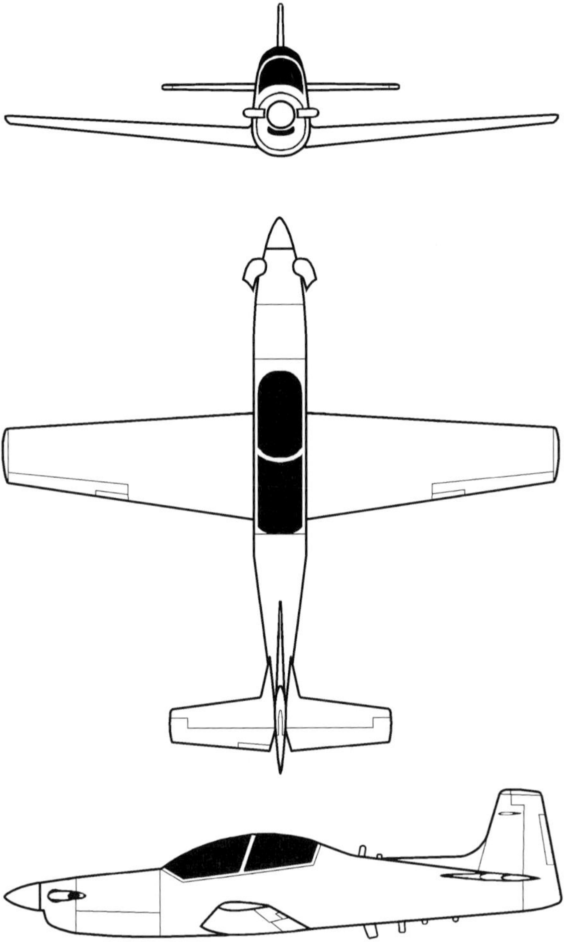

KOREA AEROSPACE INDUSTRIES/ LOCKHEED T-50/A-50 GOLDEN EAGLE

Ursprungsland: Südkorea.
Kategorie: Zweisitziger Trainer T-50 und leichtes Mehrzweckkampfflugzeug A50.
Triebwerke: Ein Mantelstromtriebwerk General Electric F404-GE-402 von 8000 kp (78,7 kN) Standschub mit Nachverbrennung.
Leistungen (nach Angaben des Herstellers): Höchstgeschwindigkeit Mach 1,4; Anfangssteiggeschwindigkeit 165 m/Sek; Dienstgipfelhöhe 14630 m.
Gewichte: Leergewicht 6441 kg; max. Startgewicht ohne Aussenlasten 8890 kg, mit Aussenlasten 11974 kg.
Bewaffnung: Eine 20-mm-Kanone im Vorderrumpf und an sieben Aufhängepunkten Waffen aller Art.
Entwicklungsstand: Der erste von vier Prototypen hatte am 31. Oktober 2001 Rollout und soll Mitte 2002 die Flugerprobung aufnehmen. Bisher plant die koreanische Luftwaffe 47 Fortgeschrittenentrainer T-50A, 47 Jagdflugzeugtrainer T-50B und später bis zu 100 leichte Kampfflugzeuge A-50 zu beschaffen. Die Ablieferungen sollen 2005 beginnen.
Bemerkungen: Samsung Aerospace wird bei der Entwicklung dieses Musters von Lockheed Martin unterstützt. Das amerikanische Werk zeichnet sich für die Entwicklung des Flügels, der Flugkontrollsysteme sowie für die Avionik verantwortlich. Drei Ausführungen sind vorgesehen: Der Fortgeschrittenentrainer T-50A, der sog. Lead-in Fighter-Trainer T-50B sowie das leichte einsitzige Kampfflugzeug A-50. Konstruktiv unterscheiden sich diese Ausführungen kaum voneinander, sondern nur durch ihre Ausrüstung. Alle verfügen über ein Fly-by-Wire-Steuerungssystem, Cockpitausrüstung mit HUD von Honeywell und ein APG-67-Bordradar.
Hersteller: Korea Aerospace Industries, Werk Sachon, Südkorea.

Abmessungen: Spannweite inkl. Lenkwaffen an den Flügelspitzen 9,17 m, Länge 13,13 m, Höhe 4,90 m.

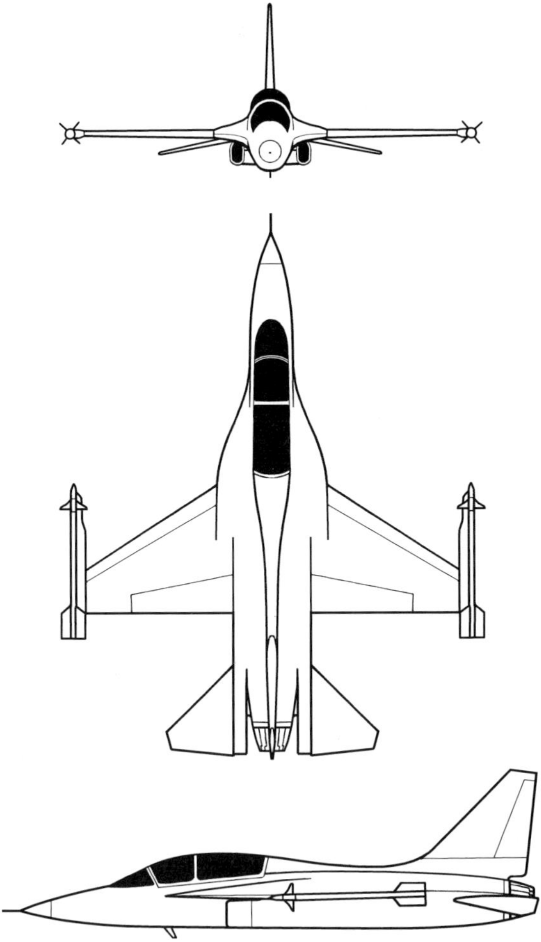

LANCAIR INTERNATIONAL LANCAIR IV und IV-P

Ursprungsland: USA.
Kategorie: Sportflugzeug.
Triebwerke: Ein luftgekühlter Sechszylinder-Boxermotor Teledyne Continental TSIO 550-E von 350 PS (260 kW).
Leistungen: Höchstgeschwindigkeit 567 km/h; max. Reisegeschwindigkeit 445 km/h; max. Steiggeschwindigkeit 13,2 m/Sek; Dienstgipfelhöhe 10092 m; max. Reichweite 2500 km; max. Flugdauer 5,6 Std.
Gewichte: Leergewicht (IV) 907 kg, (IV-P) 997 kg; max. Startgewicht 1451 kg.
Zuladung: Pilot und vier Passagiere; max. Zuladung (IV) 544 kg, (IV-P) 450 kg.
Entwicklungsstand: Bisher sind etwa 150 Einheiten bestellt worden. Die Auslieferungen begannen Mitte 2001.
Bemerkungen: Vollständig aus Verbundswerkstoffen hergestellt, wird die Lancair in zwei Ausführungen angeboten: Die IV ohne und die IV-P mit Druckkabine. Das Muster wird ausschliesslich als Bausatz geliefert und kostet daher im Vergleich mit Konkurrenzmodellen sehr wenig. Je nach Ausführung sind zwischen US$ 80.000.-- und US$ 110.000.-- zu bezahlen. Die Ausführung IV-P wird neuerdings auch mit einer Propellerturbine Walter 601E von 750 WPS (560 kW) Leistung geliefert, welche eine Höchstgeschwindigkeit von 670 km/h ermöglicht. Die mexikanische Marine plant diese Version für leicht bewaffnete Küstenwachteinsätze zu beschaffen. Lancair bietet mit der Lancair ES bzw. Super ES eine preisgünstigere Variante der IV mit Festfahrwerk ebenfalls als Bausatz an. Der Hersteller hat zudem noch die Fertigmuster Columbia 300 und 400 im Angebot.
Hersteller: Lancair International Inc., Redmond, Oregon, USA.

Abmessungen: Spannweite 9,20 m, Länge 7,62 m, Höhe 2,43 m, Flügelfläche 9,01 m².

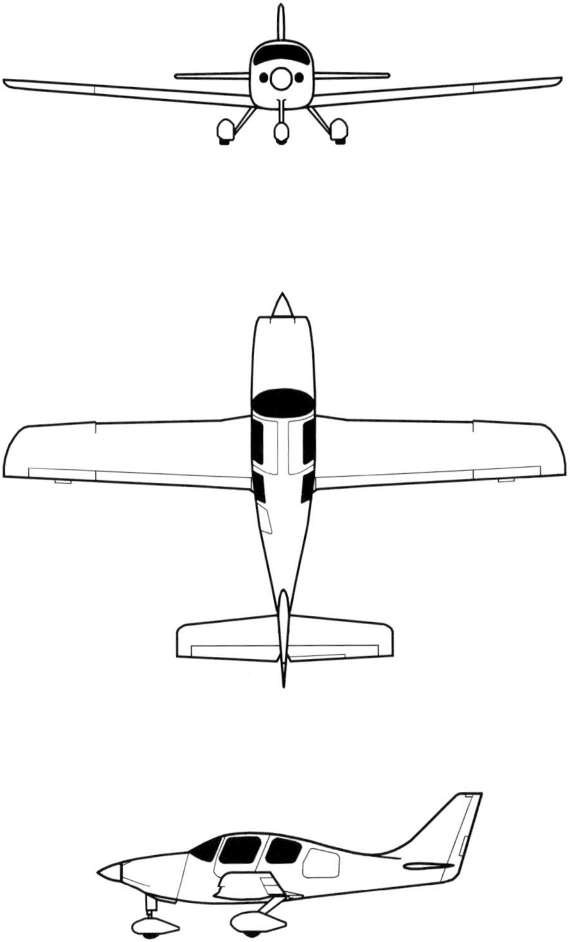

LOCKHEED C-130J HERCULES II

Ursprungsland: USA.
Kategorie: Mittelschwerer militärischer und ziviler Transporter.
Triebwerke: Vier Propellerturbinen Allison AE2100 von je 6000 WPS (4500 kW) Leistung.
Leistungen: Max. Reisegeschwindigkeit 645 km/h, norm. Reisegeschwindigkeit 556 km/h; Anfangssteiggeschwindigkeit 10,7 m/Sek; Dienstgipfelhöhe 9315 m; Reichweite mit einer Nutzlast von 21625 kg über 2600 km, mit 18144 kg 5250 km.
Gewichte: Rüstgewicht (J) 34274 kg, (J-30) 34326 kg; max. Abfluggewicht 79380 kg.
Zuladung: Zwei Piloten und eine Nutzlast von 22000 kg.
Entwicklungsstand: Die erste C-130J fliegt seit 5. April 1996. Bisherige Bestellungen 111: Dänemark 3, RAF 25 (10 C-130J/C.5 + 15 -30/C.4), RAAF 12 C-130J-30 (+ 24 Optionen), Italien 22 C-130J/-30 (+ 2 Optionen), USAF/USMC/USCG bisher 49 (u.a. 10 WC-130J, 8 KC-130J, 6 HC-130J). Letztere haben einen Bedarf von 168 neuen C-130J. Die C-130 ist das einzige Flugzeug, das in mehreren Varianten ununterbrochen seit 43 Jahren produziert wird, und zwar bisher in rund 2160 Exemplaren. Derzeit werden monatlich zwei Einheiten hergestellt.
Bemerkungen: Die Version C-130J ist gegenüber der bisherigen C-130H in wesentlichen Teilen überarbeitet und verbessert worden. Nebst neuen Triebwerken mit Sechsblattrotoren neuester Technologie werden ein völlig neues Zweimann-Cockpit mit vier grossen LCD-Anzeigen und einem HUD eingebaut. Weiter hat Lockheed zur Leistungserhöhung und zur Vereinfachung der Wartung das elektrische System, die Betankungsanlage sowie die gesamte Elektronik neu konzipiert. Alle diese Massnahmen führen dazu, dass bei um 17 % reduziertem Treibstoffverbrauch sowie einer um 15 % höheren Geschwindigkeit die Nutzlast-/Reichweitenleistung um nicht weniger als 61 % verbessert wird. Zudem hat man Teile der Struktur verstärkt. Die Ausführungen C-130J und C-130J-30 unterscheiden sich nur durch die unterschiedliche Rumpflänge. Lockheed entwickelt auch eine zivile Ableitung L-100J. Nebst der Heckladerampe verfügt sie zusätzlich über ein 3,55 m breites Frachttor an der rechten Rumpfvorderseite.
Hersteller: Lockheed Martin Marietta Corp., Marietta, Georgia, USA.

Abmessungen: Spannweite 40,41 m, Länge (C-130J) 29,79 m, (C-130J-30) 34,36 m, Höhe 11,71 m, Flügelfläche 162,12 m².

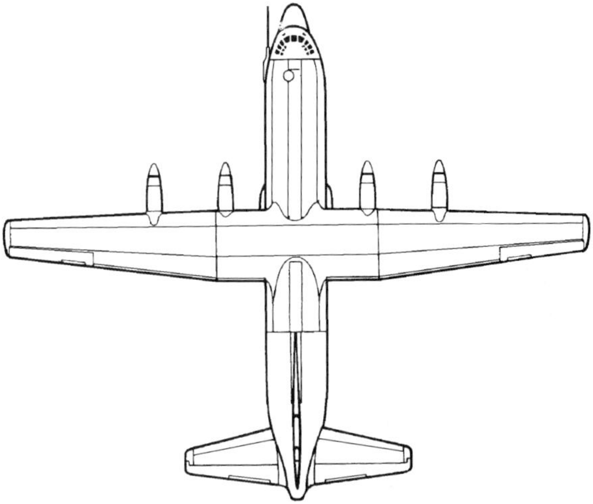

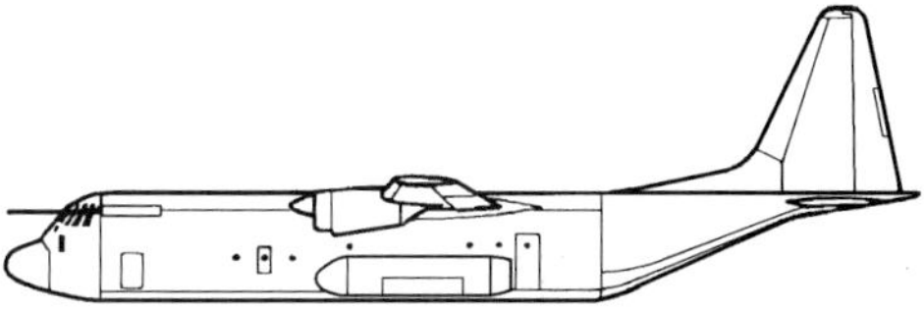

LOCKHEED F-16C/D BLOCK 50/52/60 FIGHTING FALCON

Ursprungsland: USA.
Kategorie: Einsitziger Mehrzweckjäger (F-16C) und zweisitziger operationeller Trainer (F-16D).
Triebwerke: Ein Mantelstromtriebwerk Pratt & Whitney F100-PW-229 von 8075 kp (79,2 kN) Standschub ohne und 13150 kp (129,4 kN) mit Nachbrenner bzw. General Electric F110-GE-129 von 8043 kp (78,9 kN) Standschub ohne und 13416 kp (131,6 kN) mit Nachbrenner.
Leistungen (mit F-100): Kurzzeitig erreichbare Höchstgeschwindigkeit 2145 km/h auf 12190 m (Mach 2,02), andauernde Höchstgeschwindigkeit 2007 km/h (Mach 1,89); taktischer Einsatzradius mit sechs 227-kg-Bomben 580 km; Überführungsreichweite mit Zusatztanks 3943 km.
Gewichte: Leergewicht 8273 kg; max. Startgewicht 19187 kg, (Block 60) 22680 kg.
Bewaffnung: Eine mehrläufige 20-mm-Revolverkanone M61A-1 und, als Abfangjäger, bis sechs Luft-Luft-Lenkwaffen AIM-9L/M, als Erdkämpfer bis zu 5638 kg Aussenlasten.
Entwicklungsstand: Die Version F-16C Block 50/52 befindet sich seit 1991 im Einsatz. Von allen Ausführungen sind bisher rund 4350 Einheiten von 20 Luftwaffen neu oder gebraucht beschafft worden. Die 4000. Einheit verliess am 28. April 2000 die Montagehalle. Seit der letzten Ausgabe gingen folgende (Zusatz)aufträge für F-16C/D ein: Chile 10 - 12 Block 50/52, Israel 52 F-16I Block 52+, USAF 4 Block 50.
Bemerkungen: Gegenwärtig werden die Ausführungen der Blöcke 50/52 und 60 abgeliefert. Erstere verfügen über verbesserte Elektronik (u.a. APG-68(V)X-Radar, Laserkreisel). Seit dem Jahr 2001 steht die Version F-16C/D (Block 60) in Produktion. Neben nochmals stärkeren Triebwerken F110-129EFE von 14270 kp (140 kN) mit Nachbrenner oder Pratt & Whitney F100-PW-229A mit etwa gleicher Leistung ist sie mit dem modernsten «Active-Array»-Radar ausgerüstet. Das Cockpit wurde verbessert und im Helm des Piloten ist ein Display eingebaut. Zur Erhöhung der Reichweite sind sog. konforme Zusatztanks vorgesehen.
Hersteller: Lockheed Martin Marietta Corp., Fort Worth, Texas, USA.

Abmessungen: Spannweite 9,45 m, Länge 15,03 m, Höhe 5,09 m, Flügelfläche 27,87 m^2.

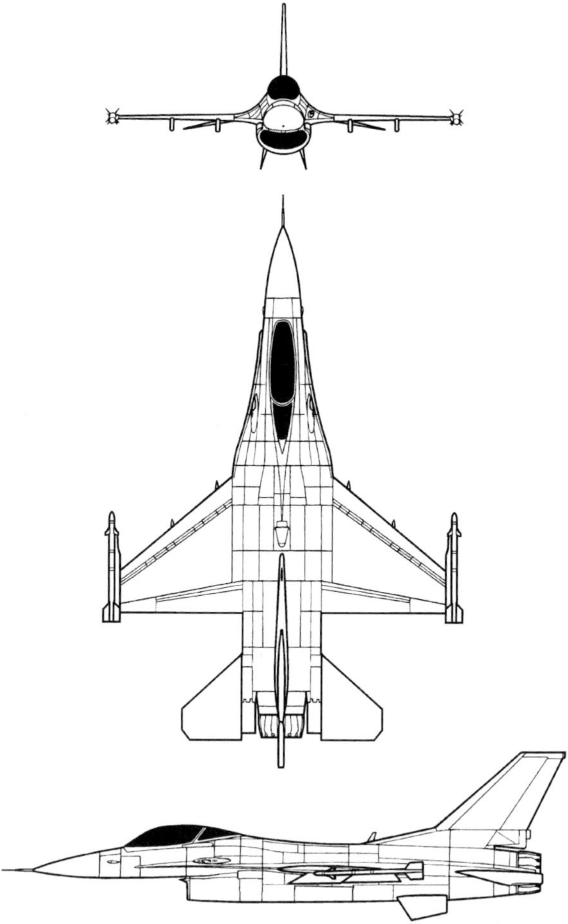

LOCKHEED/BOEING F-22 RAPTOR

Ursprungsland: USA.
Kategorie: Luftüberlegenheits- und Mehrzweckkampfflugzeug.
Triebwerke: Zwei Mantelstromtriebwerke Pratt & Whitney YF119-PW-100 von 15900 kp (156 kN) Standschub mit Nachverbrennung mit schwenkbarem Triebwerkstrahl.
Leistungen (geschätzt): Höchstgeschwindigkeit in geringer Höhe 1470 km/h (Mach 1,20) oder 1915 km/h über 10975 m (Mach 1,80); max. Dauergeschwindigkeit 1595 km/h über 10975 m (Mach 1,50); Dienstgipfelhöhe 16700+ m; Aktionsradius mit interner Treibstoffzuladung und voller Zahl Luft-Luft-Lenkwaffen 1450 km.
Gewichte (geschätzt): Leergewicht 14365 kg; max. Startgewicht 27216 kg.
Bewaffnung: Eine sechsläufige 20-mm-Revolverkanone und zwei Kurzstrecken-Luft-Luft-Lenkwaffen AIM-9 je in einem separaten Schacht seitlich am Rumpf sowie bis zu sechs Mittelstrecken-Luft-Luft-Lenkwaffen AIM-120 im zentralen Waffenschacht. Für Erdkampfeinsätze können darin auch spezielle 450-kg-Bomben sowie Lenkwaffen oder Zusatztanks an vier Aufhängungen unter den Flügeln mitgeführt werden.
Entwicklungsstand: Der Serienprototyp der F-22 startete am 7. September 1997 zum Erstflug. Anfang 2001 befanden sich fünf F-22 in der Flugerprobung. Mit der Einsatzbereitschaft rechnet man nicht vor 2004. Die USAF plant nur noch 295 Maschinen zu beschaffen, zehn davon sind bestellt, weitere 13 sollen im 2002 beschafft werden.
Bemerkungen: Der Serienprototyp hat in seinen äusseren Konturen einige wesentliche Änderungen erfahren. Diese zielen darauf, die F-22 schwerer entdeckbar zu machen und die Wendigkeit der Maschine zu verbessern. Die Raptor ist auch für Tiefangriffe ausgelegt und kann entsprechende Munition in den Waffenschächten, als auch an Aufhängepunkten unter den Flügeln mitführen. Stealth-Eigenschaften, hohe, kaum Einschränkungen unterworfene Wendigkeit, modernste Kampfelektronik und die Fähigkeit, ohne Nachbrenner eine Dauergeschwindigkeit von Mach 1,5 zu erzielen, machen die Raptor zum derzeit leistungsfähigsten Jagdflugzeug der Welt.
Hersteller: Lockheed Martin Marietta Corp., Marietta, Georgia und Boeing Military Airplanes, Seattle, Washington, USA.

Abmessungen: Spannweite 13,56 m, Länge 18,87 m, Höhe 5,05 m, Flügelfläche 77,1 m^2.

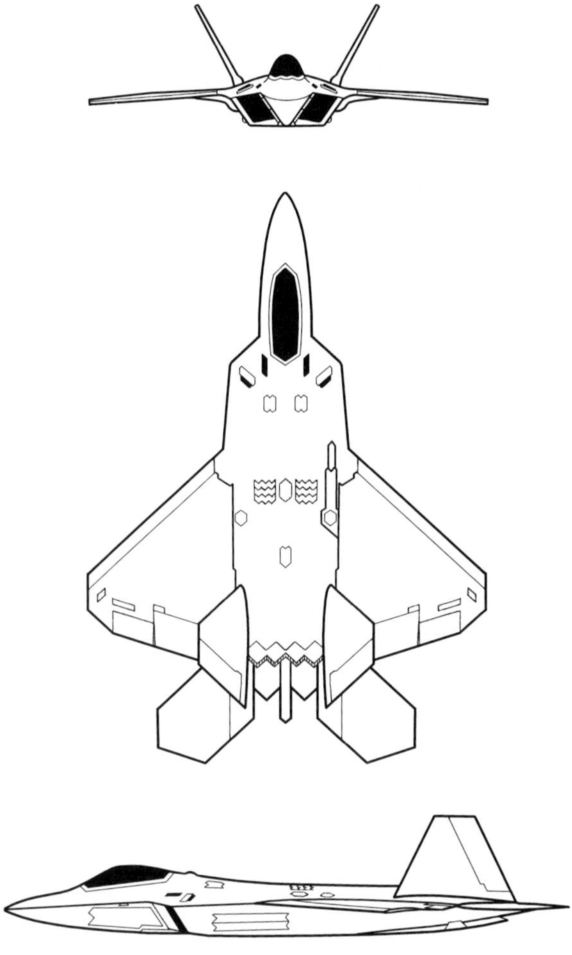

LOCKHEED MARTIN X-35C JOINT STRIKE FIGHTER

Ursprungsland: USA (Grossbritannien).
Kategorie: Erprobungsträger für ein bordgestütztes CTOL-Mehrzweckkampfflugzeug.
Triebwerke: Ein Mantelstromtriebwerk Pratt & Whitney SE611 (Ableitung des F119) von 11400 kp (111,20 kN) Standschub mit assymetrischer Austrittsöffnung. Alternativ steht auch ein Mantelstromtriebwerk General Electric YF-120-FX mit etwa gleichen Leistungen und Auslegung zur Verfügung.
Leistungen: Höchstgeschwindigkeit etwa Mach 1,5; Dienstgipfelhöhe 15240 m+; Aktionsradius rund 1500 km.
Gewichte: Leergewicht 11340 kg; max. Startgewicht 22280 kg.
Bewaffnung: Eine 27 mm-Mauserkanone BK-27 Kanone und ca. 7000 kg Waffen.
Entwicklungsstand: Der Erprobungsträger X-35C startete am 16. Dezember 2000 zum Erstflug, nachdem die Landausführung X-35A bereits am 24. Oktober 2000 die Lufttaufe erhalten hatte. Die X-35C wurde anschliessend in die STOVL-Variante X-35B umgebaut (Erstflug 24. Juni 2001). Als Gewinnerin der Ausscheidung für einen neuen Joint-Strike-Fighter (JSF) wird die X-35 zur Serienreife weiter entwickelt. Die USAF wollen 1763, USN 480 und USMC 609 Maschinen der verschiedensten Versionen, RAF/RN etwa 150 Einheiten beschaffen.
Bemerkungen: Drei Konfigurationen sind entwickelt und erprobt worden, welche in Ausgabe 2001 beschrieben sind. Die hier vorgestellte 220C/X-35C ist als trägergestütztes Mehrzweckkampfflugzeug für die USN vorgesehen. Konstruktiv sind die drei Ausführungen zu etwa 90 % gleich. Flügel, Seitenleitwerke und Höhenleitwerk sind bei der X-35C jedoch grösser, um bessere Start- und Landeeigenschaften zu erzielen. Das Cockpit neuester Technologie weist hochauflösende Bildschirme auf. Viele Funktionen lassen sich durch Sprachbefehle oder via Pilotenhelm-Display steuern. Nebst Lockheed sind an der Entwicklung auch Northrop Grumman und British Aerospace beteiligt.
Hersteller: Lockheed Martin Marietta Corp., Marietta, Georgia, Werk Fort Worth, Texas, USA.

Abmessungen: Spannweite 10,70 m, Länge 15,47 m, Flügelfläche 57,60 m².

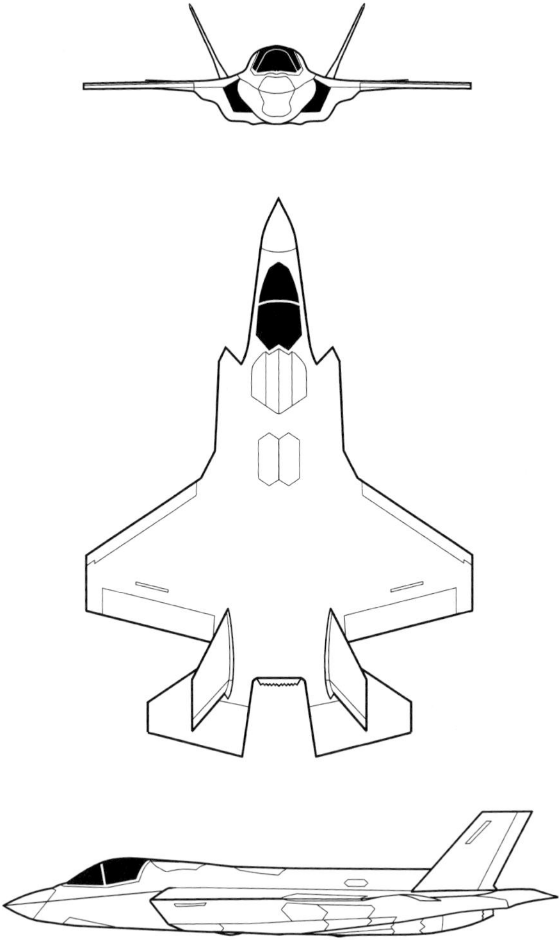

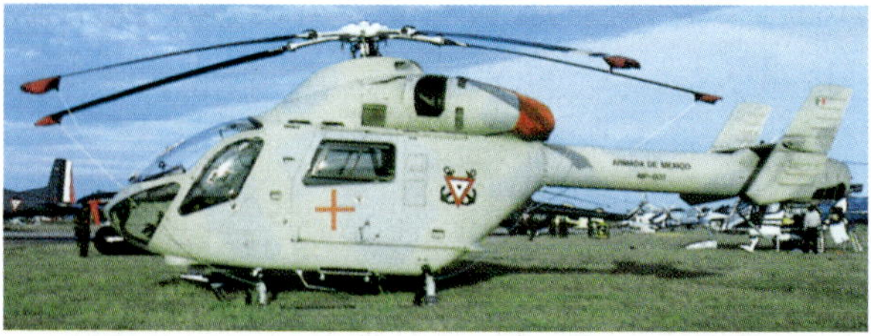

MD HELICOPTERS MD 902 EXPLORER

Ursprungsland: USA (Niederlande).
Kategorie: Mehrzweckhubschrauber.
Triebwerke: Zwei Gasturbinen Pratt & Whitney Canada PW207E von je 730 WPS (530 kW) oder Turboméca Arrius-2C von je 605 WPS (451 kW) Leistung.
Leistungen: Höchstgeschwindigkeit 296 km/h; max. Reisegeschwindigkeit 259 km/h auf Meereshöhe; max. Schrägsteiggeschwindigkeit 14,2 m/Sek; Dienstgipfelhöhe 5638 m; Schwebehöhe mit Bodeneffekt 3350 m, ohne Bodeneffekt 2970 m; Reichweite bis 580 km.
Gewichte: Leer 1458 kg; normales Startgewicht 2950 kg, max. mit Aussenlasten 3080 kg.
Zuladung: Acht bis zehn Personen inkl. Piloten; max. Nutzlast 1400 kg. Bewaffnung (Combat Explorer): Eine 0,50 inch-Gatling-Kanone GAU-19/A und Behälter für ungelenkte 70 mm-Raketen.
Entwicklungsstand: Die neueste Version MD 902 fliegt seit 5. September 1997; erste Ablieferungen an Kunden Mitte 1998. Nach Herstellung von 30 MD 900, u.a. für das ADAC, die belgische Gendarmerie und die britische Police Aviation Services, wurde die Produktion auf die MD 902 umgestellt. Derzeitiger Auftragsbestand über 100 Einheiten. Neueste Besteller u.a.: Polizei von New York 2, Airfast Indonesia 2+.
Bemerkungen: Die MD 902 übernimmt die erstmals bei der MD 520N (siehe Ausgabe 2000) angewandte NOTAR-Technologie. Ein wesentliches Merkmal der Explorer ist auch der gelenklose Fünfblattrotor aus Verbundwerkstoffen. Die komplette Ausstattung umfasst u.a. EFIS, Wetterradar, GPS, digitales Triebwerkmanagement- (FADEC) und Flugkontrollsystem. Die Explorer ist sowohl mit Radfahrwerk als auch mit Kufen erhältlich. Mehrere Betreiber haben eine speziell ausgerüstete Rettungsversion im Einsatz. Der Kaufpreis beträgt rund US$ 3,1 Mio. Seit Anfang 2000 gelangt das PW207E-Triebwerk in Einbau, welches besonders die Flugleistungen im Einmotorenflug sowie in heissen Klimaregionen verbessert. Die mexikanischen Marine verfügt über sechs MD902 Combat Explorer.
Hersteller: MD Helicopters, Tochtergesellschaft der RDM, Niederlande, Werk Mesa, Arizona, USA.

Abmessungen: Rotordurchmesser 10,31 m, Rumpflänge 9,85 m, Höhe inkl. Rotorkopf 3,66 m.

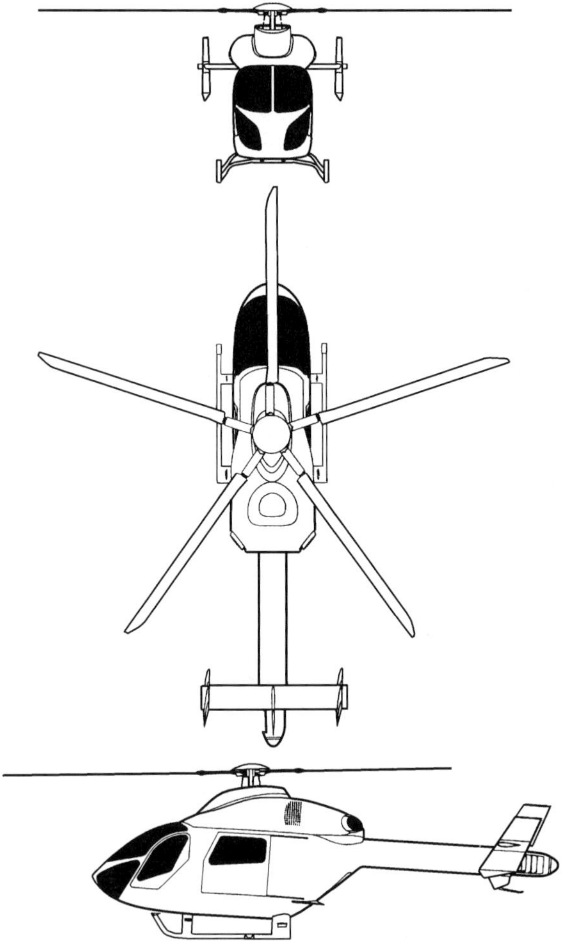

MIKOJAN MIG-29K

Ursprungsland: Russland.
Kategorie: Einsitziges bordgestütztes Mehrzweckkampfflugzeug.
Triebwerke: Zwei Mantelstromtriebwerke Klimow/Sarkisow RD-33 von je 5035 kp (49,40 kN) Standschub und 8699 kp (85,30 kN) mit Nachbrenner.
Leistungen (MiG-29SMT): Höchstgeschwindigkeit mit vier Luft-Luft-Lenkwaffen 2445 km/h auf 11000 m (Mach 2,3) oder 1500 km/h auf Meereshöhe (Mach 1,3); max. Anfangssteiggeschwindigkeit 330 m/Sek; Dienstgipfelhöhe 17000 m; Einsatzradius (Abfangmission mit 1500-l-Zusatztanks und vier Luft-Luft-Lenkwaffen) 1015 km; max. Reichweite mit drei Zusatztanks 3500 km.
Gewichte: Max. Startgewicht 22400 kg.
Bewaffnung: Eine 30-mm-Revolverkanone GSh-301 und eine maximale Waffenlast von 5500 kg an zehn Aussenstationen. Acht verschiedene Luft-Luft- bzw. 25 Luft-Boden-Lenkwaffen-Typen können mitgeführt werden wie auch Anti-Radar-Lenkwaffen sowie TV-gelenkte Gleitbomben.
Entwicklungsstand: Die Umbauversion MiG-29SMT fliegt seit 20. April 1998. Rund 1200 MiG-29 aller Versionen sind für etwa 28 Luftwaffen gebaut worden. Jüngste Bestellungen: Bangladesh 16, Indien 46 MiG-29K, Myanmar 10 MiG-29S/UB, Jemen.
Bemerkungen: Bei den durch die indische Marine beschafften Maschinen handelt es sich um die Trägerversion MiG-29K, ausgerüstet mit Faltflügeln, verstärktem Fahrwerk und weiteren Anpassungen an die vorgesehenen Aufgaben. Der Hauptflügel ist etwas grösser. Die Avionik soll in etwa jener der MiG-29SMT (siehe Ausgabe 2001) entsprechen. Gesteuert wird dieses Muster durch ein digitales Dreifach-Fly-by-Wire-System mit einem mechanischen Backup. Als Trainer für Starts und Landungen auf Flugzeugträgern wird auch eine Anzahl zweisitziger MiG-29KUB beschafft.
Hersteller: MiG, Moskovskii Mashinostroitelnyy Zavod Imieni A.I. Mikoyana und MAPO, Moskau, Russland.

Abmessungen: Spannweite 11,36 m, mit gefalteten Flügeln 8,48 m, Länge 17,32 m, Höhe 5,18 m, Flügelfläche 42,00 m².

MIKOJAN MiG-AT

Ursprungsland: Russland.
Kategorie: Zweisitziger Fortgeschrittenentrainer.
Triebwerke: Zwei Mantelstromtriebwerke Turboméca-SNECMA Lazarc 04-R20 von je 1437 kp (14,10 kN) Standschub.
Leistungen: Höchstgeschwindigkeit 850 km/h auf Meereshöhe, auf 2500 m 1000 km/h; Anfangssteiggeschwindigkeit 67 m/Sek; Dienstgipfelhöhe 15500 m; Überführungsreichweite 2600 km.
Gewichte: Leergewicht 3300 kg; max. Startgewicht 7000 kg.
Bewaffnung: 2000 kg Waffen aller Art an sieben Aufhängepunkten unter dem Rumpf und den Flügeln.
Entwicklungsstand: Zwei Prototypen wurden gebaut, je einer mit französischer (Bezeichnung -F) bzw. russischer Elektronik (-R). Der erste nahm die Flugerprobung am 21. März 1996 auf. Angeblich sollen weitere sechs Vorserienmaschinen bereits gebaut sein. Die russische Luftwaffe benötigt als Ersatz der L-39 bis zu 1000 Einheiten, die ersten zehn wurden bestellt. Zwei weitere erhält Bulgarien.
Bemerkungen: Die MiG-AT wird in enger Zusammenarbeit mit französischen Firmen entwickelt. So stammt das Triebwerk aus Frankreich, wird aber in Russland in Lizenz hergestellt werden. Auch die Sextant-Avionik steuert die französische Seite bei. Der Flügel aus Verbundwerkstoffen soll in Südkorea hergestellt werden. Das Flugzeug ist in der Lage, die genau gleichen Manöver wie die Einsatzmuster MiG-29 und Su-27 auszuführen und wurde deshalb für Belastungen von bis zu +8g bzw. -3g ausgelegt. MiG entwickelte die einsitzige Erdkampfversion ATS. Dieses erstmals im Oktober 1997 geflogene Modell verfügt anstelle der Lazarc- über Klimow RD-1700-Mantelstromtriebwerke von je 1700 kp (16,7 kN) Leistung und russische Avionik, u.a. dem Phazotron Moskit-Leichtgewichtsradar. Dieser Triebwerkstyp soll auch in den Serienmaschinen der Trainingsausführung AT eingebaut werden.
Hersteller: MiG, Moskovskii Mashinostroitelnyy Zavod Imieni A.I. Mikoyana, Moskau, Russland.

Abmessungen: Spannweite 10,16 m, Länge 12,01 m, Höhe 4,42 m, Flügelfläche 17,67 m^2.

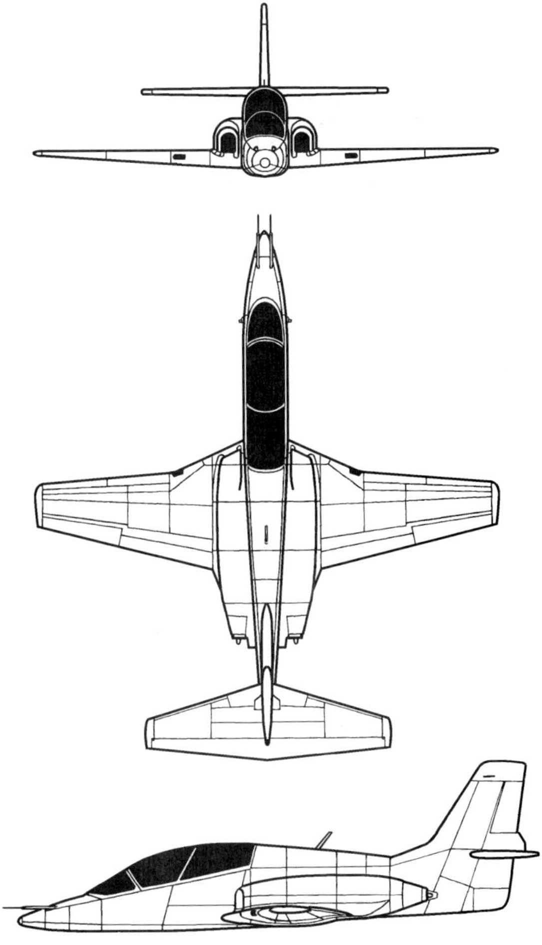

MIL/KAZAN MI-17M/MD

Ursprungsland: Russland.
Kategorie: Mittelschwerer militärischer und ziviler Mehrzweckhubschrauber.
Triebwerke: Zwei Gasturbinen Klimow TV3-117VM von je 2200 WPS (1620 kW) Leistung.
Leistungen: Höchstgeschwindigkeit in 1000 m 250 km/h; bei max. Startgewicht 230 km/h; Reisegeschwindigkeit 220 km/h; Dienstgipfelhöhe 6000 m; Schwebehöhe mit Bodeneffekt 4000 m, ohne Bodeneffekt 1760 m; Reichweite mit normaler Zuladung 500 km, mit vier externen Zusatztanks bis zu 1600 km.
Gewichte: Rüstgewicht 7100 kg; normales Startgewicht 11000 kg, maximal 13000 kg.
Zuladung: Zwei Piloten im Cockpit und bis zu 36 Soldaten bzw. 40 Passagiere; max. Nutzlast intern 4000 kg, extern 5000 kg.
Entwicklungsstand: Ein Prototyp der Version MD fliegt seit 1995. Die Mi-17 in ihren mehreren Ausführungen erfreut sich weiterhin grosser Nachfrage. So sind 2001 folgende (Nach)-Bestellungen eingegangen: Chinesische Armee ?, indonesische Marine 2, Kolumbien 6, Pakistan 16.
Bemerkungen: Als vorläufig letzte Ausführung dieses in über 11000 Stück hergestellten Hubschraubers wird die Mi-17MD vom Werk Kazan angeboten. Äusserlich unterscheidet sie sich durch eine neue Buggestaltung mit Farb-Wetterradar. Weitere Merkmale: Notschwimmausrüstung mit aufblasbaren Ballonen, grössere Schiebetüren auf beiden Seiten, mechanische Frachttransportausrüstung im Heck, Platz für vier zusätzliche Passagiere. Als Option kann zusätzlich eine Rettungswinde mit einer Tragkraft von 300 kg installiert werden. Derzeit wird geprüft, die Mi-17 in Mexico in Lizenz herzustellen.
Hersteller: Mil/Kazan Helicopters, Moskau/Kazan, Russland.

Abmessungen: Rotordurchmesser 21,29 m, Rumpflänge ohne rotierenden Heckrotor 18,50 m Höhe inkl. Rotorkopf 4,75 m.

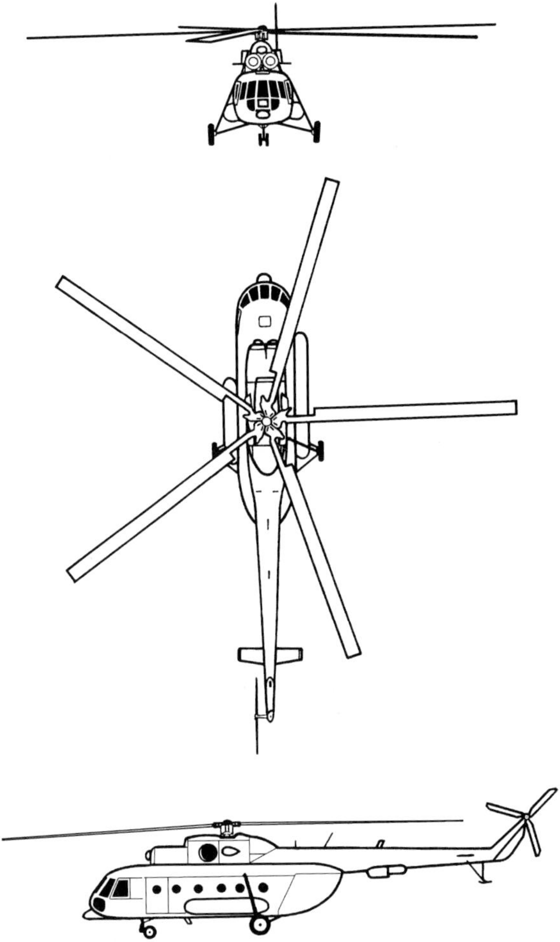

MIL MI-34

Ursprungsland: Russland.
Kategorie: Leichter Mehrzweckhubschrauber.
Triebwerke: Ein luftgekühlter Neunzylinder-Sternmotor Wedenjew M-14V26 von 325 PS (242 kW) Leistung.
Leistungen: Höchstgeschwindigkeit 210 km/h; max. Reisegeschwindigkeit 180 km/h; Dienstgipfelhöhe 4000 m; Schwebehöhe ohne Bodeneffekt 1500 m; Reichweite mit Zuladung von 165 kg 180 km, max. Reichweite 450 km.
Gewichte: Leergewicht 950 kg; Startgewicht Kunstflug 1080 kg; max. Startgewicht 1450 kg.
Zuladung: Pilot und bis vier Personen; max. Nutzlast 450 kg.
Entwicklungsstand: Der erste von zwei Prototypen flog erstmals Ende 1986. Rund 15 Einheiten sind bisher bestellt worden, darunter auch von der Luftwaffe Nigerias drei bzw. Bosnien eine Mi-34.
Bemerkungen: Die Mi-34 ist primär für Schulungs- und Kunstflugaufgaben ausgelegt, lässt sich aber ebenso für Transport-, Beobachtungs- und Verbindungseinsätze verwenden. Sie soll u.a. die in grosser Zahl in russischen Aeroclubs und Schulen noch immer verwendeten Mil Mi-1 ersetzen. Verschiedene Ausführungen der oben beschriebenen Grundversion Mi-34S werden zusätzlich angeboten: Die Mi-34P für Polizei- und Patrouillieneinsätze, die Mi-34L mit einem Textron-Lycoming-Triebwerk TIO-540J von 350 PS (161 kW) sowie neu die Mi-34A mit einer Gasturbine Turboméca Arrius 2F, die über eine Leistung von 504 WPS (376 kW) verfügen würde. Sie könnte einen zusätzlichen Passagier mitführen. Schliesslich prüft Mil die Entwicklung einer zweimotorigen Variante Mi-34M1/M2 für sechs Personen.
Hersteller: OKB Michail L. Mil, Werk Arseneyew, Moskau, Russland.

Abmessungen: Rotordurchmesser 10,00 m, Rumpflänge 8,85 m Höhe inkl. Rotorkopf 2,75 m.

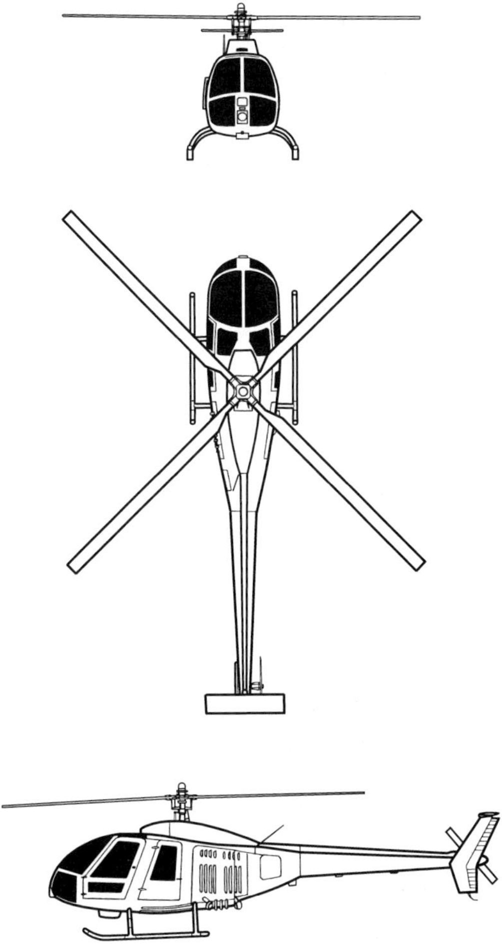

MITSUBISHI F-2

Ursprungsland: Japan (USA).
Kategorie: (F-2A) Einsitziger bzw. (F-2B) doppelsitziger Mehrzweckjäger.
Triebwerke: Ein Mantelstromtriebwerk General Electric F110-GE-129 von 7711 kp (75,5 kN) Standschub ohne und 13880 kp (131,7 kN) mit Nachverbrennung.
Leistungen (Schätzungen): Höchstgeschwindigkeit in grossen Höhen Mach 2,0, in Bodennähe mehr als Mach 1,0; Einsatzradius mit Antischiffs-Lenkwaffen > 830 km.
Gewichte: Leergewicht 9527 kg; max. Startgewicht rund 22000 kg.
Bewaffnung: Die max. Waffenlast soll 9000 kg betragen, u.a. die japanischen Eigenentwicklungen Mitsubishi AAM-3-Luft-Luft- sowie die XASM-2-Anti-Schiffs-Lenkwaffen.
Entwicklungsstand: Erstflug des ersten von vier Prototypen FS-X am 7. Oktober 1995. Die Ablieferungen an die japanischen Luftstreitkräfte begannen im September 2000. Bisher sind 57 Einheiten bestellt und etwa 20 abgeliefert. Die erste Staffel wird im Jahr 2001 einsatzbereit sein. Insgesamt werden 130 F-2 (einschliesslich 47 Doppelsitzer) beschafft.
Bemerkungen: Die F-2 ist von der Lockheed F-16 abgeleitet. Im Laufe der Entwicklung hat sie sich technisch vom Ausgangsmuster immer weiter entfernt, so dass heute fast von einem vollständig neu entwickelten Typ gesprochen werden kann. Vorderrumpf und Heck sind leicht länger, und der Flügel aus Kunststoff ist eine völlige Neuentwicklung. In amerikanisch-japanischer Zusammenarbeit wurde auch ein neuartiges Mehrzweck-Bordradar mit Aktiv-Steuerung und einer Reichweite bis zu 190 km konstruiert, welches gleichzeitig zehn Ziele verfolgen kann. Die übrige Elektronik stammt vollständig aus japanischer Entwicklung, wie das Weitwinkel-Head-up-Display, die fünf Flüssigkristallanzeigen im Cockpit sowie ein umfangreiches integriertes System für die elektronische Kampfführung. Derzeit prüft Mitsubishi die Entwicklung einer reinen Jagdversion mit umfangreicherer Waffenelektronik.
Hersteller: Mitsubishi Heavy Ind. Ltd., Werk Nagoya, Tokio, Japan.

Abmessungen: Spannweite 11,13 m, Länge 15,52 m, Höhe 4,96 m, Flügelfläche 34,84 m².

MITSUBISHI MH2000

Ursprungsland: Japan.
Kategorie: Mittelschwerer Mehrzweckhubschrauber.
Triebwerke: Zwei Gasturbinen Mitsubishi MG5-100 von 875 WPS (650 kW) Leistung.
Leistungen: Max. Reisegeschwindigkeit 280 km/h; ökonomische Reisegeschwindigkeit 250 km/h; Dienstgipfelhöhe 4570 m; Schwebehöhe mit Bodeneffekt 2350 m; Reichweite bis zu 780 km; max. Flugdauer 4 Std.
Gewichte: Leergewicht 2500 kg; Abfluggewicht 4500 kg.
Zuladung: Zwei Piloten und je nach Inneneinrichtung sieben, bei hochdichter Bestuhlung bis zu zwölf Passagiere; max. Nutzlast 2000 kg.
Entwicklungsstand: Der erste von zwei Prototypen fliegt seit Anfang 1996. Im September 1999 wurde die definitive japanische Zulassung erteilt. Bisher sind Aufträge für drei Maschinen bekannt geworden (Erstablieferung im Oktober 1999).
Bemerkungen: Die Entwicklung dieses Musters kam für die Öffentlichkeit ziemlich überraschend. Seit dem Erstflug sind bisher nur sehr wenige Informationen publiziert worden. Die MH2000 ist der erste vollständig in Japan entwickelte Hubschrauber. Sie wird vorerst nur in Japan verkauft. Hauptabnehmer sollen dabei Behörden und öffentliche Körperschaften sein. Bei der Konstruktion hat sich Mitsubishi bemüht, eine besonders kostengünstige Bauweise zu realisieren. Deshalb ist der geplante Verkaufspreis von US$ 3,5 Mio. rund 20 % billiger als jener der nächsten Konkurrenten. Das Triebwerk wurde aus dem militärischen Muster TS1-10 abgeleitet, welches die Kawasaki OH-1 antreibt (siehe Seiten 214/215). Nebst der Passagierversion ist auch eine Ausführung der MH2000 als Such- und Rettungshubschrauber geplant.
Hersteller: Mitsubishi Heavy Industries Ltd., Tokio, Japan.

Abmessungen: Rotordurchmesser 12,20 m, Rumpflänge 12,20 m, Höhe über Heckflosse 4,10 m.

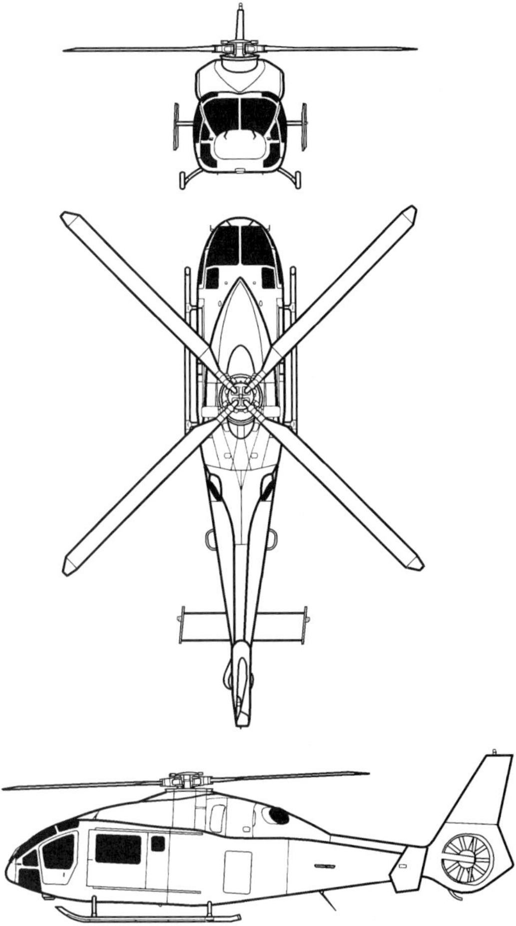

NANCHANG K-8 JET TRAINER

Ursprungsland: Volksrepublik China und Pakistan.
Kategorie: Zweisitziger Basistrainer und leichter Erdkämpfer.
Triebwerke: Ein Mantelstromtriebwerk AlliedSignal TFE731-2A-2A von 1632 kp (16,0 kN) bzw. (K-8J) Progress AI-25 von rund 2200 kp (220 kN) Standschub.
Leistungen: Höchstgeschwindigkeit 800 km/h auf Meereshöhe; Anfangssteiggeschwindigkeit 27 m/Sek; Dienstgipfelhöhe 13000 m; max. Flugdauer 3,0 Std; Reichweite mit zwei abwerfbaren 250-l-Zusatztanks 2250 km, mit internem Treibstoff 1487 km.
Gewichte: Rüstgewicht 2687 kg; normal beladen ohne Aussenlasten 3630 kg; max. Startgewicht 4330 kg.
Bewaffnung (als Erdkämpfer): Ein 23-mm-Kanonenbehälter unter dem Rumpf und vier Flügelstationen für Bomben, Raketenbehälter oder Lenkwaffen. Max. Waffenladung 943 kg.
Entwicklungsstand: Der erste von sechs Prototypen (davon zwei nur für statische Tests) begann die Flugerprobung am 21. November 1990. Bisher hat Pakistan sechs, die VR China 30 Maschinen erhalten. Pakistan will bis zu 100 K-8 kaufen. Hingegen verzichtet die VR China offenbar auf eine weitere Beschaffung. Weitere Besteller: Ägypten 80 (Lizenzbau), Marokko, Myanmar 12, Namibia 4, Sri Lanka 6, Zambia 8.
Bemerkungen: Die K-8 ist eine chinesisch-pakistanische Gemeinschaftsentwicklung. Sie ist besonders auf hohe Zuverlässigkeit und einfache Wartung ausgelegt. Ursprünglich hätten alle für Pakistan bestimmten K-8 im Werk Kamra endmontiert werden sollen. Aus finanziellen Gründen bleibt die Produktion vollständig in China. Die pakistanischen K-8 weisen gegenüber der chinesischen Variante einige Modifikationen auf: EFIS-Cockpit, andere Elektronikkomponenten und neue Antischleuderbremsen. Die Avionik stammt von Collins, die Schleudersitze sind vom Typ Martin Baker Mk.10L. Ob nach dem Verzicht von China die Ausführung mit dem ukrainischen Triebwerk Ivchenko Progress ZMKB AI-25TL/DV-2 weiter gebaut wird, ist noch offen.
Hersteller: NAMC (**N**achang **A**ircraft **M**anufactoring **C**ompany), Nachang, VR China und Pakistan Aeronautical Complex.

Abmessungen: Spannweite 9,63 m, Länge inkl. Sonde 11,60 m, Höhe 4,21 m, Flügelfläche 17,02 m².

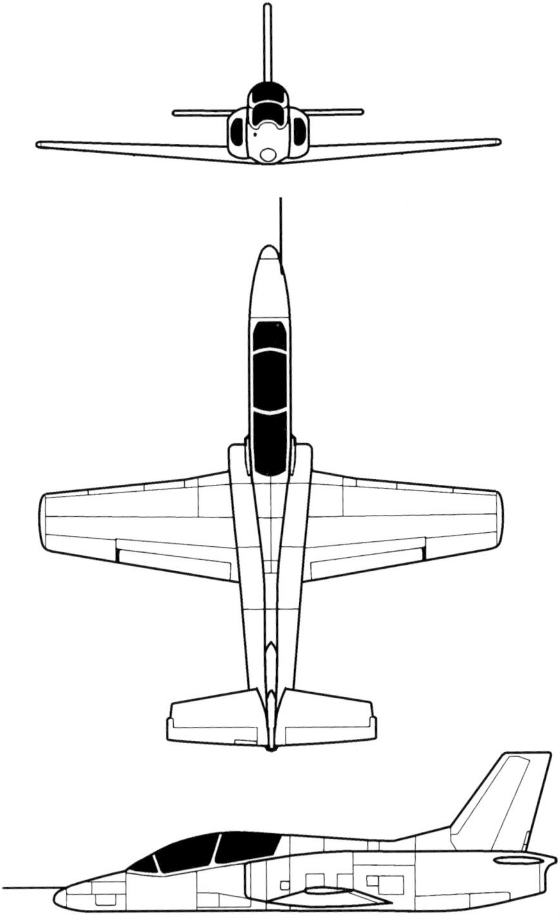

NH INDUSTRIES NH90

Ursprungsland: Deutschland, Frankreich, Italien, Niederlande.
Kategorie: Mittelschwerer militärischer Mehrzweck- (TTH) und bordgestützter U-Bootjagdhubschrauber (NFH).
Triebwerke: Zwei Gasturbinen Rolls-Royce-Turboméca RTM322-01/9 bzw. General Electric T700-T6E von je 1680 WPS (1253 kW) Leistung.
Leistungen: Höchstgeschwindigkeit fast 300 km/h; normale Reisegeschwindigkeit 260 km/h; Dienstgipfelhöhe 6000 m; Schrägsteiggeschwindigkeit 11 m/Sek; Schwebehöhe mit Bodeneffekt > 3500 m, ohne Bodeneffekt 2900 m; Einsatzradius mit 2000 kg Nutzlast > 250 km; Überführungsreichweite > 1200 km; Einsatzdauer 4 Std.
Gewichte: Leer zwischen 5400 und 6400 kg; normales Startgewicht 8700 bis 9300 kg, max. 10000 kg.
Zuladung (TTH): Zwei Piloten und 20 Soldaten bzw. 12 Verwundete; Nutzlast 2500 kg; (NFH): Zwei Piloten und bis vier Systemoperateure.
Bewaffnung (NFH): Je zwei Torpedos oder Anti-Schiffslenkwaffen.
Entwicklungsstand: Der erste von fünf Erprobungsmustern (vier TTH, ein NFH) fliegt seit dem 18. Dezember 1995. Geplante Beschaffung: Deutschland total 215, Frankreich 133/27, Italien 150/46, Niederlande 0/20. Ein erstes Los von 243 Hubschraubern beider Versionen wurde 2000 bestellt; Ablieferungen ab 2004. Weitere Besteller: Finnland 20 TTH, Norwegen 14 NFH, Portugal 10 TTH, Schweden 18 TTH + NFH.
Bemerkungen: Zwei in ihrer Grundkonzeption weitgehend gleiche Ausführungen werden angeboten: Die für taktische Aufgaben konzipierte TTH mit einer Heckladerampe sowie die Marineausführung NFH. Letztere verzichtet auf die Rampe, besitzt dafür faltbare Rotoren, ein beiklappbares Rumpfheck und zwei Schwimmer. Die Bordavionik umfasst u.a. taktisches Radar, FLIR, Sonar sowie zahlreiche weitere Sensorsysteme. Im Hinterrumpf befindet sich ein Ausstoss-System für Düppel, Infrarotfackeln und Sonarbojen. Die NH90 verfügt über eine weitgehend aus Verbundstoff bestehende Zelle und eine Fly-by-Wire-Steuerung.
Hersteller: NH Industries, Aix-en-Provence, Frankreich.

Abmessungen: Rotordurchmesser 16,30 m, Rumpflänge 15,88 m, Höhe über Heckrotor 5,44 m.

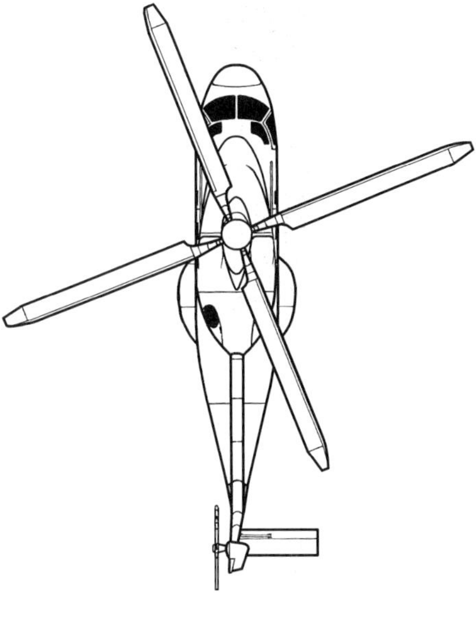

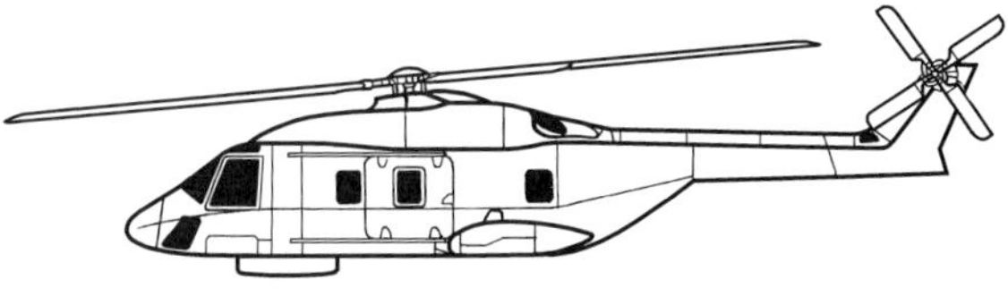

NORTHROP GRUMMAN HAWKEYE 2000

Ursprungsland: USA.
Kategorie: Bordgestütztes Frühwarn- und Überwachungsflugzeug sowie fliegende Kommandozentrale.
Triebwerke: Zwei Propellerturbinen Allison T56-A-427 von je 5250 WPS (3917 kW) Leistung.
Leistungen: Höchstgeschwindigkeit 598 km/h; max. Reisegeschwindigkeit 576 km/h; Anfangssteiggeschwindigkeit 12,8 m/Sek; Dienstgipfelhöhe 9390 m; Einsatzdauer 4 Std. bei einem Aktionsradius von 370 km; max. Flugdauer 6,1 Std; Überführungsreichweite 2580 km.
Gewichte: Leer 17265 kg; max. Startgewicht 24494 kg.
Zuladung: Fünf Mann Besatzung, bestehend aus zwei Piloten und drei Ingenieuren im zentralen Einsatzraum.
Entwicklungsstand: Total erhielt die US Navy bis 1995 148 Flugzeuge. Nach einem Produktionsunterbruch werden seit 1997 wieder Hawkeyes in jährlichen Tranchen von drei bis vier E-2C geliefert. Die Hawkeye in verschiedenen Versionen ist ferner im Einsatz: Ägypten 6, Frankreich 3, Israel 4, Japan 13, Singapur 4 und Taiwan 4. Die US Küstenwache setzt vier, die US Zollbehörde eine von der US Navy gemietete E-2C zur Drogenbekämpfung ein.
Bemerkungen: Die neueste, derzeit als Hawkeye 2000 bezeichnete Ausführung, nahm die Flugerprobung am 11. April 1998 auf. 21 neue Einheiten erhält die USN zwischen 2001 und 2006. Weitere 54 Maschinen werden bis zum Jahr 2010 in diese Ausführung umgebaut. Gegenüber der E-2C Group 2-Standard (siehe Ausgabe 1998) unterscheidet sich die Hawkeye 2000 wie folgt: Neuer Zentralrechner mit sog. «offener IT-Architektur», welche nachträgliche Aufdatierungen wesentlich erleichtert, neue bedienungsfreundlichere Workstations, Satellitenkommunikation, bessere Navigationssysteme, Luftbetankungsmöglichkeit und ein Infrarotsensor für die passive Überwachung. Alle Hawkeye 2000 erhalten auch neue Achtblatt-Propeller.
Hersteller: Northrop Grumman Corporation, Werk St. Augustine, Florida, Los Angeles, Kalifornien, USA.

Abmessungen: Spannweite 24,56 m, Länge 17,55 m, Höhe 5,69 m, Flügelfläche 65,03 m².

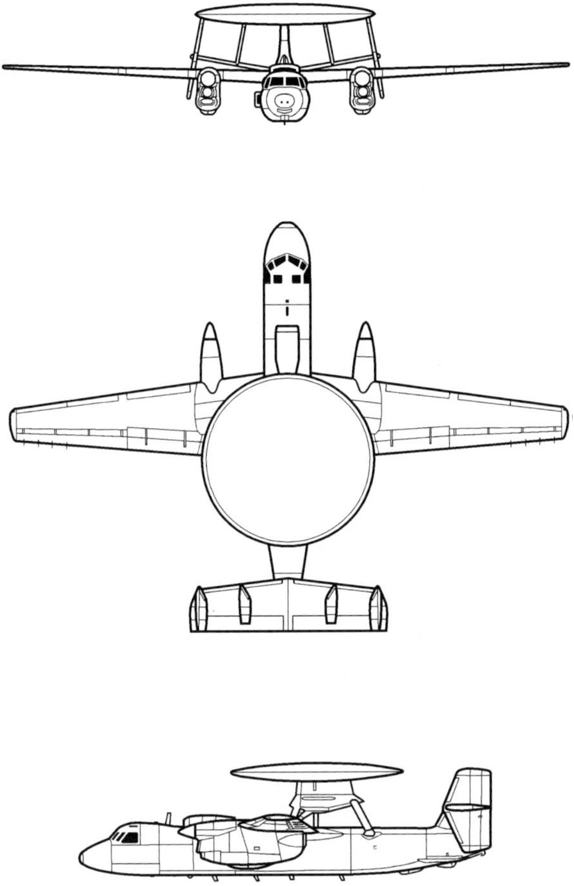

NORTHROP GRUMMAN RQ-4A GLOBAL HAWK

Ursprungsland: USA.
Kategorie: Unbemannter hochfliegender Langstreckenaufklärer.
Triebwerke: Ein Mantelstromtriebwerk Rolls-Royce Allison AE3007H von 1900 kp (28,5 kN) Leistung.
Leistungen: Höchstgeschwindigkeit ca. Mach 0,60, Patrouillengeschwindigkeit 635 km/h; Dienstgipfelhöhe 19800 m; max. Flugdauer 36 Std; Aktionsradius mit einer Aufenthaltsdauer von 24 Std. am Zielort 5500 km, Reichweite bis zu 25015 km.
Gewichte: Leergewicht 4173 kg; max. Startgewicht 11612 kg.
Zuladung: Aufklärungssysteme im Gesamtgewicht von 907 kg.
Entwicklungsstand: Der erste von zwei Prototypen nahm die Flugerprobung am 28. Februar 1998 auf. Bei einem Bedarf von rund 60 Einheiten, gab die USAF bisher sieben Systeme in Auftrag. Fünf davon sind bereits ausgeliefert worden.
Bemerkungen: Die Global Hawk kann unbemannt aus 20 km Höhe in 24 Std. ein Gebiet der Grösse Griechenlands flächendeckend aufklären und die gewonnenen Daten via Satellit weltweit online übertragen. Zur Erfüllung dieser Aufgaben ist die RQ-4A mit modernsten Systemen ausgerüstet, u.a. allwettertaugliches Seitensichtradar, CCD-Kamera für hochauflösende Bilder, Wärmebildsensoren usw. Während der Rumpf konventionell aus Aluminium besteht, sind die Flügel vollständig aus Kohlefasern hergestellt und sind trotz grosser Spannweite äusserst steif ausgelegt. Sie biegen sich bei Belastung um nur max. 60 cm durch. Auch das gesamte Leitwerk ist aus Verbundwerkstoffen. Um ein hohes Mass an Ausfallsicherheit zu erreichen, ist die gesamte Flugsteuerung doppelt vorhanden, das Gleiche gilt auch für die meisten Computer. Derzeit wird geprüft, ob die Global Hawk auch als Ergänzung zum bemannten Aufklärungssystem Lockheed U-2 (siehe Ausgabe 1983/84) insbesondere für SIGINT-Aufgaben eingesetzt werden könnte.
Hersteller: Northrop Grumman Corp., Werk San Diego, Kalifornien, USA.

Abmessungen: Spannweite 35,42 m, Länge 13,53 m, Höhe 4,63 m, Flügelfläche 50,1 m².

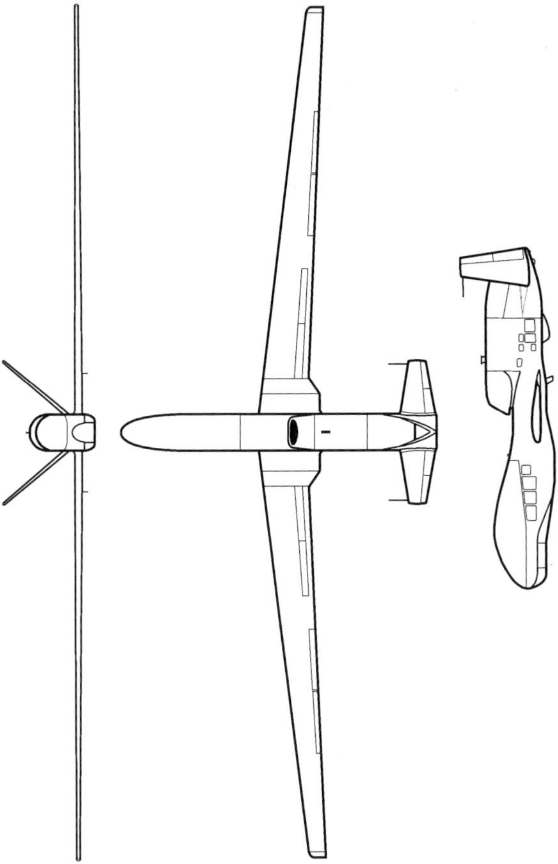

NORTHROP GRUMMAN X-47A PEGASUS

Ursprungsland: USA.
Kategorie: Unbemannter bordgestützter Erprobungsträger.
Triebwerke: Ein Mantelstromtriebwerk Pratt & Whitney JT15D-5C von 1450 kp (14,2 kN) Leistung.
Leistungen: Noch keine Angaben erhältlich.
Gewichte: Max. Startgewicht 1750 kg.
Entwicklungsstand: Der Erstflug dieses Erprobungsträgers, welcher am 30. Juli 2001 der Öffentlichkeit vorgestellt wurde, ist für Anfang 2002 vorgesehen. Es wird nur ein Prototyp gebaut.
Bemerkungen: Weitgehend aus Verbundstoffen gebaut, soll die Pegasus vorwiegend für die Erprobung von unbemannten Starts und Landungen auf Flugzeugträgern dienen. Entwickelt und hergestellt wurde dieser Typ im Auftrag von Northrop Grumman durch Scaled Composites in Mojave. Die ganze Formgebung gibt diesem Erprobungsträger ausgezeichnete «Stealth»-Eigenschaften. Da ein Höhenleitwerk fehlt, erfolgt die Steuerung über sechs Klappen. Von der X-47A abgeleitet soll später ein vergrössertes Muster UAV-N X-47B gebaut werden. Diese Ausführung ist für Aufklärungs- und Kampfeinsätze «der ersten Stunde» gedacht, d.h. für besonders gefährliche Missionen, wie sie oft bei Beginn von Konflikten vorkommen. Sie soll eine Waffenlast von 1800 kg mitführen und Einsätze von bis zu 12 Std. fliegen können. Die als offenes System konzipierte Elektronik von BAE Systems erlaubt u.a. sehr präzise Landungen auf Flugzeugträgern. Mit der Herstellung des Prototyps wurde Anfang 2002 begonnen. Der Erstflug ist für anfangs 2004 vorgesehen.
Hersteller: Northrop Grumman Corporation, Werk San Diego, Kalifornien, USA.

Abmessungen: Spannweite 8,50 m, Länge 8,45 m.

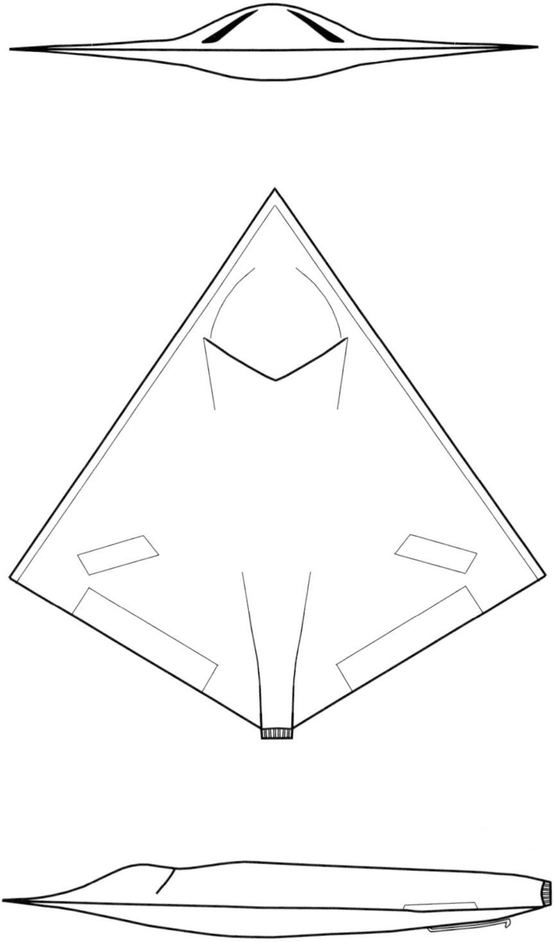

PIAGGIO P180 AVANTI

Ursprungsland: Italien.
Kategorie: Firmenflugzeug und militärisches Mehrzweckflugzeug.
Triebwerke: Zwei Propellerturbinen Pratt & Whitney Canada PT6A-66 von je auf 850 WPS (634 kW) reduzierter Leistung.
Leistungen: Höchstgeschwindigkeit 732 km/h auf 8625 m; max. Dauergeschwindigkeit 644 km/h auf 11885 m; Anfangssteiggeschwindigkeit 15,0 m/Sek; Dienstgipfelhöhe 11890 m, Reichweite mit einer Nutzlast von sechs Personen und IFR-Reserven 2637 km; max. Reichweite mit VFR-Reserven 3148 km.
Gewichte: Rüstgewicht 3402 kg; max. Startgewicht 5239 kg.
Zuladung: Ein oder zwei Piloten und sieben bis acht Passagiere bei Standard-Innenausstattung. Für EMS-Einsätze zwei liegende Verwundete, als Frachter max. 1860 kg.
Entwicklungsstand: Erstflug des ersten von zwei Prototypen am 23. September 1986, das erste Serienflugzeug folgte am 29. Januar 1990. Bis Ende 1998 sind 36 Avantis hergestellt und danach die Produktion vorübergehend eingestellt worden. Nachdem Aufträge für weitere 33 Einheiten, darunter neun für die italienische Luftwaffe, eingegangen sind, wurde sie im 2000 wieder aufgenommen. In 2002 sollen 24 P180 hergestellt werden.
Bemerkungen: Die Avanti basiert mit ihrem futuristischen Aussehen auf dem sogenannten «Drei-Flächen-Konzept» (three-surface-concept), wobei der vorn platzierte kleine Stützflügel das Flugzeug in allen Flugphasen ausbalanciert und das Höhenleitwerk nur für die Richtungsänderungen benötigt wird. Der Flügel besitzt ein Laminarprofil und eine hohe Streckung bei vergleichsweise geringer Fläche. Die Avanti besteht zum grossen Teil aus Leichtmetall, doch sind Kunststoffteile am Leitwerk, den Triebwerkverkleidungen, an der Rumpfspitze, dem Stützflügel und dem Hauptflügel eingesetzt. Die unkonventionelle Form beschert der Avanti eine der grössten Kabinen ihrer Klasse (Länge 4,55 m, Breite 1,85 m, Höhe 1,75 m) und erlaubt durchgehende Stehhöhe. Die neu ausgelieferten Einheiten verfügen über grössere Treibstoffkapazität.
Hersteller: Rinaldo Piaggio S.p.A., Genua-Sestri, Italien.

Abmessungen: Spannweite 14,03 m, Länge 14,41 m, Höhe 3,98 m, Flügelfläche16,00 m^2.

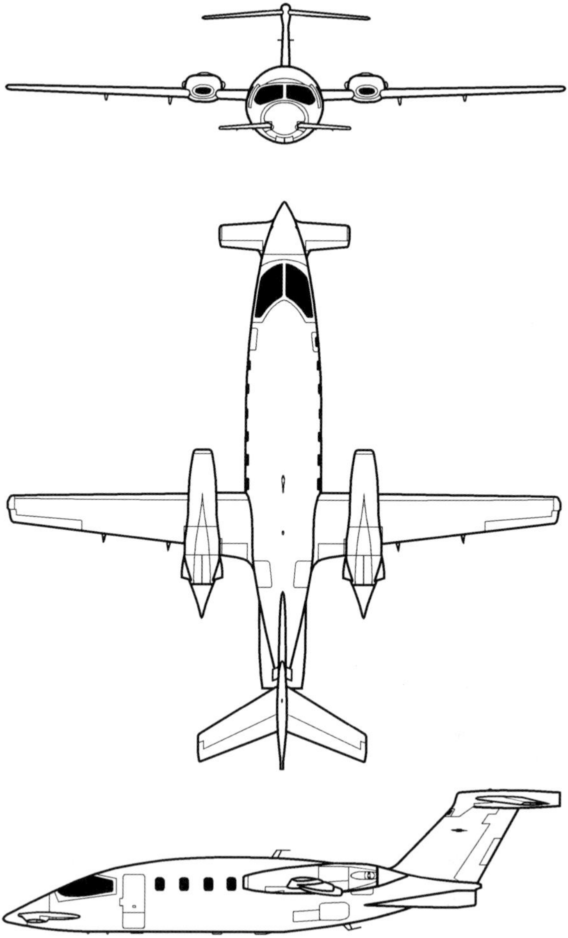

PILATUS PC-9M TURBO TRAINER

Ursprungsland: Schweiz.
Kategorie: Zweisitziger Basis- und Fortgeschrittenentrainer sowie Zielschlepper.
Triebwerke: Eine Propellerturbine Pratt & Whitney Canada PT6A-62 von 1150 WPS (857 kW), reduziert auf 950 WPS (708 kW) Leistung.
Leistungen: Höchstgeschwindigkeit 593 km/h auf 6100 m; Reisegeschwindigkeit 463 km/h auf 3050 m, 500 km/h auf Meereshöhe oder 556 km/h auf 6100 m; max. Anfangssteiggeschwindigkeit 20,83 m/Sek; max. Reichweite mit 20 Min. plus fünf Prozent Treibstoffreserven 1642 km auf 7620 m.
Gewichte: Leer 1725 kg; Startgewicht (Akrobatik) 2350 kg bzw. max. 3200 kg.
Entwicklungsstand: Die Version M der PC-9 wurde 1997 eingeführt. Von der Ursprungsausführung (Erstflug 7. Mai 1984) und der PC-9M sind bisher über 250 Einheiten gebaut und an über ein Dutzend Luftwaffen oder paramilitärische Organisationen geliefert worden, u.a. Australien 67, Kroatien 20, Saudi Arabien 50, Thailand 36. Von der Zielschlepperausführung erhielt die schweizerische Luftwaffe 12, der Condor Luftdienst 10 Einheiten. Die PC-7 Mk. II wird weiter produziert; neueste Nachbestellung: Malaysia 9.
Bemerkungen: Die Weiterentwicklung PC-9M übernimmt das vergrösserte Seitenleitwerk der PC-7 Mk. II (siehe Ausgabe 1999), womit die Längsstabilität erhöht wurde. Auch die Flügelwurzeln sind modifiziert und verhelfen zu einer geringeren Langsamgeschwindigkeit. Schliesslich ist ein neues Triebwerk-/Propellerkontroll-System eingebaut worden. Unter der Bezeichnung PC-21 entwickelt Pilatus derzeit eine Nachfolgevariante der PC-7/9. Sie soll das ganze Spektrum vom Anfangstraining bis hin zur Fortgeschrittenenschulung abdecken. Ein Erprobungsträger fliegt seit Mai 2001. Das Cockpit ist voll digitalisiert und die Einsatz-Software soll so programmiert sein, dass sie alle Ausbildungsbedürfnisse abdecken kann. Als Antrieb dient die leistungsfähigere PT6A-68-Turbine.
Hersteller: Pilatus Flugzeugwerke AG, Stans, Schweiz.

Abmessungen: Spannweite 10,12 m, Länge 10,14 m, Höhe 3,26 m, Flügelfläche 16,29 m^2.

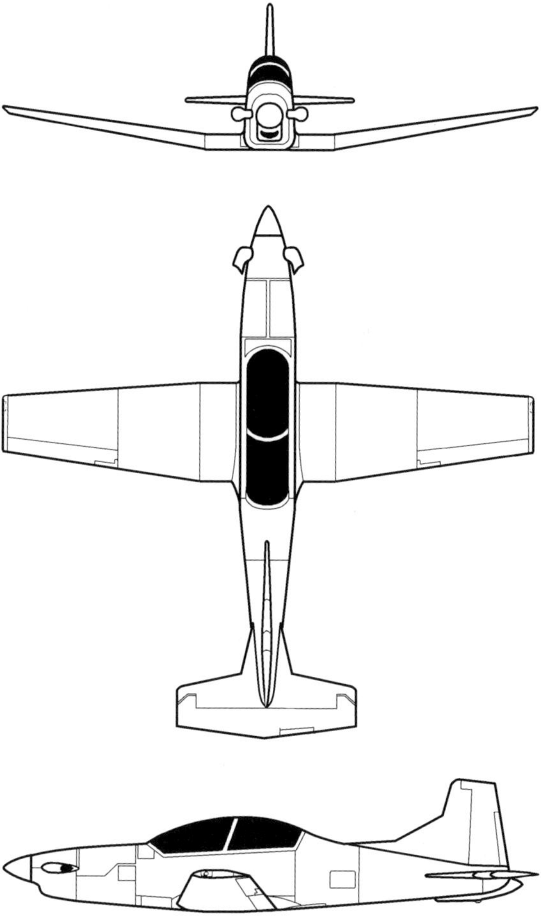

PILATUS PC-12/45

Ursprungsland: Schweiz.
Kategorie: Leichtes Mehrzweck- und Firmenflugzeug.
Triebwerke: Eine Propellerturbine Pratt & Whitney Canada PT6A-67B mit einer auf 1200 WPS (895 kW) reduzierten Leistung.
Leistungen: Max. Reisegeschwindigkeit 498 km/h auf 7620 m; Anfangssteiggeschwindigkeit 8,50 m/Sek; Dienstgipfelhöhe 10670 m; Reichweite auf 9150 m 4167 km, mit neun Passagieren 3515 km.
Gewichte: Leergewicht Frachter 2484 kg, mit Passagiereinrichtung 2600 kg; max. Startgewicht 4500 kg.
Zuladung: Pilot und Copilot/Passagier im Cockpit und bis zu neun Passagiere in Einzelsitzen; als Firmenflugzeug sechs Passagiere. Max. Zuladung als Frachter 1526 kg.
Entwicklungsstand: Der erste von zwei Prototypen startete am 31. Mai 1991 zum Erstflug. Im Mai 1994 begannen die Kundenauslieferungen. Bis Ende 2001 waren über 360 Maschinen bestellt und etwa 320 davon abgeliefert.
Bemerkungen: Das Mehrzweckflugzeug ist für den Einsatz in der Geschäftsfliegerei (PC-12P) bis hin zum Transporter für Fracht (PC-12F) geeignet. Die Zelle der einmotorigen PC-12 ist länger und breiter als beispielsweise jene der zweimotorigen Beech King Air und vermag Fracht bis zu 9,34 m^3 zu laden. Eine kombinierte Variante für vier Passagiere und 5,95 m^3 Fracht wird ebenfalls angeboten. Eine Passagiertüre vorn und eine grosse Frachttüre hinten erleichtern den Ladevorgang. Die PC-12 ist mit einer umfangreichen Avionik von AlliedSignal Bendix/King ausgerüstet. Die derzeit produzierte Ausführung PC-12/45 verfügt über ein verstärktes Fahrwerk mit grösseren Rädern. Pilatus prüft, der PC-12 serienmässig ein neues Cockpit mit grossen Multifunktionsanzeigen einzubauen. Ein entsprechender Erprobungsträger fliegt seit Januar 2000.
Hersteller: Pilatus Flugzeugwerke AG, Stans, Schweiz.

Abmessungen: Spannweite 16,23 m, Länge 14,40 m, Höhe 4,27 m, Flügelfläche 25,81 m².

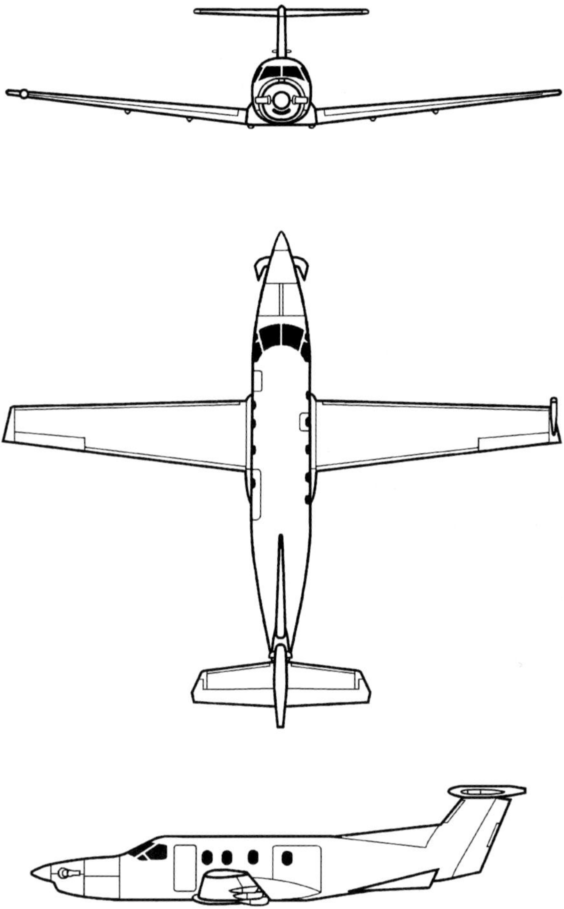

PIPER PA-46-350P MALIBU MERIDIAN

Ursprungsland: USA.
Kategorie: Leichtes Geschäftsreiseflugzeug.
Triebwerke: Eine Propellerturbine Pratt & Whitney Canada PT6-42A mit auf 500 WPS (370 kW) reduzierter Leistung.
Leistungen: Max. Reisegeschwindigkeit 500 km/h auf 9100 m; Anfangssteiggeschwindigkeit 6,2 m/Sek; Dienstgipfelhöhe 9150 m; Reichweite mit max. Treibstoffzuladung 1980 km.
Gewichte: Rüstgewicht 1445 kg; max. Startgewicht 2200 kg.
Zuladung: Pilot und fünf Passagiere in Zweierreihen hintereinander; max. Nutzlast 702 kg.
Entwicklungsstand: Die neueste Ausführung Malibu Meridian absolvierte den Erstflug am 21. August 1998. Bisher sind mehr als 140 Einheiten bestellt worden, die seit August 2000 zur Auslieferung gelangen. Ende 2001 sind etwa 100 ausgeliefert worden.
Bemerkungen: Unter dem Namen Malibu Meridian präsentierte Piper im September 1997 die Attrappe einer Weiterentwicklung der Mailbu Mirage (siehe Ausgabe 2000) mit Propellerturbine. Sie erhält auch ein vollständig überarbeitetes Cockpit mit CRT-Instrumenten von Meggit Avionics und dem Garmin GNS-350-Navigations- und Kommunikationssystem, welches auch ein GPS umfasst. Gegenüber der Mirage wurde der Treibstoffvorrat auf 645 Liter erhöht. Die Flügelvorderkanten sind überarbeitet, das Höhenleitwerk vergrössert. Die Meridian soll in der Basisausführung für US$ 1,4 Mio. angeboten werden. Im Laufe der Flugerprobung wurde die Triebwerkleistung erhöht sowie der Dreiblattpropeller durch einen Vierblattpropeller ausgetauscht. Eine Umbauversion der Mailbu Mirage auf Propellerturbine offeriert die Firma JetProp, welche zwar das gleiche Triebwerk der Meridian einsetzt, aber mit einer Leistung von 556 WPS (415 kW) und Vierblattpropeller entsprechend bessere Werte erreicht.
Hersteller: New Piper Aircraft, Vero Beach, Florida, USA.

Abmessungen: Spannweite 13,10 m, Länge 9,02 m, Höhe 3,44 m, Flügelfläche 16,26 m².

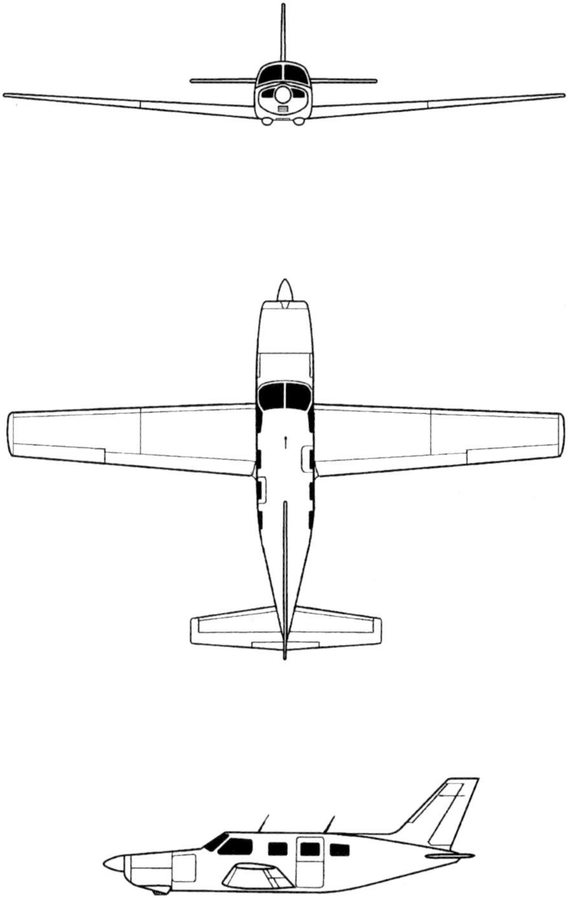

RAYTHEON/BEECHCRAFT 1900D

Ursprungsland: USA.
Kategorie: Regionalverkehrsflugzeug.
Triebwerke: Zwei Propellerturbinen Pratt & Whitney Canada PT6A-67D von je 1280 WPS (955 kW) Leistung.
Leistungen: Max. Reisegeschwindigkeit bei einem Fluggewicht von 6804 kg 502 km/h auf 3050 m, 532 km/h auf 7620 m; Anfangssteiggeschwindigkeit bei 7688 kg 13,3 m/Sek; Dienstgipfelhöhe 7620 m; Reichweite mit 19 Passagieren und IFR-Bedingungen 926 km auf 2440 m, 1056 km auf 4875 m oder 1278 km auf 7620 m.
Gewichte: Rüstgewicht 4699 kg; max. Startgewicht 7588 kg.
Zuladung: Ein bis zwei Mann Cockpitbesatzung und in der Kabine normalerweise 19 Passagiere in Einzelsitzen auf jeder Seite und einer Dreier-Sitzgruppe am Ende der Kabine. Gepäckraum im Rumpfheck.
Entwicklungsstand: Der Prototyp der Weiterentwicklung 1900D flog erstmals am 1. März 1990 und erhielt die Zulassung im März 1991. Kundenauslieferungen im November 1991 an Mesa Airlines, welche als Hauptbestellerin 118 Einheiten erhält. Bis Ende 2001 sind Aufträge für rund 440 Beech 1900D eingegangen. Fast alle sind abgeliefert, die Monatsproduktion beläuft sich derzeit auf etwa eine Einheit.
Bemerkungen: Die 1900D hat die früheren Versionen der 1900, welche in 257 Exemplaren hergestellt wurden, in der Produktion abgelöst. Das wesentlichste neue Merkmal ist die um volle 36 cm auf eine Innenhöhe von 180 cm erhöhte Kabine, die es nun erlaubt, sich darin aufrecht zu bewegen. Dazu ist auch der Boden durchgehend flach gestaltet worden. Das Kabinenvolumen erhöhte sich dadurch um 28,5 %. Der druckbelüftete Frachtraum im Heck verfügt über 4,95 m^3 Stauraum und ist durch eine verbreiterte Frachttüre zugänglich. Eine VIP-Ausführung für 12 Passagiere sowie eine Frachtversion mit einer Nutzlast von 2500 kg werden ebenfalls angeboten. Neu entwickelt Raytheon eine Überwachungs- und Aufklärungsvariante HISAR 2K. Sechs davon erhält die Luftwaffe Algeriens (siehe Foto).
Hersteller: Raytheon Aircraft, Beech Aircraft Division, Wichita, Kansas, USA.

Abmessungen: Spannweite 17,65 m, Länge 17,63 m, Höhe 4,55 m, Flügelfläche 28,15 m^2.

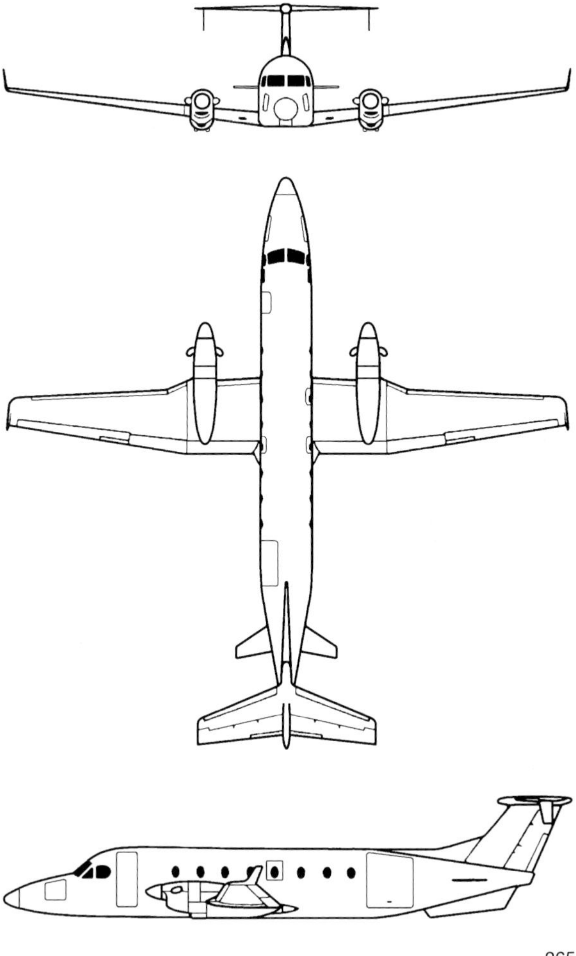

RAYTHEON HAWKER 800XP

Ursprungsland: Grossbritannien/USA.
Kategorie: Firmenflugzeug.
Triebwerke: Zwei Mantelstromtriebwerke AlliedSignal TFE731-5BR von je 2113 kp (20,73 kN) Standschub.
Leistungen: Max. Reisegeschwindigkeit 845 km/h auf 8840 m; ökonom. Reisegeschwindigkeit 741 km/h auf 11890 bis 13100 m; Anfangssteiggeschwindigkeit 15,75 m/Sek; Dienstgipfelhöhe 13100 m; Reichweite mit max. Nutzlast 4778 km, mit max. Treibstoffzuladung und VFR-Reserven 5232 km.
Gewichte: Leergewicht 7076 kg; max. Startgewicht 12701 kg.
Zuladung: Zwei Piloten und normalerweise acht Passagiere in Einzelsitzen, bzw. bis zu 14 Passagiere in enger Bestuhlung. Max. Nutzlast 1306 kg.
Entwicklungsstand: Erstflug des Prototyps der neuesten Ausführung 800XP im Juni 1995. Die aus der Serie 800 abgeleitete SAR-Version U-125A ist für die japanische Luftwaffe bestimmt, welche einen Gesamtbedarf von 27 Maschinen hat (bisher deren 21 bestellt). Von allen Varianten sind bis heute über 1000 Einheiten hergestellt worden, womit dieses Modell weltweit zum erfolgreichsten Firmenflugzeug dieser Klasse geworden ist.
Bemerkungen: Als neuestes Modell einer langen Serie ist die 800XP lanciert worden. Dank stärkerer Triebwerke erzielt sie deutlich höhere Leistungen, insbesondere bezüglich Geschwindigkeit, Steigleistung bei hohen Temperaturen und grössere Reichweite. Neue 800XP erhalten die Avionik Pro Line 21 von Rockwell Collins. Mit einer Maschine erprobt man derzeit die Wirkung von Winglets, welche eventuell bei allen neuen, aber auch als Retrofit, erhältlich sein werden. Eine Ableitung der 800XP erhält Korea derzeit für Spionage- und Überwachungsaufgaben (SIGINT). Vier sind mit von E-Systems (siehe Foto) gebauten Funküberwachungssystemen und weitere vier mit einem Radar von Loral ausgerüstet.
Hersteller: Raytheon Corporate Jets, Wichita, Kansas, USA.

Abmessungen: Spannweite 15,66 m, Länge 15,60 m, Höhe 5,36 m, Flügelfläche 34,75 m^2.

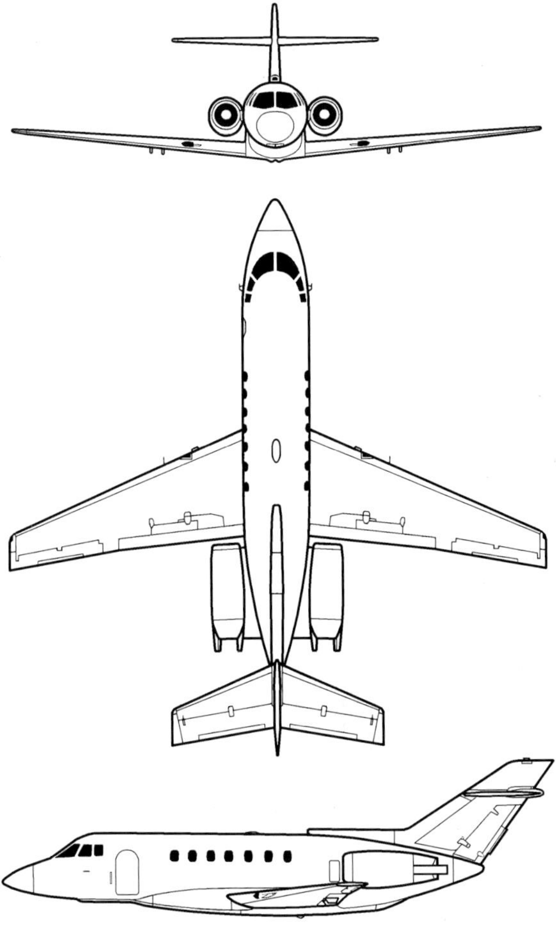

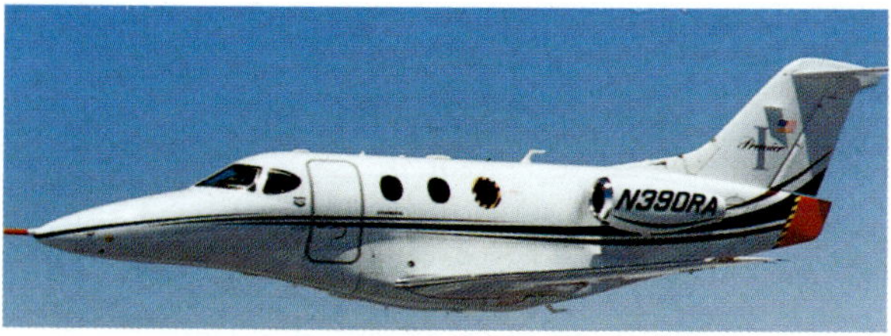

RAYTHEON 300 PREMIER I

Ursprungsland: USA.
Kategorie: Firmenflugzeug.
Triebwerke: Zwei Mantelstromtriebwerke Williams/Rolls-Royce FJ44-2A von je 1050 kp (10,23 kN) Standschub.
Leistungen: Max. Reisegeschwindigkeit 850 km/h; normale Reisegeschwindigkeit 680 km/h; Dienstgipfelhöhe 12500 m; Reichweite mit vier Passagieren und IFR-Reserven 2562 km.
Gewichte: Rüstgewicht 3740 kg; max. Startgewicht 5760 kg.
Zuladung: Ein bis zwei Piloten und bis zu sechs Passagiere in der Standard-Clubausführung mit Toilette; Nutzlast bei max. Treibstoffzuladung 365 kg.
Entwicklungsstand: Das erste von vier Erprobungsmustern startete am 22. Dezember 1998 zum Erstflug. Bisher sind Bestellungen für über 300 Einheiten eingegangen. Die Auslieferungen begannen nach längeren technischen Verzögerungen im Juni 2001 und bis Ende dieses Jahres waren rund 30 Premier I hergestellt. Ab 2002 soll die Jahresproduktion auf 60 Maschinen gesteigert werden.
Bemerkungen: Der gesamte Rumpf besteht aus Verbundwerkstoffen (Kombination von Nomex-Wabenstruktur und Karbonfiber), der Flügel mit starker Pfeilung hingegen weiterhin aus Aluminium. Aufgrund neuer Berechnungen muss dieser umgezeichnet werden, um die garantierten Flugleistungen zu erreichen. Die Konstruktion des ganzen Flugzeugs ist bewusst sehr einfach gehalten, so dass eine weitgehende Automatisierung in der Herstellung erreicht wird. Dadurch und dank neuer Produktionstechnologien kann die Premier I zum günstigen Preis ab rund US$ 5,26 Mio. angeboten werden. Im Verhältnis zu den Konkurrenzmustern ist das Innenvolumen der Kabine deutlich grösser (Länge 4,10 m, Breite 1,70 m, Höhe 1,60 m). Das Cockpit, ausgerüstet mit ProLine 21-Avionik, ist für Ein-Piloten-Betrieb ausgelegt. Die Premier I soll das Grundmuster einer ganzen Familie von Firmenjets werden.
Hersteller: Raytheon Aircraft, Wichita, Kansas, USA.

Abmessungen: Spannweite 13,56 m, Länge 14,02 m, Höhe 4,81 m, Flügelfläche 20,90 m^2.

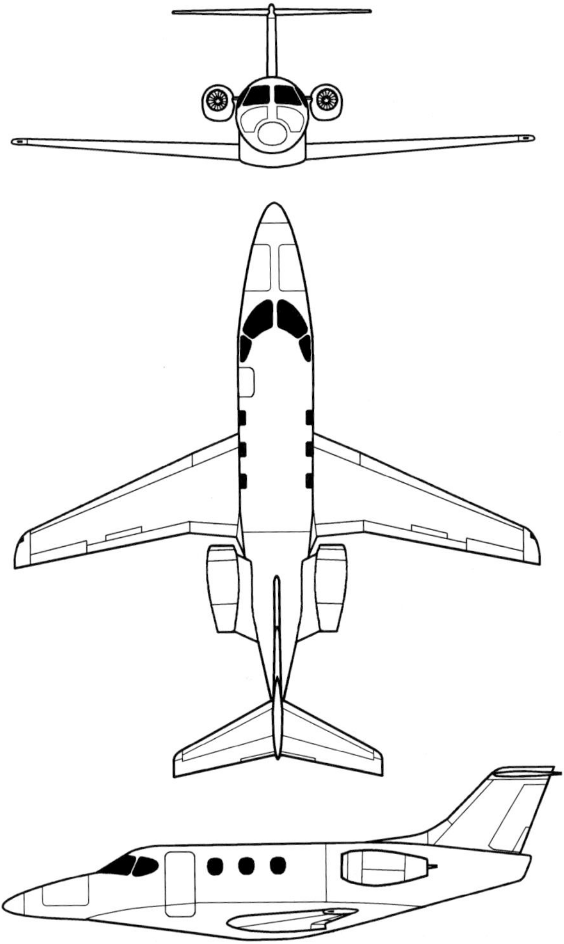

RAYTHEON HAWKER HORIZON

Ursprungsland: USA.
Kategorie: Firmenflugzeug.
Triebwerke: Zwei Mantelstromtriebwerke Pratt & Whitney PW308A von je 2950 kp (28,9 kN) Standschub.
Leistungen (nach Angaben des Herstellers): Max. Reisegeschwindigkeit Mach 0,84; Dienstgipfelhöhe 13716 m; Reichweite mit IFR-Reserven 5750 km, maximal 6300 km.
Gewichte: Rüstgewicht 9494 kg; max. Startgewicht 16330 kg.
Zuladung: Zwei Piloten und normalerweise acht Passagiere in Klubbestuhlung, maximal jedoch 12 Personen; Nutzlast 1619 kg.
Entwicklungsstand: Mit der Erprobung konnte nach erneuten Verzögerungen am 11. August 2001 begonnen werden. Bisher erhielt der Hersteller Bestellungen für 100 Horizons (+ 50 Optionen). Der bisher grösste Einzelauftrag ging von NetJet ein, welche 50 Maschinen fest bestellte und für weitere 50 eine Option aufnahm. Die Ablieferung der ersten Exemplare ist für Mitte 2003 vorgesehen, monatlich sollen drei Einheiten hergestellt werden.
Bemerkungen: Obwohl gewisse Ähnlichkeiten zur Hawker 800XP bestehen (siehe Seiten 266/267) handelt es sich bei der Horizon um eine völlige Neukonstruktion. Mit diesem Muster möchte Raytheon einen neuen Komfortstandard im Mittelsegment der Firmenflugzeuge setzen. So ist die Kabine für diese Klasse ausgesprochen grossräumig (Länge 8,87 m, Breite 2,01 m, Höhe 1,83 m). Das Flügelmittelstück verläuft vollständig unter dem Rumpf, so dass der Passagierraum in keinem Bereich dadurch eingeschränkt ist. Wie die Premier I ist auch bei der Horizon der Rumpf völlig aus Verbundwerkstoffen hergestellt, während der Flügel aus Aluminium besteht und zum grössten Teil aus einem Werkstück herausgefräst wird. Im Cockpit sind fünf grosse LCD-Flachbildschirme vorgesehen, das Flugmanagementsystem Honeywell Primus Epic wird erstmals in einem Flugzeug eingebaut. Die gesamte Avionik ist hinter dem Cockpit platziert und entsprechend gut zugänglich. Der Basispreis beträgt US$ 15,8 Mio.
Hersteller: Raytheon Corporate Jets, Wichita, Kansas, USA.

Abmessungen: Spannweite 18,80 m, Länge 21,08 m, Höhe 5,97 m.

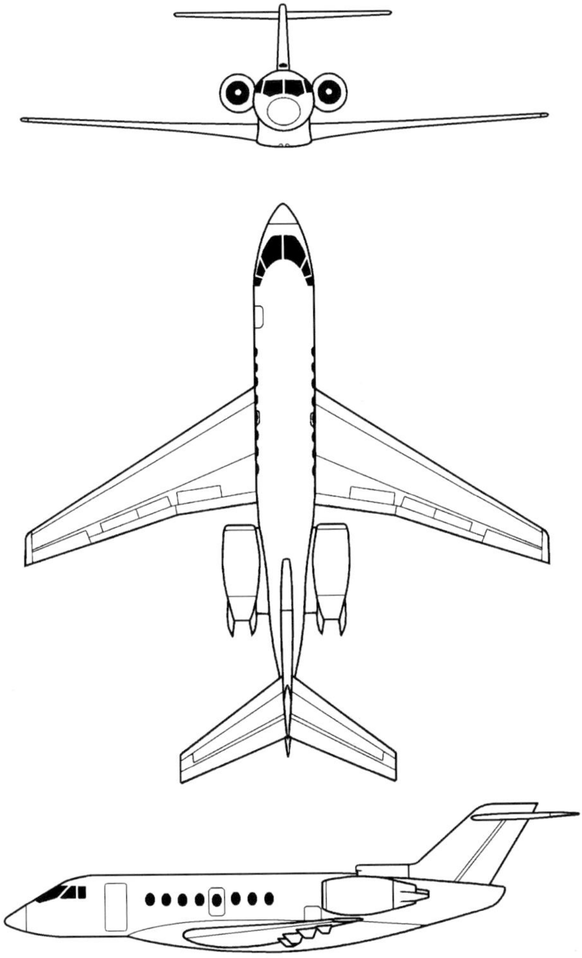

RAYTHEON/BEECHCRAFT T-6A TEXAN II

Ursprungsland: USA/Schweiz.
Kategorie: Zweisitziger Basis- und Fortgeschrittenentrainer.
Triebwerke: Eine Propellerturbine Pratt & Whitney Canada PT6A-68 von 1708 WPS (1275 kW) Leistung, reduziert auf 1100 WPS (820 kW).
Leistungen: Höchstgeschwindigkeit in grossen Höhen 575 km/h, auf Meereshöhe 500 km/h, Reisegeschwindigkeit auf 2285 m 426 km/h; Anfangssteiggeschwindigkeit 20,3 m/Sek; Dienstgipfelhöhe 10670 m; Reichweite 1574 km; max. Flugdauer 3 Std.
Gewichte: Leergewicht 2087 kg; max. Startgewicht 2857 kg.
Entwicklungsstand: Der erste Erprobungsträger (eine umgebaute PC-9) fliegt seit September 1992. Darauf stellte Beech zwei weitere Produktionsprototypen her (Erstflug 23. Dezember 1993), gefolgt vom ersten Serienflugzeug am 15. Juli 1998. Vorgesehen ist, für die amerikanischen Streitkräfte insgesamt 782 Maschinen zu beschaffen: USAF 454, USN 328. Bisher sind 167 Einheiten bestellt (USAF 137, USN 30). Die Ablieferungen begannen 1999 an die USAF, ab 2003 folgen jene für die USN. Weitere Besteller: Griechenland 45, NATO Flying Training (NFTC) 24.
Bemerkungen: Obwohl der PC-9 (siehe Seiten 258/259) sehr ähnlich, wurde rund 70 % der Konstruktion neu definiert. Die wesentlichen Unterschiede sind: Verstärkte Rumpfstruktur und Cockpithaube, Druckkabine, Null-Null-Schleudersitze, neue digitale Elektronik (GPS, MLS, Antikollisionsanzeige, HUD), Einpunktbetankung. Die T-6A ist Bestandteil eines integrierten Trainingssystems, welches auch Simulatoren und übrige Logistik umfasst. Generalunternehmer ist die Tochtergesellschaft von Raytheon, Beech Aircraft. Als erste USAF-Einheit erhielt das 47th Flying Training Wing in Laughlin, Texas, Ende 2001 die T-6A.
Hersteller: Raytheon Aircraft/Beech Aircraft Division/Pilatus, Werk Wichita, Kansas, USA.

Abmessungen: Spannweite 10,15 m, Länge 10,14 m, Höhe 3,26 m, Flügelfläche 16,29 m².

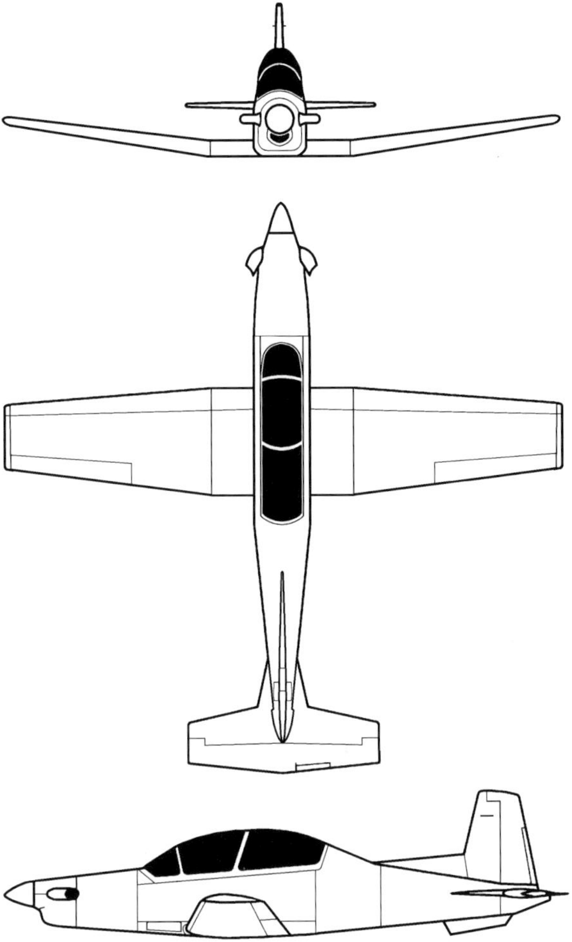

SAAB JAS 39 GRIPEN

Ursprungsland: Schweden.
Kategorie: Ein- oder zweisitziger Mehrzweckjäger.
Triebwerke: Ein Mantelstromtriebwerk General Electric/Volvo Flygmotor RM12 von 5510 kp (54 kN) Standschub ohne und 8210 kp (80,5 kN) mit Nachbrenner.
Leistungen (geschätzt): Höchstgeschwindigkeit in Meereshöhe 1470 km/h (Mach 1,2) bzw. auf 11000 m 2555 km/h (Mach 2,2); Dienstgipfelhöhe 20000 m; Einsatzradius als Abfangjäger mit zwei Rb24 Sidewinder und Rb72 Sky Flash 400+ km; Überführungsreichweite 3000 km.
Gewichte: Rüstgewicht 6622 kg; max. Startgewicht 13000 kg.
Bewaffnung: Eine 27-mm-Kanone Mauser BK27. Sechs Flügelstationen (inkl. zwei an den Flügelspitzen) für bis zu vier Luft-Luft-Lenkwaffen Rb72 Sky Flash und zwei Rb24 Sidewinder bzw. AIM-120 AMRAAM. Unter den Flügeln lassen sich Luft-Boden- wie auch Schiffsbekämpfungslenkwaffen mitführen; max. Waffenlast 4200 kg.
Entwicklungsstand: Der erste von fünf Prototypen nahm am 9. Dezember 1988 die Flugerprobung auf. Das erste Serienflugzeug wurde der schwedischen Luftwaffe am 8. Juni 1993 übergeben. Bisher sind etwa 100 Einheiten abgeliefert worden. Bestellt sind 218 Maschinen, 190 Einsitzer und 28 Doppelsitzer JAS 39B. Jährlich werden 20 Gripen hergestellt. Die südafrikanische Luftwaffe kauft vorläufig 9 Doppelsitzer (+ 19 Einsitzer als Option). Ungarn least 14 Maschinen für 12 Jahre mit Kaufsoption, Tschechien beschafft voraussichtlich 24 Gripen.
Bemerkungen: Für die Gripen oder JAS (**J**akt/**A**ttack/**S**paning = Jagd/Erdkampf/Aufklärung) 39 sind zum Erfüllen der einzelnen Aufgaben keine Spezialversionen mehr nötig. Jede Gripen führt die entsprechende Software im Bordcomputer ständig mit und die zugehörigen Ausrüstungen sind modular und leicht austauschbar gestaltet. Für die Pilotenausbildung entstand die zweisitzige Trainingsvariante JAS 39B. Das dritte Los von 64 Maschinen wird einige Verbesserungen aufweisen, u.a. FADEC-Triebwerksteuerung, farbige Mulitfunktionsanzeigen und optionale Luftbetankungseinrichtung. Derzeit werden mehrere Weiterentwicklungsmöglichkeiten geprüft.
Hersteller: Saab-Scania Aktiebolag, Linköping, Schweden.

Abmessungen: Spannweite 8,40 m, Länge (Einsitzer) 14,10 m, (Doppelsitzer) 14,80 m, Höhe 4,50 m, Flügelfläche 30 m².

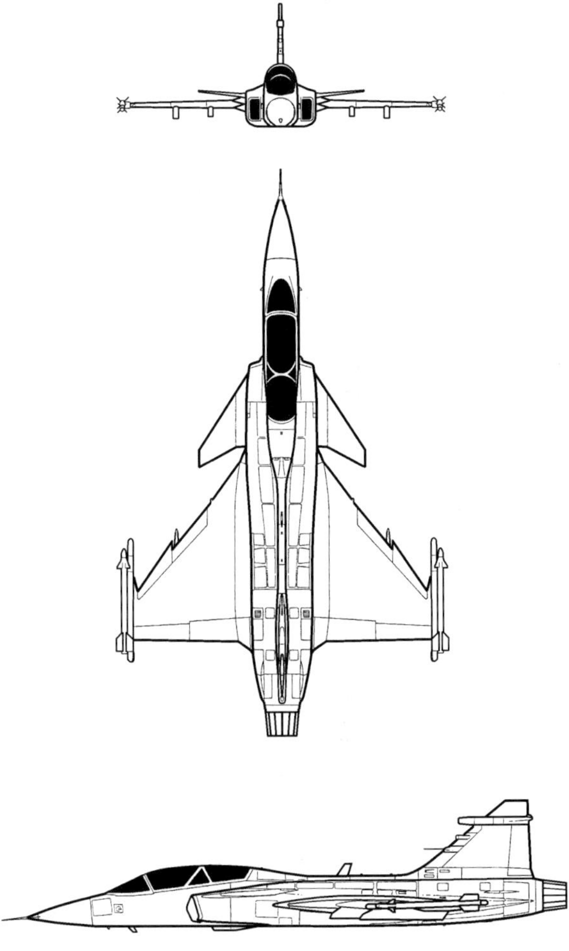

SHAANXI AIRCRAFT Y8C

Ursprungsland: Volksrepublik China.
Kategorie: Mittelschwerer militärischer und ziviler Transporter, Radarfrühwarnflugzeug.
Triebwerke (Y-8F-200): Vier Propellerturbinen Zhuzhou J117-G13 von je 4277 WPS (3188 kW) Leistung.
Leistungen (Y-8F-200): Höchstgeschwindigkeit 640 km/h, Reisegeschwindigkeit 550 km/h; Anfangssteiggeschwindigkeit 7,8 m/Sek; Dienstgipfelhöhe 10050 m; Reichweite 5610 km.
Gewichte (Y-8F-200): Leergewicht 34760 kg; max. Abfluggewicht 61000 kg.
Zuladung (Y-8F-200): Fünf Mann Besatzung und bis zu 96 Soldaten bzw. 72 liegende und 20 sitzende Verletzte plus drei Pfleger; max. Nutzlast 20000 kg.
Entwicklungsstand: Die Ursprungsausführung Y-8 fliegt seit 25. Dezember 1974, während die derzeit in Produktion stehende Y-8F-200 (früher als Y8C bezeichnet) die Flugerprobung am 17. Dezember 1990 aufnahm. Bisher sind rund 80 Einheiten gebaut worden. Als derzeit neueste Variante steht die Y-8-400 seit September 2001 in Erprobung.
Bemerkungen: Die früheren Ausführungen des aus der russischen An-12 abgeleiteten Musters wurden in der Ausgabe 1998 beschrieben. Seither sind mehrere neue Varianten im Angebot bzw. sind in Planung. Die Y-8F-300 sowie die Y-8F-400 unterscheiden sich vorwiegend in der internen Auslegung des Passagier-/Frachtraums. Letztere ist vorwiegend für die Post Chinas bestimmt. Dank Elektronik von Honeywell reduziert sich die Besatzung auf drei Personen. Nächstens sollen Pratt & Whitney Canada PW150A-Triebwerke eingebaut werden. Dadurch würden sich die Nutzlast-/Reichweitenleistungen markant verbessern. Davon abgeleitet soll eine Weiterentwicklung Y-8-600 gebaut werden. Diese soll ebenfalls westliche Triebwerke und Sechsblattpropeller erhalten. Sechs Einheiten einer AEW-Version mit RACAL-System von Thales beschafft die chinesische Luftwaffe.
Hersteller: Shaanxi Aircraft Company, Shaanxi, VR China.

Abmessungen: Spannweite 38,00 m, Länge 34,02 m, m, Höhe 11,16 m, Flügelfläche 121,86 m^2.

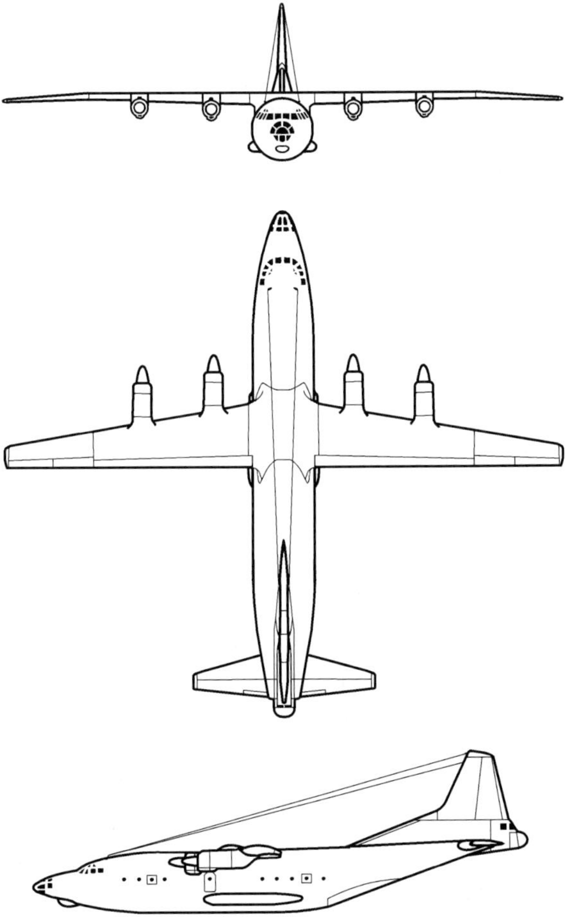

SIKORSKY (S-70A) UH-60L BLACKHAWK

Ursprungsland: USA.
Kategorie: Taktischer Transporthubschrauber.
Triebwerke: Zwei Gasturbinen General Electric T700-GE-701C von je 1947 WPS (1448 kW) Leistung.
Leistungen: Höchstgeschwindigkeit 295 km/h auf 610 m; max. Reisegeschwindigkeit 268 km/h auf 1225 m; Dienstgipfelhöhe 5837 m; Schwebehöhe ohne Bodeneffekt 3390 m; Reichweite mit 30 Min. Reserven 600 km, mit zwei 870-l-Zusatztanks 1630 km.
Gewichte: Leer 5225 kg; max. Startgewicht 9975 kg, mit Aussenlasten 10433 kg.
Zuladung: Drei Mann Besatzung und elf vollausgerüstete Soldaten. Als Transporter bis zu 4100 kg Aussenlasten am Frachthaken.
Entwicklungsstand: Die leistungsfähigere Version UH-60L des Grundmusters S-70A/UH-60A fliegt seit dem 22. März 1988 und wurde ab Ende 1989 an die US Army abgeliefert. Bisher sind rund 2150 Blackhawks an viele militärische oder paramilitärische Organisationen, aber auch an Private in rund 26 Ländern geliefert worden. Neueste (Nach-)Bestellungen: Israel 24, Japan 3, Royal Thai Army 3, US Army 12.
Bemerkungen: Nebst der laufenden Produktion von neuen UH-60 beginnt nun eine grossangelegte Konversion früherer Modelle. Rund 900 UH-60A werden ab 2002 in UH-60L+-Standard, weitere 357 in die Ambulanzversion HH-60Q (siehe Foto) umgebaut bzw. neue HH-60L gebaut. Ab 2008 sind 300 UH-60L für das Modernisierungsprogramm UH-60M (früher als UH-60X bezeichnet, Erstflug 2003) vorgesehen. Aber auch die Beschaffung von neuen Maschinen ist geplant, so dass insgesamt 1217 UH-60M zur Verfügung stehen sollen. Diese Ausführung erhält u.a. neue Triebwerke der 3000 WPS-Klasse, neues Glascockpit, grössere Treibstoffkapazität, breitere Rotorblätter und wird strukturelle Anpassungen aufweisen. Damit soll die Leistungsfähigkeit um rund 25 % erhöht werden.
Hersteller: Sikorsky Aircraft, Stratford, Connecticut, USA.

Abmessungen: Rotordurchmesser 16,36 m, Rumpflänge 15,26 m, Höhe inkl. Rotormast 3,76 m.

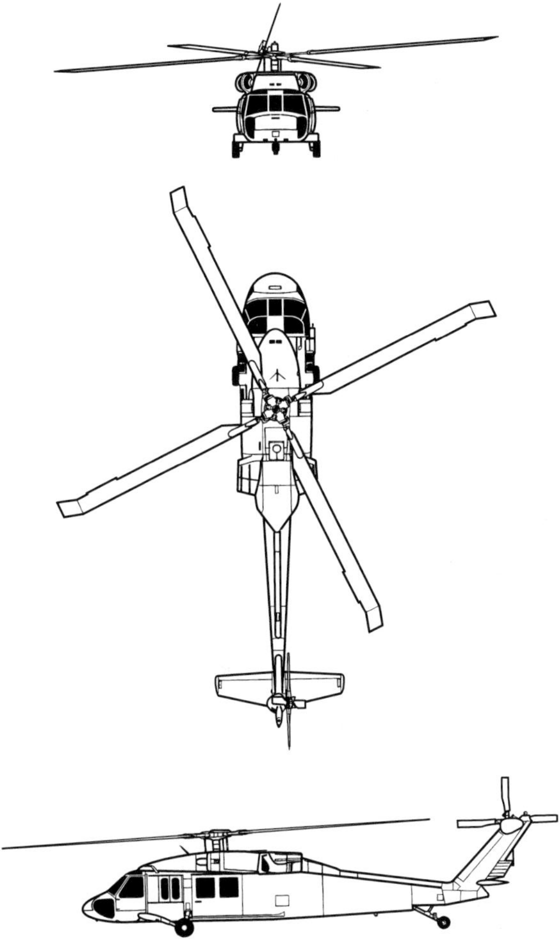

SIKORSKY MH-60S NIGHTHAWK

Ursprungsland: USA.
Kategorie: Mehrzweckhubschrauber und schiffsgestützter Flottenversorger.
Triebwerke: Zwei Gasturbinen General Electric T700-GE-701C von je 1947 WPS (1448 kW) Leistung.
Leistungen: Höchstgeschwindigkeit 295 km/h auf 610 m; max. Reisegeschwindigkeit 268 km/h auf 1225 m; Dienstgipfelhöhe 5837 m; Schwebehöhe ohne Bodeneffekt 3390 m; Reichweite mit 30 Min. Reserven 600 km, mit zwei 870-l-Zusatztanks 1630 km.
Gewichte: Leer 5225 kg; max. Startgewicht 9975 kg, mit Aussenlasten 10433 kg.
Zuladung: Drei Mann Besatzung und 13 Personen. Als Transporter bis zu 1814 kg Innen- oder bis zu 4100 kg Aussenlasten am Frachthaken.
Entwicklungsstand: Der noch als CH-60S bezeichnete Prototyp der Nighthawk startete am 6. Oktober 1997 zum Erstflug, gefolgt vom ersten Serienmuster am 27. Januar 2000. Bei einem Gesamtbedarf der US Navy von 237 Hubschraubern sind bisher 35 Exemplare bestellt worden. Zudem werden 14 UH-60L der US Army in MH-60S umgebaut. Die erste Staffel HC-5 wird im 2002 einsatzbereit sein.
Bemerkungen: Diese Ausführung ist eine Kombination aus der UH-60L und der SH-60 für Marineeinsätze. Rumpf und Fahrwerk stammen von der Erstgenannten, während das dynamische System einschliesslich des Faltmechanismus von der SH-60 übernommen werden. Zudem verfügt sie über ein EFIS-Glascockpit. Nebst dem Frachttransport zwischen den Schiffen der US Navy ist die MH-60S auch für SAR- und Versorgungseinsätze in der Kampfzone vorgesehen. Für Langstreckeneinsätze können an sog. ESSS-Trägern am Rumpf bis zu vier Zusatztanks mitgeführt werden.
Hersteller: Sikorsky Aircraft, Stratford, Connecticut, USA.

Abmessungen: Rotordurchmesser 16,36 m, Rumpflänge 15,26 m, Höhe inkl. Rotormast 3,76 m.

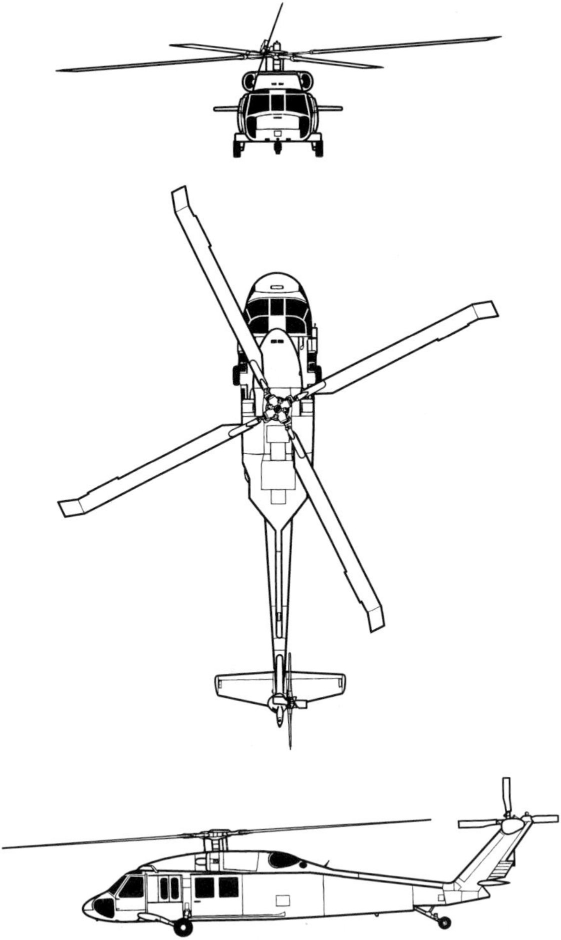

SIKORSKY MH-60R STRIKEHAWK

Ursprungsland: USA.
Kategorie: Bordgestützter U-Bootjäger- und Mehrzweckhubschrauber.
Triebwerke: Zwei Gasturbinen General Electric T700-GE-401C von je 1900 WPS (1417 kW) Leistung.
Leistungen: Höchstgeschwindigkeit 272 km/h auf Meereshöhe; max. Reisegeschwindigkeit 249 km/h auf 1525 m; Aufenthaltsdauer 3 Std. 50 Min. in 92 km bzw. 45 Min. in 483 km Entfernung vom Stützpunkt.
Gewichte: Leergewicht 6191 kg; max. Startgewicht 10700 kg.
Bewaffnung: Zwei Torpedos Mk.46 oder zwei Antischiffslenkwaffen Penguin sowie AGM-114 Hellfire-Panzerabwehrlenkwaffen und ein 7,62 mm-Maschinengewehr.
Entwicklungsstand: Eine aus einer SH-60B umgebaute MH-60R flog erstmals am 19. Juli 2001. Neuesten Plänen zufolge will die USN ab 2002 neun aus SH-60B modifizierte und ab 2005 243 neue Strikehawks beschaffen. Von den verschiedenen Ausführungen der SH/HH-60 sind bisher über 500 Einheiten an neun Marinen oder Küstenwachen geliefert worden. Neueste (Nach-)Bestellungen: Japan drei SH-60J.
Bemerkungen: Während die Grundstruktur der MH-60R gegenüber dem Ausgangsmuster in etwa gleich bleibt, stellt sie in vielen Bereichen eine Neukonstruktion dar. So verfügt sie u.a. über ein EFIS-Glascockpit. APS-147-Mehrzweckradar, AQS-22-Sonar, Akustik-Prozessor. FLIR-Sensor und ECM-Ausrüstung sind ebenfalls völlig neu. Später sollen neue Triebwerke der 3000 WPS-Klasse (2240 kW) eingebaut werden, welche sowohl Flugleistungen als auch die Wirtschaftlichkeit verbessern. Die Ausrüstung der MH-60R ermöglicht es, mehrere Aufgaben der früheren SH-60B/SH-60F/HH-60H-Versionen in einem Muster zu vereinen.
Hersteller: Sikorsky Aircraft, Stratford, Connecticut, USA.

Abmessungen: Rotordurchmesser 16,36 m, Rumpflänge (SH-60) 15,26 m, Höhe inkl. Rotormast 3,79 m.

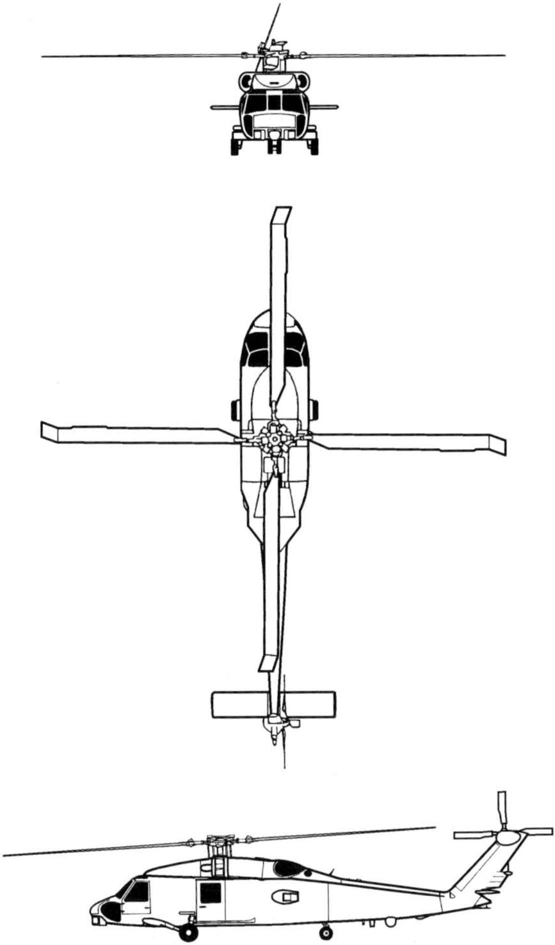

SIKORSKY S-76C

Ursprungsland: USA.
Kategorie: Ziviler Mehrzweck- und Transporthubschrauber.
Triebwerke: Zwei Gasturbinen Pratt & Whitney PT6B-36A von je 981 WPS (723 kW) oder Turboméca Arriel 1S1 von je 723 WPS (540 kW) Leistung.
Leistungen: Höchstgeschwindigkeit 287 km/h auf Meereshöhe; max. Reisegeschwindigkeit 269 km/h; max. Schrägsteiggeschwindigkeit 7,4 m/Sek; Dienstgipfelhöhe 3505 m; Reichweite mit normaler Treibstoffzuladung und 30 Min. Reserven 678 km auf 915 m.
Gewichte: Leer 2849 kg; max. Startgewicht 5307 kg.
Zuladung: Zwei Piloten und normal sechs, maximal 12 Passagiere; max. Nutzlast 2490 kg.
Entwicklungsstand: Der Prototyp der S-76C flog erstmals am 18. Mai 1990, jener der S-76C+ im November 1995. Von allen Versionen sind bisher über 500 Einheiten gebaut worden. Neueste militärische Aufträge: VR China 2 (+ 2 Optionen).
Bemerkungen: Die derzeit in Produktion stehende Variante ist die S-76C+ mit Arriel-Triebwerken 2S1 von je 850 WPS (634 kW). Sie verfügt über ein integrales Instrumentensystem der zweiten Generation, welches bei geringerem Gewicht eine grössere Zuverlässigkeit erlaubt. Gegenüber der Vorgängerin S-76C ist die Triebwerkleistung um 22 % höher. Entsprechend verbessern sich die Flugparameter. Sikorsky bietet nun ein überarbeitetes Cockpit der zweiten Generation an, welches die Arbeitsbelastung des Piloten reduzieren soll. Viele S-76 werden weltweit für Ambulanzeinsätze beschafft. Diese können in der Standardausführung zwei liegende und zwei sitzende Verletzte nebst zwei Pflegern mitführen. Kürzlich stellte Sikorsky eine neue Variante vor, ausgerüstet mit stärkeren Arriel 2S2-Triebwerken, neuem integriertem Cockpit mit LCD-Flachbildschirmen, leiserem Heckrotor und vibrationsärmerem Interieur. Sie wird ab 2004 erhältlich sein.
Hersteller: Sikorsky Aircraft, Stratford, Connecticut, USA.

Abmessungen: Rotordurchmesser 13,41 m, Rumpflänge 12,22 m, Höhe bei drehendem Heckrotor 4,41 m.

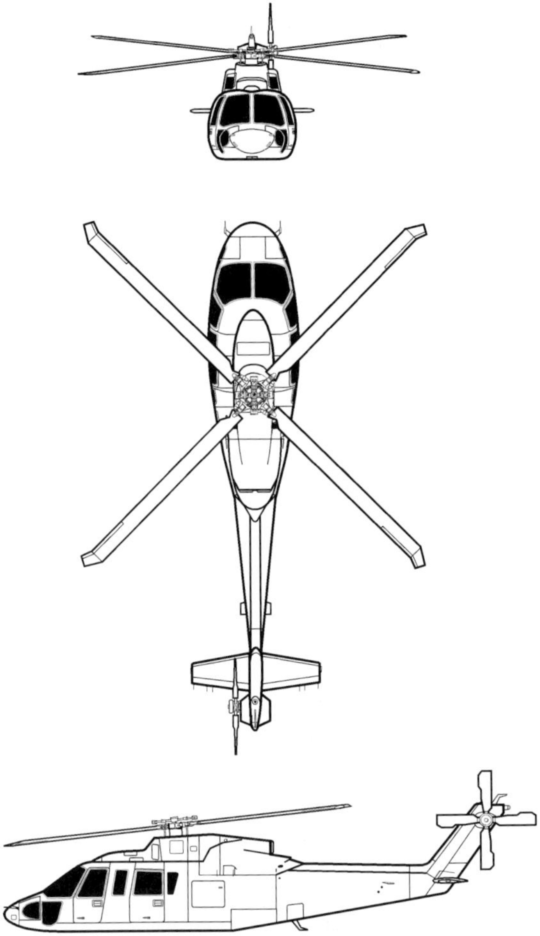

SIKORSKY S-92 HELIBUS

Ursprungsland: USA.
Kategorie: Passagier- und Mehrzweckhubschrauber.
Triebwerke: Zwei Gasturbinen General Electric CT7-8 von je 2400 WPS (1790 kW) Leistung.
Leistungen: Höchstgeschwindigkeit 305 km/h; max. Reisegeschwindigkeit 288 km/h; normale Reisegeschwindigkeit 260 km/h; Dienstgipfelhöhe 4570 m; Schwebehöhe mit Bodeneffekt 3100 m, ohne Bodeneffekt 1675 m; Reichweite 880 km.
Gewichte: Leergewicht 7030 kg; max. Startgewicht mit interner Nutzlast 11430 kg, mit externer Nutzlast 12020 kg.
Zuladung: Zwei Piloten und zwischen 19 und 22 Passagiere; max. externe Nutzlast 4540 kg.
Entwicklungsstand: Das erste von vier Erprobungsexemplaren S-92A startete am 23. Dezember 1998 zum Erstflug. Nach heutigen Plänen beginnt die Ablieferung an Kunden Anfang 2003. Bisher sind Bestellungen und Kaufsabsichten für 18 Einheiten bekannt gegeben worden.
Bemerkungen: Während der Rumpf eine völlige Neukonstruktion darstellt, sind die meisten dynamischen Komponenten (Haupt- und Heckrotor, Rotorkopf) von der S-70 übernommen. Die geräumige Kabine (Länge 5,67 m, Breite 2,00 m, Höhe 1,83 m) soll einen Komfort wie ein Linienflugzeug offerieren, so z.B. bezüglich Lärm und Vibration. Das Fahrwerk ist einziehbar. Zum besseren Beladen ist eine Heckladerampe vorhanden. Nebst der heute üblichen Elektronik verfügt die S-92 über eine Besonderheit. Dank eines digitalen Flugkontrollsystems (AFCS) kann der Hubschrauber auch im Schwebeflug automatisch gesteuert werden. Sikorsky plant, bei der Serienausführung den Rumpf hinter dem Cockpit um ca. 40 cm zu verlängern. Zudem gelangt die Avionik Collins Pro Line 21 zum Einbau. Die S-92 soll dank verschiedener Kits für eine Vielfalt von Aufgaben einsetzbar sein, u.a. Offshore-Einsätze, SAR-, ASW-Aufgaben sowie für VIP- und Commuterflüge.
Hersteller: Sikorsky Aircraft, Stratford, Connecticut, USA.

Abmessungen: Rotordurchmesser 17,71 m, Rumpflänge 17,32 m, Höhe inkl. Rotorkopf 4,62 m.

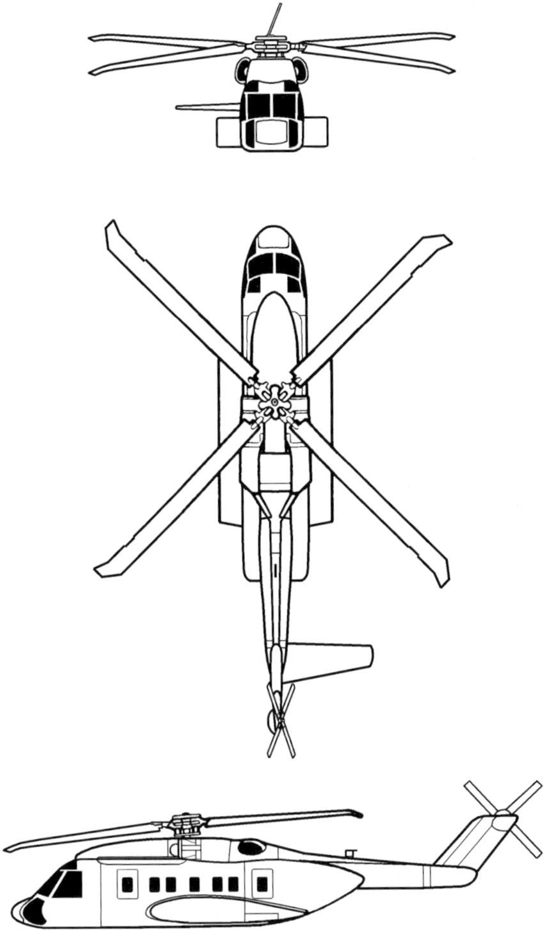

SINO-SWEARINGEN SJ30-2

Ursprungsland: USA (Taiwan).
Kategorie: Firmenflugzeug.
Triebwerke: Zwei Mantelstromtriebwerke Williams/Rolls-Royce FJ44-2A von je 1043 kp (10,23 kN) Standschub.
Leistungen: Höchstgeschwindigkeit Mach 0,83; max. Reisegeschwindigkeit auf 11582 m 882 km/h; Dienstgipfelhöhe 14935; Reichweite mit IFR-Reserven 4630 km.
Gewichte: Leergewicht 3583 kg; max. Startgewicht 5987 kg.
Zuladung: Ein oder zwei Piloten und bis zu sieben Passagiere; max. Nutzlast 635 kg.
Entwicklungsstand: Die Weiterentwicklung JS30-2 fliegt seit 8. November 1996. Das erste der Serienausführung entsprechende Muster nahm die Flugerprobung Ende 2000 auf. 164 SJ30-2 sind bisher bestellt. Flugerprobung und Auslieferung haben sich aus Finanzmangel erneut verzögert.
Bemerkungen: Das Projekt SJ30-2 hat eine lange Entwicklungszeit hinter sich, welche immer wieder, meist wegen Finanzmangel vorübergehend eingestellt wurde. Absicht war es, ein kostengünstiges Firmenflugzeug mit fortschrittlicher Technologie anzubieten, welches insbesondere mit Propellerturbinenflugzeugen der gleichen Klasse konkurrenzieren kann. In der Zwischenzeit wurde der Prototyp überarbeitet, erhielt u.a. einen um 13 cm verlängerten Rumpf und neue Triebwerke. Flügel und Fahrwerk wurden ebenfalls überarbeitet. Diese Ausführung weist generell bessere Flugleistungen auf. Im Cockpit gelangt die Avionik Honeywell Primus Epic CDS zum Einbau. Der Anschaffungspreis beläuft sich auf etwa US$ 4,8 Mio.
Hersteller: Sino-Swearingen, Werk Martinsburg, West Virginia, San Antonio, Texas, USA und Taipeh, Taiwan.

Abmessungen: Spannweite 12,90 m, Länge 14,30 m, Höhe 4,34 m, Flügelfläche 17,72 m^2.

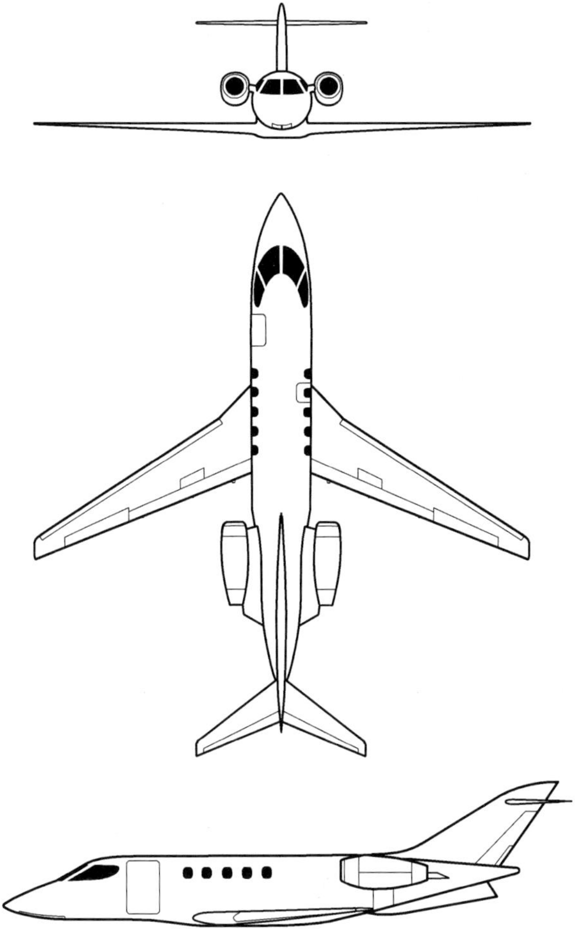

SOCATA TB20 TRINIDAD GT

Ursprungsland: Frankreich.
Kategorie: Sport- und Reiseflugzeug.
Triebwerke: Ein luftgekühlter Sechszylinder-Boxermotor Textron Lycoming IO-540-C4 von 250 PS (186 kW) Leistung.
Leistungen: Max. Reisegeschwindigkeit 301 km/h; normale Reisegeschwindigkeit 268 km/h; Anfangssteiggeschwindigkeit 6,09 m/Sek; Dienstgipfelhöhe 6098 m; max. Reichweite mit IFR-Reserven 2053 km.
Gewichte: Leergewicht 859 kg; max. Startgewicht 1400 kg.
Zuladung: Vier, maximal fünf Personen einschliesslich des Piloten; max. Nutzlast 500 kg.
Entwicklungsstand: Als vorläufig letzte Neuheit der Trinidad-Reihe nahm die TB20GT die Flugerprobung anfangs 2001 auf. Der aktuelle Bestellungsstand ist unbekannt. Von allen Trinidads sind bisher etwa 2000 Einheiten gebaut worden. Die Jahresproduktion beläuft sich auf etwa 100 Maschinen.
Bemerkungen: Die jüngste Vertreterin der bereits viele Muster umfassenden Trinidad-Familie, die TB20GT verbindet die bewährte Grundkonzeption mit neuesten Technologien der Luftfahrt. So sind Teile des Rumpfes aus Verbundwerkstoffen und die Aerodynamik konnte optimiert werden. Durch eine leichte Erhöhung der Rumpfform im Passagierbereich hat sich der Kabinenraum leicht vergrössert. Schliesslich wurden die Flügelspitzen optimiert. Die TB20GT verfügt über ein Einziehfahrwerk. Als Option ist zudem ein Cockpit mit EFIS-Bildschirmen erhältlich. In Zukunft soll als Alternative ein Vierzylinder-Dieseltriebwerk SMA SR305 mit Turbolader mit einer Leistung von 230 PS (171 kW) erhältlich sein.
Hersteller: Socata, Groupe Aérospatiale, Werk Tarbes, Suresnes, Frankreich.

Abmessungen: Spannweite 9,97 m, Länge 7,75 m, Höhe 2,85 m, Flügelfläche 11,90 m².

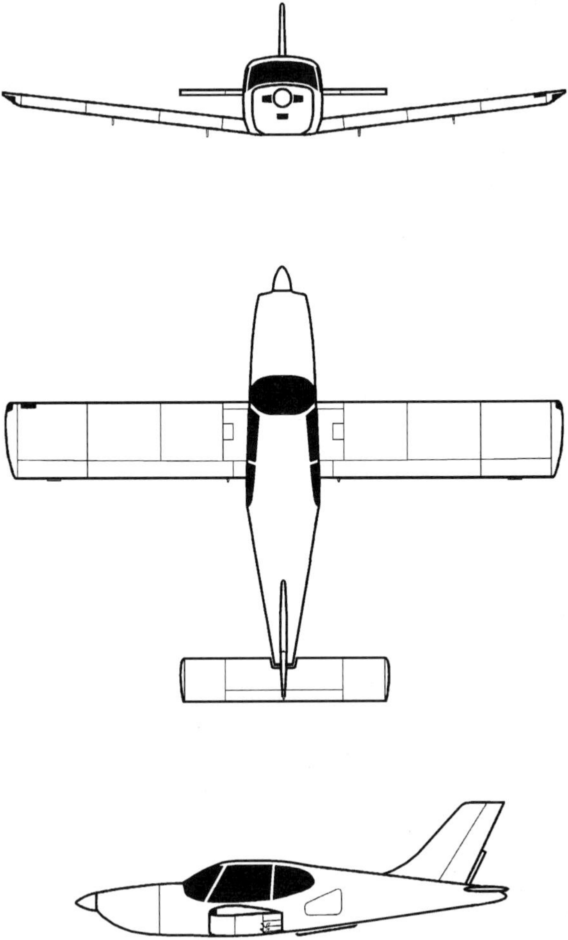

SOCATA TBM 700

Ursprungsland: Frankreich.
Kategorie: Leichtes Mehrzweckflugzeug.
Triebwerke: Eine Propellerturbine Pratt & Whitney Canada PT6A-64 von 700 WPS (522 kW) Leistung.
Leistungen: Höchstgeschwindigkeit 556 km/h auf 7925 m; normale Reisegeschwindigkeit 523 km/h auf 9145 m; Anfangssteiggeschwindigkeit 11,7 m/Sek; Dienstgipfelhöhe 9144 m; Reichweite mit sechs Passagieren 1900 km, mit max. Treibstoffzuladung 2871 km.
Gewichte: Leer 1860 kg; max. Startgewicht 2985 kg.
Zuladung: Ein bis zwei Piloten und bis zu sechs Passagiere. «Club»-Version mit vier Passagiersitzen und Mittelgang. Max. Nutzlast als Frachter 725 kg.
Entwicklungsstand: Der Prototyp der TBM 700 flog erstmals am 14. Juli 1988. Bis Ende 2001 waren rund 210 TBM 700 bestellt und etwa 160 davon abgeliefert. Die französische Luftwaffe beschaffte bisher 19 TBM 700 und hofft, insgesamt 35 Maschinen kaufen zu können. Für 2002 ist die Produktion von rund 30 TBM vorgesehen.
Bemerkungen: Die TBM 700 ist eine Gemeinschaftsentwicklung von Socata (Tochtergesellschaft von Aérospatiale) und Mooney Aircraft. Als druckbelüftetes Reiseflugzeug profitiert die TBM 700 von der Mooney M301, von welcher der Rumpf weitgehend übernommen wurde. Neu entwickelte Socata hingegen den Flügel und das Leitwerk. Socata bietet auch diverse militärische Varianten an, beispielsweise als Verbindungsflugzeug, Frachter, für ECM-Aufgaben oder als Zielschlepper. Eine besondere Frachtausführung TB700B mit grösserer Ladetüre und schnell auszuwechselnder Inneneinrichtung wird neu angeboten. Die ersten Muster wurden Ende 2001 abgeliefert.
Hersteller: Socata, Groupe Aérospatiale, Werk Tarbes, Suresnes, Frankreich.

Abmessungen: Spannweite 12,68 m, Länge 10,64 m, Höhe 4,35 m, Flügelfläche 18,00 m^2.

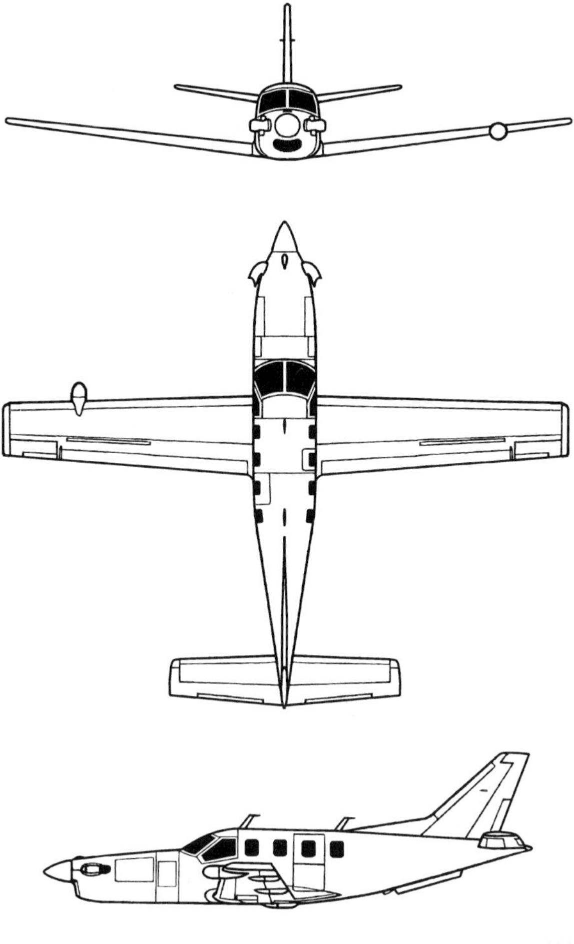

SUCHOJ SU-30MKK/MKI

Ursprungsland: Russland.
Kategorie: Zweisitziges Mehrzweckkampfflugzeug.
Triebwerke: Zwei Mantelstromtriebwerke Saturn (Lyulka) AL-31F von je 8100 kp (79,43 kN) Standschub ohne und 12500 kp (122,60 kN) mit Nachbrenner.
Leistungen (Su-30MK): Höchstgeschwindigkeit Mach 2, 1350 km/h auf Meereshöhe (Mach 1,1); Anfangssteiggeschwindigkeit 330 m/Sek; Dienstgipfelhöhe 17300 m; Einsatzradius im Tiefflug 1270 km, in grossen Höhen 3000 km, mit einer Flugbetankung 5200 km.
Gewichte (Su-30MK): Startgewicht norm. 26090 kg; max. 33000 kg.
Bewaffnung: Eine sechsläufige 30-mm-Revolverkanone und Waffen aller Art bis zu 8000 kg an zwölf Aufhängepunkten unter dem Rumpf und den Flügeln.
Entwicklungsstand: Die Mehrzweckversion Su-30M fliegt seit 30. Dezember 1989, gefolgt von der Su-30MKK 1993 und der Su-30MKI am 26. November 2000. 45 Su-30MKK beschafft China. Weiterer Besteller dieser Ausführung: Indien 50 (18 Su-30K, 32 Su-30MKI + 140 MKI im Lizenzbau).
Bemerkungen: Die doppelsitzige Ausführung Su-30M ist vorwiegend für Jagdbomber-Einsätze vorgesehen. Entsprechend dem Aufgabenspektrum wurden anstelle des Allwetterradars ein neues Kampfelektroniksystem sowie ein Navigationssystem Loran eingebaut. Besonders die Heckpartie wurde überarbeitet und verstärkt. Die Su-30M verfügt über die gleichen Vorflügel wie die Su-27M (siehe Ausgabe 1999). Eine Exportversion heisst Su-30MK, ebenfalls mit Vorflügeln und auf Wunsch mit zusätzlicher Vektorsteuerung (Su-27MKI) ausgerüstet. Ein weiterer Unterschied zur SU-30M besteht in der Kampfelektronik. Kürzlich wurde unter der Bezeichnung Su-30KN eine Weiterentwicklung mit digitalem Cockpit, neuem Missions-Computer und überarbeitetem Waffenkontrollsystem vorgestellt. Die russische Luftwaffe soll vorderhand sechs Exemplare erhalten.
Hersteller: Suchoj Design Bureau/KnAAPO, Werke Komsomolsk und Irkutsk, Moskau, Russland.

Abmessungen (Su-30MK): Spannweite 14,70 m, Länge 21,93 m, Höhe 6,35 m, Flügelfläche 63,20 m^2.

SUCHOJ S-80

Ursprungsland: Russland.
Kategorie: Leichtes Passagier- und Mehrzweckflugzeug.
Triebwerke: Zwei Propellerturbinen General Electric CT7 (Lizenzbau Rybinsk Motors) von rund 1800 WPS (1341 kW) Leistung.
Leistungen (provisorisch): Höchstgeschwindigkeit 480 km/h; Reisegeschwindigkeit 400 km/h; Dienstgipfelhöhe 6000 m; Reichweite 2890 km.
Gewichte (provisorisch): Leergewicht 8350 kg; max. Startgewicht 12500 kg.
Zuladung: Zwei Piloten und bis 26 Passagiere; max. Nutzlast 3500 kg.
Entwicklungsstand: Der Prototyp nahm nach langer Verzögerung am 4. September 2001 die Flugerprobung auf. Zwei weitere Maschinen befinden sich im Bau. Bisher ist nichts über den Bestellungseingang bekannt.
Bemerkungen: Dieses leichte Mehrzweckflugzeug ist gedacht, die Nachfolge der noch zahlreich im Einsatz befindlichen An-24/26, An-28 sowie Yak-40 anzutreten und ist als Konkurrenzprodukt zur An-38 (siehe Ausgabe 2001) anzusehen. Der Prototyp ist eine kombinierte Passagier-/Frachtausführung. Bereits ab dem zweiten Erprobungsmuster wird der Rumpf um 1,40 m gestreckt und kann bis zu 32 Passagiere mitführen. Der Verkaufspreis soll mit rund US$ 7 Mio. recht günstig sein. Für die heutige Zeit recht eigenwillig ist das Doppelrumpfleitwerk als Verlängerung der Triebwerkgondeln, welches aus Stabilitätsgründen mit dem Heck des Rumpfes durch grosse Verstrebungen verbunden ist. Voraussichtlich erhalten alle S-80 eine Heckladerampe. Für die russische Grenzwacht soll eine Patrouillenversion S-80PD abgeleitet werden, welche unter den Flügeln mit leichten Waffen (Maschinengewehr-Behälter, ungelenkte Raketen, Kurzstrecken-Luft-Luft-Lenkwaffen usw.) ausgerüstet werden kann. Im Bug ist ein Überwachungsradar eingebaut.
Hersteller: Suchoj Design Bureau/KnAPPO, Werk Komsomolsk-Amur, Moskau, Russland.

Abmessungen (provisorisch): Spannweite 23,16 m, Länge 16,68 m, Höhe 5,58 m.

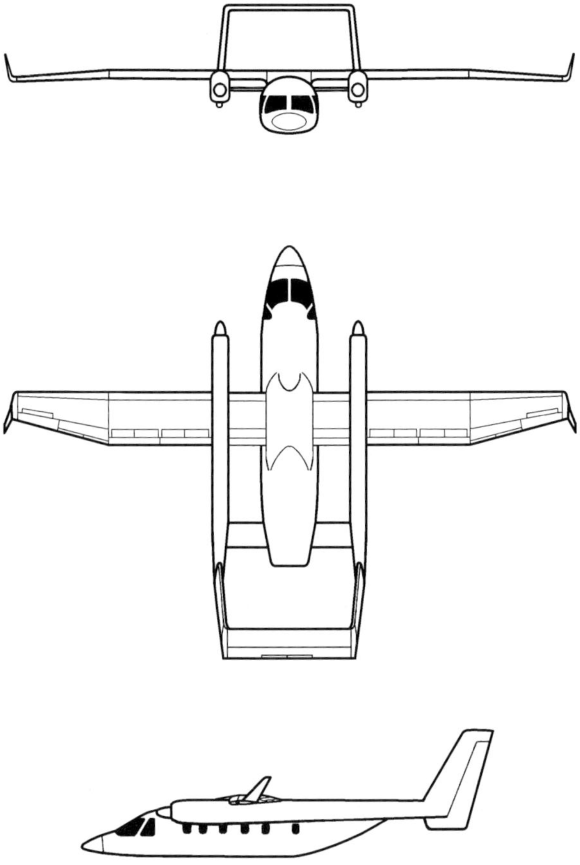

TUPOLEW TU-204/TU-214

Ursprungsland: Russland.
Kategorie: Mittelstrecken (Tu-204) bis Langstrecken-Verkehrsflugzeug (Tu-214).
Triebwerke: Zwei Mantelstromtriebwerke (Tu-204-100) Perm (Solowiew) PS-90 von je 16000 kp (156,9 kN) oder (Tu-204-120) Rolls Royce RB.211-535E4 von je 18930 kp (193 kN) Standschub.
Leistungen (Tu-204-100): Max. Reisegeschwindigkeit 850 km/h auf 10650 m; Dienstgipfelhöhe 12200 m; Reichweite mit 196 Passagieren 3850 km, mit max. Nutzlast 2500 km.
Gewichte: Leer 56500 kg; max. Startgewicht 103000 kg.
Zuladung: Zwei Mann Cockpitbesatzung und normalerweise in Dreiklassenbestuhlung 170, maximal jedoch bei nur einer Klasse 214 Passagiere in Sechserreihen; max. Nutzlast als Frachter 29000 kg.
Entwicklungsstand: Der erste Prototyp der Tu-204 flog am 2. Januar 1989. 1997 begann die Auslieferung an die ersten Kunden. Von den bisher rund 50 bestellten Tu-204/214 ist bis Ende 1999 rund die Hälfte abgeliefert worden. Danach wurde die Produktion für rund ein Jahr unterbrochen und erst kürzlich wieder aufgenommen. Der Erstflug des ersten Serienflugzeugs Tu-214 fand Anfang 2001 statt. Bisher sind zwei Einheiten abgeliefert worden.
Bemerkungen: Um ein möglichst geringes Leergewicht zu erzielen, wurden in weiten Bereichen neue Werkstoffe, meist Kunststoffe angewandt. Das Cockpit ist mit sechs Farbbildschirm-Anzeigegeräten ausgerüstet. Weitere Neuerungen sind die vollelektrische Steuerung, ein superkritisches Flügelprofil und das dreifache Inertial-Navigationssystem. Die oben beschriebene Variante Tu-204 wird durch eine Version Tu-214 (siehe Foto, Erstflug 22. März 1996) ergänzt, welche dank höherem Startgewicht von 110000 kg grössere Reichweiten ermöglicht. Beide haben russische Triebwerke und Avionik. Wahlweise kann die Tu-214 aber auch mit Rolls Royce-Triebwerken und mit westlicher Avionik ausgerüstet geliefert werden.
Hersteller: Tupolew Joint Stock Comp., Werke Ulyanovsk (Tu-204) und Kazan, Tartastan (Tu-214), Moskau, Russland.

Abmessungen: Spannweite 42,00 m, Länge 48,00 m, Höhe 13,90 m, Flügelfläche 184,1 m^2.

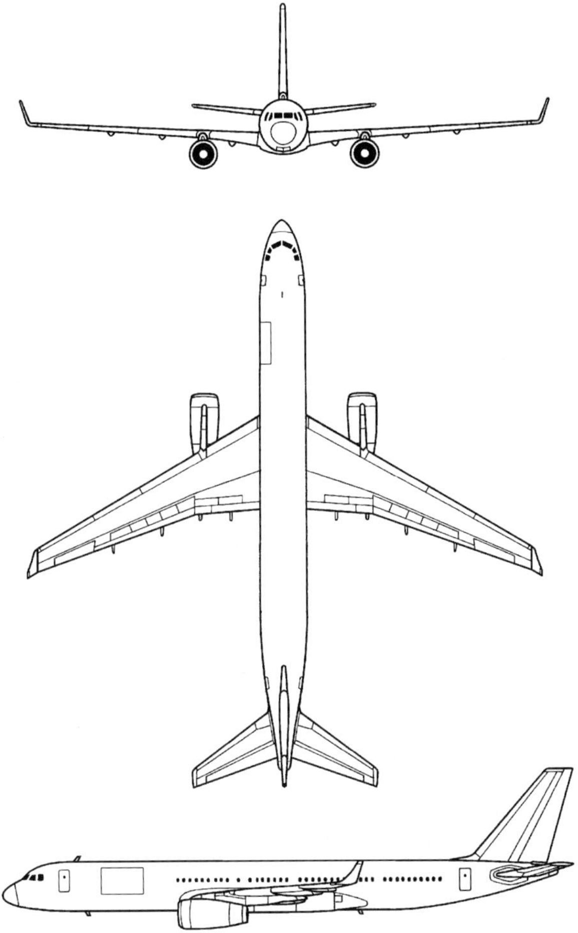

VERZEICHNIS DER FLUGZEUGTYPEN

ABKÜRZUNGEN IM TEXT

Aéronavale	= Französische Marineluftwaffe
AEW/C	= **A**irborne **E**arly **W**arning/**C**ommand, fliegende Radarfrühwarn- und Kommandoflugzeuge
ALAT	= **A**viation **L**égère de l'**A**rmée de **T**erre, französische Heeresluftwaffe
Armée de l'Air	= Französische Luftwaffe
ASTOR	= **A**irborne **St**and-**O**ff **R**adar
ASW	= **A**nti-**S**ubmarine **W**arfare, U-Boot-Bekämpfung
AWACS	= **A**irborne **W**arning **A**nd **C**ontrol **S**ystem, Frühwarnflugzeug
CTOL	= **C**onventional **T**ake-**O**ff and **L**anding, Start und Landung konventionell
CRT	= **C**athode-**R**av-**T**ube, Kathodenröhren-Anzeigen
ECM	= **E**lectronic **C**ounter **M**easures, Sammelbegriff für alle Massnahmen zur Störung feindlicher Funk- und Radareinrichtungen auf elektronischem Weg
EFIS	= **E**lectronic **F**light **I**nstrument **S**ystem, Elektronische Bildschirmanzeigeinstrumente
Elint	= **El**ectronics **Int**elligence, elektronische Aufklärung
FADEC	= **F**ull **A**uthority **D**igital **E**ngine **C**ontrol, Digitales Triebwerkmanagement-System
FBW	= **F**ly **B**y **W**ire, Steuerung des Flugzeuges mittels elektrischen Impulsen
FLIR	= **F**orward-**L**ooking **I**nfra**R**ed, Infrarot-Nachtsichtgerät
GFK	= **G**lasfaserverstärkter **K**unststoff
GPS	= **G**lobal **P**ositioning **S**ystem, präzise Navigationshilfe mittels Satelliten
HUD	= **H**ead-**U**p **D**isplay, Blickfelddarstellungsgerät. Die wichtigsten Flugdaten werden auf die Frontscheibe projiziert
IFR	= **I**nstrument **F**light **R**ules, Instrumentenflugregeln
LANTIRN	= **L**ow-**A**ltitude **N**avigation **T**argeting **IR** for **N**ight, Tiefflugnavigations- und Infrarot- Angriffssystem für Nachteinsätze
MAD	= **M**agnetic **A**nomaly **D**etection, Magnetometer, Gerät zum Aufspüren magnetischer Unregelmässigkeiten (Einsatz zur U-Boot-Bekämpfung)
NVG	= **N**ight **V**ision **G**oggles, Sammelbegriff für Nachsichtgeräte/-brillen am Kopf des Piloten befestigt
RAAF	= **R**oyal **A**ustralien **A**ir **F**orce, australische Luftwaffe
RAF	= **R**oyal **A**ir **F**orce, britische Luftwaffe
RN	= **R**oyal **N**avy, britische Marineluftwaffe
SAR	= **S**earch **A**nd **R**escue, Such- und Rettungseinsätze
SIGINT	= **SIG**nals **INT**ellingence, Funkaufklärung
STOL	= **S**hort **T**ake-**O**ff and **L**anding, Kurzstart und -landung
STOVL	= **S**hort **T**ake-**O**ff and **V**ertical **L**anding, Kurzstart und Senkrechtlandung
UAV	= **U**nmanned **A**ir **V**ehicle, Unbemannte fliegende Objekte (Dronen)
USAF	= **U**nited **S**tates **A**ir **F**orce, Luftwaffe der USA
USCG	= **U**nited **S**tates **C**oast **G**uard, Küstenwache der USA
USMC	= **U**nited **S**tates **M**arine **C**orps, Marineinfanterie der USA
USN	= **U**nited **S**tates **N**avy, Marine der USA
VFR	= **V**isual **F**light **R**ules, Sichtflugregeln
VTOL	= **V**ertical **T**ake-**O**ff and **L**anding, Senkrechtstart und -landung
WPS	= **W**ellen-**PS**, Leistung einer Propeller- oder Gasturbine, gemessen an der Welle; der Restschub wird nicht berücksichtigt.